现代家政服务与管理专业创新型系列教材

# 现代管家服务与管理

主　　编　　冯媛媛　　冯觉新
副主编　　朱孟慧　　查章英　　陈　琳
参　　编　　陈　华　　冯德全　　何　会　　李　娜
　　　　　　江　昆　　牟丽娜　　孟凡杰　　李　贞
　　　　　　刘文静　　皮斯妮　　杨　婷　　王红玲
　　　　　　张　杰　　周孝理

北京理工大学出版社
BEIJING INSTITUTE OF TECHNOLOGY PRESS

**图书在版编目（CIP）数据**

现代管家服务与管理 / 冯媛媛，冯觉新主编. --北京：北京理工大学出版社，2022.6

ISBN 978-7-5763-1136-5

Ⅰ. ①现… Ⅱ. ①冯… ②冯… Ⅲ. ①家政服务 Ⅳ. ①TS976. 7

中国版本图书馆 CIP 数据核字（2022）第 040756 号

| | | |
|---|---|---|
| 出版发行 / 北京理工大学出版社有限责任公司 | | |
| 社　　址 / 北京市海淀区中关村南大街 5 号 | | |
| 邮　　编 / 100081 | | |
| 电　　话 / (010) 68914775（总编室） | | |
| 　　　　　 (010) 82562903（教材售后服务热线） | | |
| 　　　　　 (010) 68944723（其他图书服务热线） | | |
| 网　　址 / http://www.bitpress.com.cn | | |
| 经　　销 / 全国各地新华书店 | | |
| 印　　刷 / 三河市龙大印装有限公司 | | |
| 开　　本 / 787 毫米×1092 毫米　1/16 | | |
| 印　　张 / 16 | 责任编辑 / 徐艳君 | |
| 字　　数 / 416 千字 | 文案编辑 / 徐艳君 | |
| 版　　次 / 2022 年 6 月第 1 版　2022 年 6 月第 1 次印刷 | 责任校对 / 周瑞红 | |
| 定　　价 / 46.00 元 | 责任印制 / 施胜娟 | |

图书出现印装质量问题，请拨打售后服务热线，本社负责调换

# 前　言

"现代管家"是家政学中职业家政的课程之一。

"家政学"是研究家庭生活规律，以提高人们生活质量，提高民族素质，促进社会和谐为目的的一门综合型、应用型的学科。

家政学的研究内容、研究领域以及应用范畴随着时代的变迁而不断扩大，它将科学知识和原理应用于生活当中，探讨现代家庭及其成员需具备的生活知识、生活技能，以改善和提高家庭成员的生活品质，树立合理、健康的生活理念等。

在我国，自古以来就有"正心、修身、齐家、治国平天下"的经典理论，然而由于多方面的原因，家政学的发展在我国遇到较多困阻。家政教育的欠缺，使相当一部分人对家政学存在着种种误解，有一些人甚至把家政学专业与保姆画等号。事实上，在发达国家和地区，家政学专业毕业生的就业情况并非如此。家政学专业毕业生可以从事的工作达到千余种，现代管家就是其中之一。

《现代管家服务与管理》共分八章。通过基本素养、职业要求、管家职能、管家必备技术、智能管理的学习，培养高素质职业人；通过必备能力的学习，培养现代管家的职业能力；同时，学习国际管家知识，让现代管家服务在"一带一路"建设中，用中国文明、中国素质、中国技术，为打造利益共同体、命运共同体和责任共同体，不负使命、勇于担当而奠定基础。

现代管家在和谐社会建设中处处发挥着重要作用。通过传承中华民族的优良传统文化和家庭教育文化，弘扬优良家风，提高生活质量；学习和掌握现代高科技知识，做现代管家；竭尽管家的全能，为国家富强、民族振兴、人民幸福、社会安定和谐做贡献。

《现代管家服务与管理》由武汉现代家政进修学院组织编写。武汉现代家政进修学院冯媛媛，新中国现代家政创始人、中国家政第一人冯觉新教授担任主编；朱孟慧、查章英、陈琳担任副主编；陈华、冯德全、何会、李娜、江昆、牟丽娜、孟凡杰、李贞、刘文静、皮斯妮、杨婷、王红玲、张杰、周孝理参加编写（排名不分先后）。

现代管家服务与管理

　　武汉大学社会学专家周运清教授、武汉现代家政进修学院冯觉新教授、中国老龄产业协会医养结合与健康管理委员会常务副主任兼秘书长牟丽娜主任等资深专家提出了很多宝贵意见，对教材的修改完善给予了悉心的指导和倾力帮助。

　　武汉觉新家政管理有限公司、统捷（武汉）智能科技有限公司、武汉新优联家政管理有限公司、绿管家（武汉）家政服务有限责任公司、中国人保财险北京市分公司给予了大力支持，在此一并表示诚挚的感谢！

　　本教材在编写过程中参阅了大量专家、学者、同人的成果，引述良多，未一一注明，在此说明，恳请原作者见谅，并向原作者致以深深的谢意！

　　由于编者水平有限，书中不足之处在所难免，希望广大读者提出宝贵意见，以便进一步修订。

编　者

# 目　录

# 第一章　现代管家概述

**【项目介绍】**

现代管家是一门综合型、应用型的学科。通过现代管家基本素养的学习，培养新一代高素质现代管家专业人才，培养既有理论知识，又具备智能科学技术的现代管家。

**【知识目标】**

通过本章学习，熟练掌握现代管家的概念、文化底蕴修炼的知识与方法；熟练掌握现代管家实务的专项技能；基本掌握智联网平台应用与管理的科学技术等现代化服务的手段以及使用现代化平台进行服务和管理的技能。

**【技能目标】**

掌握现代管家必备专业技能，能运用智能化管理平台进行服务项目大数据分析和管理。

**【素质目标】**

培养高品质现代管家，培育现代管家学会累积文化底蕴。

## 第一节　现代管家的定义

### 一、现代管家的定义

现代管家指具备深厚的人文底蕴，掌握和运用人工智能、大数据科技工具，具备高效能的管理执行力，并把科技知识和专业技能应用于家庭、企业和社会服务与管理的职业人。

### 二、现代管家的要素

（1）学习现代管家课程就是要通过对多学科理论知识和专业技能的学习，积累人文底蕴。

（2）学习人工智能及大数据的技能，必须掌握 A、B、C、D 智联网科学技术（A：Artificial

Intelligence 人工智能、B：Blockchain 区块链、C：Cloud Computing 云计算、D：Data 大数据）。

（3）只有具备了深厚的文化底蕴、现代化的科技应用手段，才能在现代社会中为服务对象提供高效能、高技能、高水平的专业服务。

（4）现代管家帮助社会、企业、家庭管理各种事务，例如管理客户的日常生活、健康、理财等，管理服务团队、明确分工，监督质量和验收评价等。现代管家通过服务与管理来提升人们的生活品质，为社会和谐做贡献。

# 第二节　管家的起源与发展

## 一、起源与发展

管家起源于 17 世纪初的美国，在奴隶制的影响下，非裔美国人通常在白人的种植园工作，有的经过长时间磨合，取得主人的信任，最终成为管家。社会历史学家 Gary Puckrein 称："特别是在一些富裕家庭，内部经过'精炼'的家规和个人特征，明显反映出家中男女主人的社会地位。"Robert 是一位非裔美国人，也是一名职业管家，他所写的《House Servant's Directory》是第一本由美国出版商出版的有关管家工作指南的书籍。

19 世纪中叶，欧美国家的生产力有了很大的发展，家族生产管理的需要、工人的分工，加速了管家的发展。

管家起源于欧美，却成熟于英国。当时只有英国和法国的王室家庭或世袭的贵族和有爵位的名门才有资格正式雇用管家，随着时间的推移，渐渐地有钱人家也被获准聘请管家。英国管家服务在贵族家庭不断延续和发展，最传统的形式是一个私人贴身管家为一个家庭服务，这类管家所代表的是高级家政服务。但随着管家服务的对象、内容及服务形式的变化，高级家政服务的管家定位也发生了很大变化。在美国和德国，管家的职责并非像保姆那样只需做家务琐事，管家服务被注入了一些全新的理念，管家除了要负责家庭生活的方方面面，还要帮助主人管理财务、打理企业的业务等。

管家服务经历了一个漫长的发展演变过程。其中服务于王公贵族的家庭管家、服务于大户人家的管家和服务于高级酒店的管家，形成了那个时代的管家服务的三种基本模式。

1840 年，美国出现家政学的专著。到 60 年代，有的大学开设了营养、烹饪等与家庭生活有关的课程。1874 年，伊利诺伊州立大学成立了家政文理学院。1899 年 9 月，美国 9 位有志于家政研究的学者，在纽约宁湖召开了第一次家政学会议，并把家政学定名为 Home Economics。这里所说的"经济"一词 Economics，并不仅仅指金钱，还包括对精力的分配、时间的节约与资源的最好利用等含义。20 世纪 30 年代以后，美国的家政学界从各种知识领域和有关行业搜集资料，不仅注意对个人进行家庭生活教育，还注意对家庭所需物品和服务进行改进，这样就逐渐出现了一系列新的家政课程和家政职业。

目前，美国、日本、北欧一些发达国家对家政教育都非常重视。在这些国家，家政教育不是家庭保姆的代名词，而是作为人类成长过程中必不可少的素质教育课程，如尊老爱幼、注重礼仪、文明礼貌、热爱劳动、尊师重教、抗击挫折等。从幼儿园开始，他们就注重孩子的素质教育和培养。在小学和中学里开设了家政课，让孩子了解家庭日常生活的基本知识和基本技能，还让孩子利用休息日自己动手制作蛋糕、面包，拿到人流多的地方去售卖，所得的钱全部捐给慈善机构，帮助那些贫困的人，从而培养孩子的爱心、公益心。

美国曾有780所大学设有家政系。苏联从1985年起，在全国所有的中学和中专开设了"家庭心理学与家庭伦理学"课程，其内容还包括卫生学和日常生活美学。他们把培养好当家人（未来的父母亲）看作塑造成熟个性的一种尝试，是对劳动、社会生活和个人生活的能力进行全面培养的一个重要组成部分。

改革开放以后，我国人民群众的生活水平快速提高，各种生活用品丰富多彩，我国的家政教育和管家职业也随之发展起来。武汉市社会科学院于1986年4月正式设立了"家政研究中心"。1986年11月，国内46位有志于家政学研究和普及的学者、新闻出版工作者应武汉家政研究中心、湖北大学、宜昌二轻局的邀请，从北京、上海等地聚集到湖北三峡，举行了我国首届家政学学术研讨会。1988年2月，湖北省教育厅在中国大陆率先批准成立了系统传播家政教育的民办高等助学机构"武汉现代家政专修学院"，至此我国有了高等教育培养的新一代管家。

目前，我国只有几所大学开办了家政专业，但有关家政的知识和技术传授，在职业教育系统中却一直没有间断过，如幼教、烹饪和缝纫等。

## 二、不同时期的中国管家

### 1. 传统管家

自从社会中形成了"家"，家庭构成了社会，就开始有了家庭服务，且有了"主""仆"之分。在贫富分化等社会因素影响下，逐渐形成一个家庭多个仆人，于是管理众仆人的主管者成为"管家"，一个管理家庭的"管家"职业便由此诞生。

至于何时出现了人类社会的第一名"管家"，因无历史记载，所以无从考究。"管家"一职最早出现在帝王和皇室家族中，在帝王和皇室家族中专门负责指派家奴伺候主人日常饮食、起居的人就是"管家"。之后"管家"的角色逐步出现在王公贵族和经济富足的大户人家，旧中国称那些为官僚、富户管理家产和日常事务而且地位较高的仆人为管家。

### 2. 中华人民共和国成立以后的管家

中华人民共和国成立以后，称那些为企业、集体管理公共财物或负责日常工作事务性的人为"管家"，也有人称之为"后勤服务"（后勤一词来源于军队的后勤保障）。而一般家庭中的服务人员细分为勤务员、保姆、阿姨、司机等，不再有"管家"的称呼。

### 3. 现代管家

改革开放以后，社会上将企业、事业、家庭中从事供给保障工作的人员称为"管家"，如某某企业管家、资产管家、物业管家、酒店管家、家庭管家等。尤其是国家现代化、科技化的飞速发展，使得智能管家、平台管家、智联网管家等应运而生，形成了集民族深厚文化底蕴和现代专业技术于一身的现代管家。

## 三、管家经典案例

### 1. 清末年间和珅的大管家刘全

《清仁宗睿皇帝实录》记："伊家人刘全，不过下贱家奴，而查抄资产，竟至二十余万，并有大珠及珍珠手串。若非纵令需索，何得如此丰饶！其大罪二十。"清政府抄刘全家所得：金一百零九两八钱，银一万五千九百二十四两，大制钱九十串；借出银一万二千七百七十两，大制钱九百五十串；自开恒义号钱铺一座，本银六千两；自开恒泽号钱铺一座，本银六千两；入伙开同仁堂药铺一座，本银四千两；入伙开永义账局一座，本银一万两。

（1）忠心奴仆刘全：刘全是和珅家的家生子（旧时称奴婢在主人家生养的孩子为家生子）。和珅父亲去世之后，正在读书的和珅和和琳的生活遭遇了巨大的困难。为了继续学习和生活下去，和珅不得不向父亲的旧友、同僚借贷。而在一次又一次吃闭门羹的过程中，刘全一直跟随左右，生活再艰难也没有离和珅两兄弟而去。所以到了和珅发达之后，对刘全多有宠信，刘全因此得以"鸡犬升天"！

（2）出谋划策的奴才：和珅和刘全两人是主仆关系，等到和珅在朝廷当官，刘全便成了和珅的大管家。他不仅管理着和珅的生活事务，也承担了一部分军师的职责，为和珅贪污受贿提供了很多诡计，包括谋划陷害纪晓岚。因此，可以说刘全非常了解和珅的为人，以及他的很多犯罪事实。

（3）贪得无厌的奴才：刘全本无权无职，但是因为他是和珅的大管家，且善于理财，所以便利用和珅管家的身份捞了大量银子，广置房产，经营各种店铺。他还利用这一身份，欺行霸市，赚取了大量不义之财，不出几年就聚敛了成千上万的财富，甚至有些朝中重臣的家产都比不过他。刘全的生活比一般的官员要富裕、奢侈得多，他曾在和家附近建造了一座深宅大院，其用度超过了朝中官员。由于刘全太过招摇，不免遭到御史参劾，多亏和珅依仗皇帝的庇护，帮他躲过一劫。

2. 现代管家

现代管家是指利用互联网大数据、智联网以及人工智能等现代化技术，为管家服务建立起服务标准、智能化数据体系，从而为客户提供现代化管家服务，提升服务核心优势。

现代管家的典型案例很多，例如上海万科物业管家的服务与管理、智能管家平台，等等，将在有关章节中详细讲述。

# 第三节 现代管家概述

## 一、现代管家的形成理论

### 1. 现代代理理论

该理论从单纯的管理资产和内务、家事，衍生并发展出一个新的领域——代理，揭示了经理人和委托人之间存在的另一种关系，为解决企业治理问题提供了新的思路，在一定程度上弥补了"管家"职能的不足。这也是在现代化发展过程中体现出来的企业管理转型的模式。不过，虽然该理论进行了多年摸索，但成效有限，尚未对中国企业的改革发展发挥出实质性作用。

### 2. 现代管家理论

现代管家理论即企业管家理论。在代理理论框架下，借鉴管家理论的研究思路与相关研究成果，建立起了适合中国国情的企业管理体系，对提高中国企业的整体水平和国际竞争力，保持经济持续健康科学发展，具有很重要的理论意义和现实意义。

现代管家理论认为，在经营者自律的基础上，经营者与股东以及其他利益相关者之间的利益是一致的。

## 二、现代管家分类

### 1. 企业/机构现代管家

企业/机构现代管家主要侧重于四个方面：一是对经理人的人性分析和假设，究竟经理人是个人主义、机会主义、自利的"代理人"，还是集体主义、组织至上、值得信任的"管家"；二是在治理结构设计上，究竟是建立独立的董事会、增加外部或独立董事，以加强对经理人的监督和控制，还是将董事会主席与CEO二职合一、增加内部或关联董事，以利于经理人在相互信任的环境中充分发挥其管家才能；三是在治理机制设计上，建立以控制与物质激励为主的长期薪酬计划，建立非物质的激励计划；四是管家理论与代理理论都只适用于解释某些现象。

### 2. 社会/家庭现代管家

改革开放以来，国际国内形势发生深刻变化，和平与发展成为时代的主题，我国人民日益增长的物质文化需要同落后的社会生产之间的矛盾更加凸显，人们无论从物质需求上还是从消费能力上都产生了质的突变。根据新的时代条件和发展需要，把"服务"工作的重心转移到经济发展上来，并通过国家全面实行改革开放，开创了中国特色社会主义现代化建设新局面。现代管家就是在这样的历史时代的发展中产生的服务业质的突变。

现代管家通过完成综合管理性服务工作、承担责任、树立权威、取得领导和行业的认可来获得应有的荣誉，这是一种非物质性激励。现代管家通过雇佣关系和薪酬计划，将自己的未来与企业、家庭兴盛紧密联系在一起。因此，现代管家需要付出努力，成为企业资产的"管家"和社会家庭的"管家"。社会经济越发达，人们的生活节奏越快，在企业管理和家庭管理方面，越会通过对于管家的充分授权、协调和激励，形成一种相互合作、完全信任的关系。企业/家庭成员集中全部精力做事业，"大后方"治理/管理由管家来完成，更有助于社会的发展和进步。现代管家的助力，将为国家在国际政治生活和经济生活中发挥更积极的作用，同样也会为人类做出更大的贡献。

本书的现代管家服务与管理概念包含社会、企业、家庭三方面，并针对现代管家职业的发展特性制定了现代管家基本的应知应会的理论知识和职业技能知识。

## 三、现代管家服务特征

现代管家已经不仅仅是一个人的事情了，而是除了人工服务，还使用智能科技，将管家服务内容、服务语言、服务流程、技术指导等通过计算机网络、大数据、物联网和人工智能等技术的支持，建立服务标准管理智能化真实数据体系，实现高效能、高品质、高保真的数据系统，并将传感器物联网、移动互联网、大数据分析等技术融为一体，形成智联网服务质量标准管理系统，实现综合业务场景的智能化创新，使企业在用户智能化体验和管理上获得显著提升。

## 四、现代管家服务理念

### 1. 一站式服务

以全方位、智能科技、一站式服务平台为客户提供优质服务，客户无须到处奔波、四处寻找，所有的事情交给管家办理就可以了，即从我开始，到我结束，这就是一站式服务，通俗地说就是它能为客户解决所有问题。

### 2. 全天候服务

现代管家实现24小时"不打烊"式服务，随叫随到，用全力使客户安心、放心、舒心。

### 3. 现代化管理服务

通过智联网技术，快捷、轻松办理生活事务，高效、快速办理工作事务；用科学管理方法办理麻烦的事情；第一时间反馈所有交付的事情，绝不拖延、推诿、懈怠、敷衍。

#### 4. 精准化、个性化、细致入微的服务

这体现了管家"竭尽所能"的服务，即在完成标准化服务的基础上提供个性化、优质化服务。管家式服务不同于其他形式的服务，其中奥秘就是精细化服务。讲究、精细、有品位的管家式服务才是现代管家的真正品牌价值所在。

#### 5. 以客唯尊，以人为本

客户就是企业的衣食父母、效益来源、生存之本，企业应设法创造一切可能，人性化运行服务要求，满足客户需求，通过优质服务为客户创造价值，为自己创造效益。

#### 6. 科学管理

充分利用各方优质资源，完善管理制度，严格遵循操作规程与职业标准。通过有效的服务手段与技术措施，让客户即刻感受快捷、优质的服务。

 **本章小结**

一个标准的现代管家，就要做到按照以上服务理念为客户提供现代化、优质服务。如果生活和事业中有这样一位善解人意的全能助手，人们的生活就是有价值的、幸福的！这也是现代管家服务与管理的真正魅力所在、价值所在。

# 第二章　现代管家基本素养

　　管家起源于美国，却成熟于英国，这是因为老牌的英国宫廷更加讲究礼仪和细节，将管家的职业理念和职责范围按照宫廷礼仪进行了严格的规范，逐渐成为行业标准。英式管家也成为家庭服务的经典，私人管家由此而来。在英式管家享誉世界的最初，只有出自宫廷血统的尊贵身份才可以享受这种服务，比如世袭贵族和有爵位的名门，管家最大的作用是规划和监督这些家庭中的人事、举办大型聚会等。

　　随着现代人生活节奏的加快，物质与精神要求的提高，管家这一称谓不仅限于大家庭里，小家庭也存在相关需求。而且现代人需要的管家不仅是日常生活的助理，更多的是需要管家帮助制定一些理财规划、营养饮食规划、服装配置建议、出行选择建议等。由此可以看出，现代管家是一个集金融、法律、管理、组织、健康等多种知识与技能的高层次家庭服务人员。随着行业的发展，家庭对现代管家的基本素养也提出了更高的要求。

## 【项目介绍】

　　现代管家要具备深厚的人文底蕴，包括文化素养、道德素养、心理素养、科学素养等。

## 【知识目标】

　　通过本章学习，对现代管家的基本素养要求有更高层次的认知。

## 【技能目标】

　　让现代管家认识到自身的不足，从而更好地有目标性地提升自己。

## 【素质目标】

　　培养和积累现代管家的自身素养，掌握现代管家职业素养知识要求。

## 第一节　现代管家文化素养

### 一、文化素养的概念

　　文化素养不只是学校教授的科学技术方面的知识，更多的是指人文社科类知识，包括哲学、

历史、文学、社会学等方面的知识。一个人的言语或文字表达、举手投足都能反映出他的综合气质或整体素养。所以有知识的人不一定有文化，不一定有思想，因为科学技术方面的知识，尤其是学校教育传授的技术方面的知识具有局限性和片面性。

## 二、文化素养的内容

"中国学生发展核心素养"整合了学生全面发展的各个要求，呼应了我国传统文化中的治学、修身与济世，表现出我国博大精深的文化对于构建核心素养与培养在核心素养基础上的科学素养的重要性，尤其是人文底蕴，植根于中华优秀传统文化，有着重要的历史和现实意义。

个人文化素养包括以下几个方面：

### 1. 修身养性

我国传统文化包含丰富的修身养性的思想观点，重视对个人道德伦理教育、人文与历史知识传授、培养等。

首先，通过学习"仁爱之心"并践行"忠恕之道"，建立"人我一体""物我一体"的思想，认识到自我在社会及宇宙中的地位和责任，激发"自强不息"的使命感和社会责任感，最终养成自强不息、爱人如己、奉献社会的道德品质，形成心怀天下的责任心、和而不同的包容心、守望相助的友善心、推己及人的同理心，使自己正确处理个人与他人、个人与社会、个人与自然的关系。

其次，人格修养、诚信自律的精神。应认识到自私自利、损人利己的思想和行为是可耻的，不断强化"见利思义""重义轻利"的道德观念，做到能不为利益所动，明辨是非、坚持正义，养成行己有耻、明辨是非、见义勇为的道德品格，不断培养自我反省的习惯，强化道德自律、自我约束和自我管理，做到真诚不欺、诚实守信。

最后，文化修养。重视人文历史知识的学习，通过阅读优秀历史典籍，不断积累历史文化知识，提高个人的文字表达能力；系统掌握中国传统文化、历史、文学与艺术知识，具备人文精神和一定的艺术修养，能够初步探索人文历史学习。

### 2. 继承优良传统

我国传统文化中有关人的远大理想、人格塑造以及品德修养的学问是个人人文底蕴培养的重点。我国传统文化的内容极其丰富，包括传统文化思想、艺术与民俗等。其中先进的文化思想，特别是传承至今的理念精粹，蕴含了诸多对人才培养和教育的思考启示。我国传统文化和传统教育中包含的丰富思想和优良传统，为个人人文底蕴的培养提供了重要借鉴。中华民族文化悠久源远，是学习和传承民族优秀文化和优良传统的重要组成部分。

（推荐阅读：《中国百部名著书目》100 部、《外国文学名著》）

## 三、现代管家应具备的文化素养

### 1. 和颜悦色

亲和力是人际交往成功的重要元素，将美好愿望写在脸上时，一个甜甜的微笑有时可缩短人与人的距离，赢得宾朋油然而生的好感。

### 2. 举止得体

优雅的举止既是礼貌，也是自我展示；得体的举止不但反映出现代管家训练有素，而且反映出服务的品质与格调。

### 3. 亲切友善

在现代化的都市中，高耸入云的摩天大楼拉开了人与人的距离，但亲切与友善的关怀却能融化挡在人们之间的冰河。在人际交往的过程中，真诚与友善总如冬日阳光般灿烂而温暖。

### 4. 礼貌热情

礼貌是人际交往的节制与标准，热情是感染别人、关爱他人和展示自我魅力的激烈情感。良好礼仪修养加上积极向上的处世热情，无疑有利于与人相处，建立友情。

### 5. 态度积极

看待任何一件事都有不同的角度，而看问题的不同角度将影响到我们的思维与行动。从健康的角度看可爱的世界，我们能发现真、善、美。积极的态度正是源于一种相信美好，并不断创造美好的过程。现代管家在心态修炼上应始终保持积极的态度，始终偏向于创造而不是保守，偏向于乐观而不是悲观，偏向于希望而不是绝望，偏向于行动而不是空想，偏向于革新而不是一成不变。

### 6. 风趣幽默

积极的态度、灵活的表达是语言的艺术，具有幽默感的人更有亲和力，风趣的谈吐在社交方面也很重要。

### 7. 忠诚务实

忠于职守、勤劳务实、真诚正直是现代管家赢得客户信任的重要途径，也是现代管家职业道德的重要组成部分。在进行自我职业规划的过程中，敢于承担责任，能用全身心的爱去忠于自己工作的人，往往都是极富创造力，能办成事、办好事的人。

### 8. 业务精湛

现代管家的工作既对"人"也对"事"，因此成功的现代管家塑造是一件内外兼修、神形兼备的工程。精湛的业务水准无疑是现代管家胜任工作，更好地实践待人处"事"职责的前提。

### 9. 博学多识

现代管家肩负着全方位向客户提供一流服务的艰巨任务，服务的内容不但涉及生活起居的方方面面，还扩展到了部分商业与经济管理等领域。因此不管是从工作的内容、服务的项目，还是从客户的差异性来看，现代管家都应拥有丰富的生活经验与极高的专业素养。

## 四、如何提升现代管家的文化素养

现代管家这个职业在国内越来越被人所了解，这是一个好现象。中国历史上也有一些有名的管家，但由于近代历史出现断层，中华人民共和国成立以后管家这个职业逐渐没落。随着改革开放、民族复兴的脚步越来越快，各种新兴行业、传统行业相继出现和复苏，尤其是中国富豪级人物逐渐增多，基于社会现实的需要，管家这个职业在国内，包括在亚洲都越来越被需要。当前，市场上存在的大多数管家或者管家培训机构来源于国外，比如英国、美国、荷兰等，尤其是荷兰，他们的国际管家学院甚至早在2014年就把分校开在了四川成都，也因此，成都的一些高端楼盘较早便引入了管家式服务，成为国内管家服务先锋之一。管家服务在成都落地以来不断地发展，也不断地与国人生活现状相磨合，向东方文明汲取养分。成都的管家学院更是深耕亚洲

市场，发展出了一系列中式管家课程，为传统的管家人才培养注入了让人信服的新鲜力量。怎样才能将自己打磨成一名真正的现代管家呢？首先要学会一身必备的实用技能，然后踏实地实践，在实际工作中快速成长，不断拓宽自己的知识面，点亮新的技能点。现代管家是一直在路上的，越成长你就会越接近成为一名真正的现代管家。

# 第二节　现代管家道德素养

## 一、道德素养的概念

道德素养也称"德性"，简称"品德"，由道德认识、道德情感、道德信念、道德意志和道德行为等因素构成。

## 二、道德素养的内容

道德是社会意识形态之一，也是人们行为的准则和规范。素养即修养。道德素养就是个人在道德上的自我学习、自我锻炼、自我磨砺，由此达到较高的道德境界。

在不同的社会和阶级中，人们的道德素养有不同的目的、内容和途径。思想道德修养是指人们按照一定社会或一定阶段的思想道德要求，在个人品质情操方面的自我教育和自我塑造。我国的思想道德修养是由传统道德教育发展而来的，符合社会进步的道德准绳。传统的思想道德教育，在儒家学说里得到了良好的体现。古人把为人处世的经验和教训总结出来，并用来教育后代，使大家以同一种准则要求自己，衡量别人，慢慢形成了所谓的道德标准。这种确定下来的标准，绝大多数仍然符合现代社会的要求。要想提高思想道德修养，就必须接受、传承这些教育，明白这些道理，而不是把它们当作封建残留的腐朽文化而予以摒弃。

仁、义、礼、智、信五个字是传统道德最浓缩的精华所在，也是现在社会最需要的道德品质。"仁"是"爱人""人道"的意思；"义"是承担合理的责任的意思；"礼"是道德约束，起到为达到"义"而预防的作用；"智"是知识的意思，尤其在知识经济时代，我们更需要"智"；"信"是信任、诚信的意思。不论是在商业交往，还是在社会交际方面，这些品德都是一个人能否成功得到社会肯定的法宝，也是一个人做出判断的坚定依据，即做人的信念。这些信念和科学信念是密不可分的：一个为学的人，一定要志存高远（仁），尊敬他人（礼），尊敬他人的研究成果（义），诚实守信（信），实事求是（智），这些都是科学信念最基本的体现，也是仁、义、礼、智、信五个字的体现。

## 三、现代管家应具备的道德素养

现代管家的道德素养是现代管家个人的心理、人格条件，包括意识、气质、性格、情感价值观等心理要素。现代市场竞争激烈，现代管家必须有良好的心理素质和人格素质，才能应付随时可能发生的挑战和承受巨大的压力。与其他工作相比，现代管家的工作具有很大的特殊性，这就要求现代管家具有与常人不同的心理特征。一是良好的心理承受能力。企业经营风险随时可能发生，只有处变不惊、临危不乱，才能走出困境、抓住机遇。二是执着的追求欲。这是现代管家的基本动力。三是极强的自信心。中国人民大学的一个课题组对上百名优秀企业家素质测定的结果表明：他们大都具有极强的自信心。在现代全球范围内的激烈拼杀中，没有自信心是不可能成功的。四是更趋理智的情感。这既是对现代管家职业特征理论分析的结果，也为许多实际情况所证实。现代管家的工作具有很大的不确定性和竞争性，随时有棘手问题产生，因此需要当事人在情感上更趋理智。

# 第三节　现代管家法律素养

## 一、法律的定义

关于法律，广义上是指法的整体，包括由国家制定的宪法、法律、行政法规、行政规章等规范性法律文件和国家认可的政策、判例、习惯等。狭义上讲，法律是指全国人大制定的基本法律和全国人大常委会制定的除基本法律以外的其他法律。我们一般从广义上去理解和适用法律这个概念。

## 二、现代管家应具备的法律素养

熟知必要的法律法规知识是现代管家不可或缺的一种素养，对保护客户家庭人身财产安全及自身人身财产安全有着极其重要的作用。现代管家的法律素养通常包含以下两个层面。

### （一）应具备必要的法律知识

我国法律从文字表现形式方面划分，可分为成文法和不成文法；从法律的适用范围方面划分，可分为普通法和特别法；从法律制定的主体方面划分，可分为国际法和国内法；从法律的内容方面划分，可分为实体法和程序法。

我国法律按部门分，有宪法、民商法、行政法、经济法、社会法、刑法、诉讼与非诉讼程序法。现代管家应该全面了解国家法律，结合工作特性侧重学习相关的法律、法规。作为现代管家，需要掌握的法律知识主要包括以下几个方面：

#### 1. 宪法

宪法，是国家的根本大法，是我国一切法律、法规的母法。其他法律、法规是宪法的子法。子法如与母法的内容相违背，子法则无效。除了宪法，我们可以把其余一切法律、法规分为以下四大方面，即刑事、民事、经济、行政。在宪法中我们需要注重掌握五个方面的事项，第一，尊重客户的宗教信仰自由；第二，尊重客户的民族传统、风俗习惯；第三，尊重客户的婚姻家庭；第四，尊重客户的财产权；第五，尊重客户家庭成员的人身权利。

#### 2. 民法典

民法典是调整平等主体的公民之间、法人之间、公民和法人之间一定范围的财产关系和人身关系法律规范的总和。其基本原则就是平等原则，遵循自愿、公平、等价有偿、诚实信用原则，保护民事主体的合法权益，遵守纪律、政策，尊重社会公德。作为现代管家必须掌握和了解民法典的法律适用范围和基本原则、法律主体、民事行为能力、民事权利、民事责任等基本内容。

#### 3. 劳动法

劳动法是为了保护劳动者的合法权益，调整劳动关系，建立和维护适应社会主义市场经济的劳动制度，促进经济发展和社会进步的一部法律。在中华人民共和国境内的企业、个体经济组织和与之形成劳动关系的劳动者，都适用劳动法。劳动法规定了劳动者享有平等就业和选择职业的权利、取得劳动报酬的权利、休息休假的权利、获得劳动安全卫生保护的权利、接受职业技能培训的权利、享受社会保险和福利的权利、提请劳动争议处理的权利以及法律规定的其他劳动权利。

作为现代管家，除以上法律外，还应了解消费者权益保护法，妇女、老人和儿童权益保护法、食品安全法等与工作范畴相关的法律法规。

### （二）应具有较强的法律意识

法律意识是社会意识的一种形式，它是人们的法律观点和法律情感的总和，其内容包括对法的本质、作用的看法，对现行法律的要求和态度，对法律的评价和解释，对自己的权利和义务的认识，对某种行为是否合法的评价，关于法律现象的知识以及法治观念等。

# 第四节　现代管家自我修养

自我修养是指一个人经过学习、磨炼，涵养和陶冶情操，为提高自己的素质和能力在各方面进行的自我教育和自我塑造，是实现自我完善的必由之路。

现代社会自我修养的主要内容有思想政治修养、道德修养、文化修养、审美修养、心理修养。

## 一、修养的主要内涵

### 1. 修身

修身就是使自己的心灵得到净化。在道德、情操、理想、意志等各个方面能够保持良好的修炼心态，持之以恒，修身终生。

### 2. 养性

养性就是使自己的本性不受损害。通过自我反省体察，使身心达到完美的境界。个人修身养性不仅包含了为人、修身、处世的智慧，还包含着始终要用一颗平常心去应对日常的烦恼和不幸。

### 3. 戒生气

古人云："气大伤身。"生气是人类负面情绪中的一种宣泄，一个人如果经常生气，就会使身心受到损害。

### 4. 戒自卑

自卑可以轻而易举地摧毁一个人，戒自卑能使人因自强而崛起。自卑就像反了潮的火柴是不会划亮人生之火的。

### 5. 戒嫉妒

与其将有限的精力消耗在嫉妒他人的成功上，不如抓住时机，效仿他人，做一些实事。

### 6. 戒小人

小人不但对我们的人生之路毫无帮助，反而会成为一块在关键时刻让我们跌倒的绊脚石。

### 7. 戒诱惑

我们要力戒权力、金钱、美色等各种诱惑，不断完善自身素质，加强个人修养，提高道德品质，同时保持一份健康平和的心态。

### 8. 戒暴怒

暴怒容易使人失去理智，所以，一定要学会控制自己的情绪。一次暴躁带来的后果有时是终生后悔的。

### 9. 平和心态

静坐当思自身过，闲谈莫论他人非。

能受苦乃为志士，肯吃亏不是痴人。

敬君子方显有德，避小人不算无能。

退一步海阔天空，让三分心平气和。

## 二、修养的重要意义

个人修养的重要环节与道德品质的结构和道德教育的过程有一定的一致性，可以概括为"知""情""意""信""行"五个方面。所谓"知"，即道德认识，是人们对于客观存在的道德关系以及处理这种关系的道德原则规范的认识，包括道德概念的形成和道德判断力的提高。确立正确的道德认识，是加强道德修养的前提。所谓"情"，即道德情感，是指人们对现实生活中的道德关系和行为所产生的情绪反应，是在"知"的基础上产生的，并往往会直接影响人们的行为取向。所谓"意"，即道德意志，是指人们在履行道德义务中，自觉克服一切困难和障碍而做出行为抉择的努力和持之以恒的精神。所谓"信"，即道德信念，是指人们对某一道德的深刻而有根据的真诚信服及由此产生的对该道德义务的强烈的责任感。确立这个"信"，是道德修养的核心。所谓"行"，即习惯化了的道德行为，是指人们由于自身的道德修养，使其自觉遵守道德原则和规范并形成一种日常的行为习惯。可见这个"行"，是道德修养的归宿。道德修养的目标涵盖面较广，大而言之，包括怎样做一个忠诚的爱国主义者，做一个乐于奉献的集体主义者，做一个有理想的社会主义建设者，做一个中华民族优秀传统的继承者；小而言之，包括怎么做一个遵守社会公德、家庭美德、职业道德的合格公民。

个人修养就是人在个体心灵深处经历自我认识、自我解剖、自我教育和自我提高的过程后所达到的境界，主要内容可以概括为20个字，即：仁义礼智信，温良恭俭让，忠孝悌慎廉，勤正刚直勇。

个人修养作为一种无形的力量，约束着我们的行为。任何一个人只有具有良好的个人修养，才会被人们所尊重。当然，个人修养的内容并不是一成不变的，它随着社会的发展及实践活动的深入也会变得更加丰富多彩。关于个人修养的讨论和研究，从很早的时候就开始了。古人曾经提出过"修身养性"，我国也把思想品德、青少年的个人修养作为学生的必修课。

## 三、修养的主要方法

### 1. 把握自我

（1）认真学习，把握自我。

（2）认真读书，求得真知。

（3）虚心求教，勤于积累。

（4）学习榜样，积极进取。

（5）勤于实践，塑造自我。

（6）躬行实践，知行统一。

（7）积善成德，磨炼成才。

（8）严格要求，完善自我。

（9）常思己过，有则改之。

（10）自觉锻炼，陶冶情操。

（11）坚持"慎独"，纯洁品质。

### 2. 自我修养的基本标准

努力争做有理想、有道德、有文化、有纪律的"四有"新人，是时代发展的必然要求，是中国特色社会主义现代化建设的必然要求，也是我们人生修养的根本目标。

在"有理想、有道德、有文化、有纪律"中，理想和纪律特别重要。

纪律和理想是紧密联系在一起的。有了远大的理想，才会有自觉的纪律，而理想的实现又要靠纪律来保证。离开了自觉的纪律，美好的理想也就等于空想。特别是在改革开放过程中，纪律尤其重要。

理想、道德、纪律和文化是相互联系、相互渗透、相互促进的有机整体，我们不能强调某一方面而忽视其他方面，只有将"四有"作为自己的人生修养目标，才能符合中国当代社会发展的基本规律。

当今世界科学技术的发展日新月异，若不加强自身修养，就会使人闭目塞听，盲目自大，懒于思索，忘乎所以，不愿意钻研和深入学习，满足于微不足道的知识。人的才能和性格各有不同，每个人可以根据自己的禀赋和长处，尽量向好的一面去培养和发展。所以，无论在什么情况下，我们都不要自暴自弃。应该好好地珍惜自己，好好地修养自己的身心。当我们走向社会，我们可能会出现种种的不适应，会遇到各种各样的竞争，在竞争中会遇到诸多的困难与挫折，在这些困难和挫折甚至荣辱、得失面前，我们能否做到不慌、不乱、不惊、谦虚、友善、大度，就取决于我们的修养程度。

# 第五节　自然科学修养

自然科学，与"社会科学""思维科学"并称"科学三大领域"，它是以定量作为手段，研究无机自然界和包括人的生物属性在内的有机自然界的各门科学的总称。其认识的对象是整个自然界，即自然界物质的各种类型、状态、属性及运动形式。认识的任务在于揭示自然界发生的现象以及自然现象发生过程的实质，进而把握这些现象和过程的规律性，以便解读它们，并预见新的现象和过程，为在社会实践中合理而有目的地利用自然界的规律开辟各种可能的途径。

自然科学的修养有许多种类，其中最重要的两个方面：一是观察力（洞察力）；二是演绎推理（逻辑推理）。由对自然的观察和逻辑推理可以引导出大自然中的规律。

## 一、观察力

### 1. 观察力的含义

观察，是有目的、有计划的知觉活动，是知觉的一种高级形式。观，指看、听等感知行为；

察，即分析思考。观察不只是视觉过程，而是以视觉为主，融其他感觉为一体的综合感知，而且观察包含着积极的思维活动，因此称之为知觉的高级形式。

通俗地讲，观察力就是透过现象看本质；而用弗洛伊德的话来讲，观察力就是变无意识为有意识。就这层意义而言，观察力就是"开心眼"，就是学会用心理学的原理和视角来归纳总结人的行为表现。简单来说，就是要做到察言观色。

其实观察力更多的是掺杂了分析和判断的能力，可以说观察力是一种综合能力。

商业社会要想谋求发展，必须要有极强的发现新兴事物、发现现有事物发展方向的个人能力，否则只能跟在别人之后，很难有大的发展。

### 2. 提高观察力的方法

（1）首先要通过个性化科学食疗提高智力水平，智力是决定观察力的前提条件。

（2）学习、研究哲学。哲学是研究真理的科学，哲学素养高，看问题入木三分，不容易被表象所迷惑。

（3）见多识广有利于提高分析问题、解决问题和分辨是非的能力。

（4）必须有好奇心，没有好奇心就没有观察。

实践证明，观察力的强弱，直接影响着管家的能力发挥。例如在文案审阅中，两个字的字形、写法只有细微差异，观察力较强的管家就能看出来，观察力较差的管家就常常把它们认错或写错。在写作上，如果观察力较强，就可以抓住现实生活中的大量材料，感到有东西可写，对人物、事件的描写就细致、深入、具体、生动；反之，在这方面能力较差的管家，就感到没有什么可写，写不具体，或就事论事，空洞无物。

观察力是第一学习力，粗心的本质是观察不够细致；观察力是思维加速器，探索欲的土壤是"看到"；观察力是生活接收器，"看到"是意识到"自己拥有"的前提。

"看"和"看到"是不一样的。一个管家如果没有一双善于观察的眼睛，在经历周遭的任何事物时，他其实是没有"看到"的。没有"看到"的人，是没有旺盛的探索欲和好奇心的，自然也不会提问。不会提问的脑袋，思维也就停滞了。

大脑的软装潢，即"管家的幸福感"，主要来自感知能力，而感知能力的一部分就是观察力。管家，包括我们自己，只有看到了自己有什么、看到自己周围的朋友和家人、看到我们现在的生活，才会意识到"自己拥有"。这份觉察会让我们觉得珍惜眼前、珍惜当下、珍惜我们身边的人，这才是幸福感真正的源泉。

## 二、演绎推理

演绎推理是由一般到特殊的推理方法，与"归纳法"相对。推论前提与结论之间的联系是必然的，是一种确实性推理。

运用此法研究问题，首先要正确掌握作为指导思想或依据的一般原理、原则；其次要全面了解所要研究的课题、问题的实际情况和特殊性；最后才能推导出一般原理用于特定事物的结论。

演绎推理的形式有三段论、假言推理和选言推理等。

### （一）定义

所谓演绎推理，就是从一般性的前提出发，通过推导即"演绎"，得出具体陈述或个别结论的过程。关于演绎推理，还存在以下几种定义：

（1）它是从一般到特殊的推理。

（2）它是前提蕴含结论的推理。

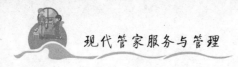

（3）它是前提和结论之间具有必然联系的推理。

（4）它是前提与结论之间具有充分条件或充分必要条件联系的必然性推理。

演绎推理的逻辑形式对于理性的重要意义在于，它对人的思维保持严密性、一贯性有着不可替代的校正作用。这是因为演绎推理保证推理有效的根据并不在于它的内容，而在于它的形式。演绎推理的最典型、最重要的应用，通常存在于逻辑和数学证明中。

## （二）意义

演绎推理能力是一种根据周围环境和活动找出其内在的逻辑关系从而推理出符合逻辑关系的结论的能力。只有具备了演绎推理能力，才能对事物做出符合逻辑关系的正确判断，因此演绎推理能力也是个人基本素质之一。

## （三）提高演绎推理的方法

### 1. 养成从多角度认识事物的习惯

演绎推理是在把握了事物与事物之间的内在的必然联系的基础上展开的，所以，养成从多角度认识事物的习惯，全面地认识事物的内部与外部之间、某事物同他事物之间的多种多样的联系，对逻辑思维能力的提高有着十分重要的意义。首先要学会"同中求异"的思考习惯：将相同事物进行比较，找出它们在某个方面的不同之处，将相同的事物区别开来。同时还必须学会"异中求同"的思考习惯：对不同的事物进行比较，找出它们在某个方面的相同之处，将不同的事物归纳起来。

### 2. 发挥想象在演绎推理中的作用

发挥想象对演绎推理能力的提高有很大的促进作用。发挥想象，首先必须丰富自己的想象素材，扩大自己的知识范围。知识基础越坚实，知识面越广，就越能发挥自己的想象力。其次要经常对知识进行形象加工，形成正确的表象。知识只是构成想象的基础，并不意味着知识越多，想象力越丰富，关键在于是否有对知识进行形象加工、形成正确表象的习惯。再者，应该丰富自己的语言。想象依赖于语言，依赖于对形成新的表象的描述，因此，语言能力的好坏直接影响想象力的发展。有意识地积累词汇，多阅读文学作品，多练多写，学会用丰富的语言来描述人物形象和发生的事件，才能拓展自己的想象力。

### 3. 丰富有关思维的理论知识

其实，推理有着概括程度、逻辑性以及自觉性程度上的差异，同时又有演绎推理、归纳推理等形式上的区别，而且推理能力的发展遵循一定的规律。现代管家应该多了解一些思维发展的理论知识，有意识地用理论指导自己的演绎推理能力的发展。一般来说，现代管家掌握和运用各类推理能力存在着不平衡性。

### 4. 保持良好的情绪状态

心理学研究揭示，不良的心境会影响演绎推理的速度和准确程度。失控的狂欢、暴怒与痛哭，持续的忧郁、烦恼与恐惧，都会对推理产生不良影响。因此，要保持良好的情绪状态。

# 第六节　现代管家心理素质修养

现代管家心理素质修养是一种能力、一种责任、一种胸怀、一种自我约束能力，对自身不断提出新的进取目标，对服务的家庭、企业和服务对象要具有强烈的事业心、责任感和奉献精神。

那么现代管家应具备哪些心理素质呢？

## 一、心理素质概念

心理素质是指个体在心理过程、个性心理等方面所具有的基本特征和品质。它是人类在长期社会生活中形成的心理活动在个体身上的积淀，是一个人在思想和行为上表现出来的比较稳定的心理倾向、特征和能动性。

心理素质是人的整体素质的组成部分，它是以自然素质为基础，在后天环境、教育、实践活动等因素的影响下逐步发生、发展起来的。心理素质是先天和后天的结合，是情绪内核的外在表现。

## 二、衡量良好心理素质的几个方面

性格品质的优劣、认知潜能的大小、心理适应能力的强弱、内在动力的大小及指向，对内体现为心理健康状况的好坏，对外影响行为表现的优劣。

（1）良好的个性：自知、自信、自强、自律、乐观、开朗、坚强、冷静、善良、合群、热情、敬业、负责、认真、勤奋等。

（2）正常的智力：感觉、知觉、记忆、思维、想象、注意力正常。

（3）较强的心理适应能力：自我意识、人际交往、心理应变、竞争协作、承受挫折、调适情绪、控制行为的能力。

（4）积极而强烈的内在动力：合理的需要、适度的动机、广泛的兴趣、适当的理想、科学的信念。

（5）健康的心态：智力正常、情绪积极、个性良好、人际和谐、行为适当、社会适应良好。

（6）适当的行为表现：符合角色、群体、社会规范、道德和法规。

## 三、心理素质组成

### 1. 心理潜能

现在国内外的一般共识是，每个人生来都具有一定的潜能；特别是现代人本主义心理学家还断定，每个人生来都具有优秀的潜能，每个人都急欲把自己的潜能发挥出来或得到实现，每个人只要努力都可以充分发挥或实现自己的潜能。潜能并不神秘，它是人的心理素质乃至社会素质赖以形成与发展的前提条件或某种可能性；或者说，正因为人具有一定的潜能，所以就能把他们培养成为真正的人，而动物没有此种潜能，所以虽然花费九牛二虎之力，也不能使它们向着人的方向发展。

### 2. 心理能量

心理能量亦称心理力量或心理能力，也可简称为能或力。世界上的万事万物（包括精神）都有一定的能量，即都是有"力"的。人也是如此，"人生莫不有力"（《论衡·效力》），可称之为人力。人是一个系统，由身体系统与心理系统构成，而这两个子系统也是有力（能量）的，前者为体力，即身体之能力，后者为心力，即精神之能力。心理能量是人的心理素质的体现，也是用意识来调节的能量作用，其大小强弱也能够反映出一个人的心理素质水平。

### 3. 心理特点

特点、特性、特征、属性等是一回事，都是指事物本身所固有的某种东西。人的心理活动具有自己的特点，可以把它归结为六对：客观性与主观性的统一、受动性与能动性的统一、自然性与社会性的统一、共同性与差别性的统一、质量与数量的统一、时空性与超时空性的统一。人的各种心理现象也有各自的特点，如感知的直接性与具体性、思维的间接性与概括性、情感的波动性与感染性、意志的目的性与调控性，等等。心理特点也是心理素质的具体标志。

### 4. 心理品质

心理品质与心理特点有联系，但也有区别，不能混为一谈。心理品质并非心理活动本身所固有的，而是后天习得的。心理品质有两个方面的含义：一是个别差异，即人与人之间各有不同水平的心理品质；二是培养标准，即要求人们的心理所应当达到的水平。几乎每一种心理现象都具有一定的品质，如记忆的敏捷性、持久性、准确性、备用性，思维的灵活性、深刻性、独立性、批判性，情感的倾向性、多样性、固定性、功效性，意志的自觉性、果断性、坚持性、自制性，等等。心理品质的优劣最能表现出人的心理素质水平。

### 5. 心理行为

无论简单的行为还是复杂的行为，归根结底都受人的心理的支配，都是人的心理的外部表现。因此，从这个意义上说，人的一切行为都可以称为心理行为。心理行为是心理素质的标志，通过它可以检验心理素质水平的高低。而且，前述心理素质的四个组成因素，即心理潜能、心理能量、心理特点、心理品质，都会明显地或不明显地在行为上反映出来。可见，心理行为是构成心理素质的一个重要成分。

综上所述，心理潜能、心理能量、心理特点、心理品质与心理行为的有机结合，称为心理素质。而这五个方面又都蕴含在智力因素与非智力因素之中。也就是说，所谓培养心理素质，就是要发挥、发展、培养、提高、训练智力与非智力因素的潜能、能量、特点、品质与行为。

## 四、良好心理素质的重要性

现代管家应具备良好的心理素质。因为在为客户服务的过程中，管家会承受各种压力和挫折的打击，只有具备好的心态才不会在服务过程中情绪化，遇到问题冷静处理。比如，你会不会被客户误解？会不会迁怒于客服人员？假如每天接待 100 个客户，可能第一个客户就把你臭骂一顿，因此心情变得很不好，情绪低落。后面 99 个客户依然在等着你，这时候你会不会把第一个客户带给你的不愉快转移给下一个客户？这就需要我们掌控情绪，调整自己的心情，因为对于客户，你永远是他的第一个接触者。因此，优秀的现代管家的心理素质非常重要。

## 五、培养良好心理素质的方法

### （一）培养良好心理素质要靠意志力，它是一个过程，也需要不断的努力与锻炼

#### 1. 自我认识——了解自己的心

自我认识是主观自我对客观自我的认识与评价，自我认识是自己对自己身心特征的认识，自我评价是在这个基础上对自己做出的某种判断。正确的自我评价，对个人的心理生活及行为表现有较大影响。如果个体对自身的估计与社会上其他人对自己的客观评价差距过于悬殊，就会使个体与周围人之间的关系失去平衡，产生矛盾，长此以往，将会形成稳定的心理特征——自满或自卑，将不利于个人心理上的健康成长。

一个人自卑的来源有这么几个方面：一是缺乏成功的体验；二是缺乏客观公正的评估；三是

自我评估偏颇。要抛弃自卑，首先要战胜自我，战胜自我的前提是必须了解自己，所谓"知己知彼，百战百胜"，为自己树立一个目标，要有坚强的信念，相信自己的能力，同时要对自己有一个科学、合理的评估。"给自己一个吻、重下决心。"这个方法是艾琳·C. 卡瑟拉在她的《全力以赴》中提到的。无论何时，当你失败了，做错了，不要责骂自己，要肯定自己已经做出的努力。比如，你坚持跑步 13 天，第 14 天没跑，不要骂自己，要对自己说："虽然今天我暂时失败了，但我坚持了 13 天，很好。我明天开始要重新努力，这次我要坚持比 13 天更长。我一定可以的。"你需要不断地肯定自己和相信自己，而且只要你肯定了自己，相信自己是对的，就不要犹豫不前、徘徊不定，要勇敢地走下去！

每个想要具备良好心理素质的人首先要问自己："我的心理素质究竟如何？"心理素质体现的方面不一定一样，有些方面是强项，而有些方面可能是弱项。例如，有的学生一到考试就焦虑，看到题目就忘答案，越做越紧张；而他在人际交往上却能轻松自如地应对，即便遇到十分棘手的人际问题，他也能不急不躁、游刃有余地化解开来。因此，首先要先看清楚，哪些是自己的弱项，哪些是强项，看清自己的弱项和强项是第一步，只有看清楚了缺点才有改正它的目标和动力。

### 2. 克制自己的情绪

情绪是一个人心理活动的最直接也是最真实的外在反映，有什么样的心理活动就会有什么样的情绪体验和情绪表现。一个正常的人，在他遭受屈辱、义愤填膺的时候绝对不会开怀大笑，一个人在同自己心爱的伴侣花前月下的时候绝对不会恼羞成怒。那么一个人在面对困境、面对挫折的时候，会表现出怎样的情绪呢？通常情况下，最常见的就是紧张、焦虑、烦躁、失落和抑郁等消极情绪体验。试想在这样的情绪体验下，能做好什么事情呢？再有能力的人又能发挥出多高的水平呢？因此克制自己的情绪是培养良好心理素质的关键。

在我们身边总会有很多不如意的事情，或者无聊的人，难免会激发我们的不满，甚至火力爆发。其实，这个时候，我们需要的是冷静的思考与处理。譬如钉子的故事：从前，有个脾气很坏的小男孩。一天，父亲给了他一大包钉子，要求他每发一次脾气都必须用铁锤在后院的栅栏上钉一颗钉子。第一天，小男孩在栅栏上钉了 37 颗钉子。过了几个星期，由于学会了控制自己的愤怒，小男孩每天在栅栏上钉钉子的数目逐渐减少了。他发现控制自己的坏脾气比往栅栏上钉钉子要容易多了……最后，小男孩变得不爱发脾气了。他把自己的转变告诉了父亲。他父亲又建议说："如果你能坚持一整天不发脾气，就从栅栏上拔下一颗钉子。"经过一段时间，小男孩终于把栅栏上所有的钉子都拔掉了。父亲来到栅栏边，对小男孩说："儿子，你做得很好。但是，你看钉子在栅栏上留下那么多小孔，栅栏再也不是原来的样子了。当你向别人发过脾气之后，就会在人们的心灵上留下疤痕，就好比用刀子刺向了某人的身体，然后再拔出来，无论你说多少次对不起，那伤口都会永远存在。所以，口头上的伤害与肉体的伤害没什么两样。"从这个故事当中我们应该明白一个道理：无论对错来源于谁，我们都应该冷静地去面对。就像你在网上欣赏美文一样，肯定有不符合你的观点和言论，当然也有不喜欢你文章的朋友，这个时候你需要的绝对不是倒戈相向，与他们喋喋不休，而是应该控制住自己的情绪，适度地去处理这些事情。学会克制自己的情绪，做自己情绪的主人，这是培养良好心理素质的一个不可缺少的环节。

### 3. 提高受挫力

挫折教育作为现代新的教育理念，已经越来越受到关注。适当的挫折不但有助于更好地认识自我，也能很好地培养心理素质。人其实是感知耗损型动物，对同一事物的感觉，随着次数的增加和时间的推移，会由激烈逐渐趋于平缓，感觉敏感度会形成下滑的趋势。

### （二）心理素质标准

马斯洛认为，良好的心理素质表现在以下几个方面：

（1）具有充分的适应力。

（2）能充分地了解自己，并对自己的能力做出适度的评价。

（3）生活的目标切合实际。

（4）不脱离现实环境。

（5）能保持人格的完整与和谐。

（6）善于从经验中学习。

（7）能保持良好的人际关系。

（8）能适度地发泄情绪和控制情绪。

（9）在不违背集体利益的前提下，能有限度地发挥个性。

（10）在不违背社会规范的前提下，能恰当地满足个人的基本需求。

## （三）培养良好心理素质的方法

### 1. 敢于直面恐惧

直面恐惧、勇敢地面对危险是现代管家的一种基本素质。著名的哲学家伊曼努尔·康德说过，恐惧是对危险的自然厌恶，是人类生活中不可避免的和无法放弃的组成部分。恐惧是很多心理和生理疾病的征兆。与它类似的灰心和抑郁不仅渗透到医疗诊断活动中，还涉及社会、政治、军事、经济、文化等生活的方方面面，以致每个人不知什么时候就会以这种或那种方式碰到。从长远来看，有意识地与自身的恐惧和抑郁作斗争才是彻底战胜疾病、战胜生活的唯一选择，特别是面对长期的、日益加重的痛苦时其作用尤其突出。

"不让恐惧左右自己"是美国著名将领巴顿用以激励自己的格言。第二次世界大战期间，巴顿将军在北非、地中海和欧洲战场上屡建奇功，威震敌胆，被誉为"血胆将军"。

### 2. 正确面对压力

压力是与不健康相联系的一种精神状态，同时也是干劲十足的现代管家的地位的一种象征。

（1）压力，就像美丽，部分在于目睹者的意识。压力是把双刃剑。减轻压力的明显方法是在源头就把紧张性刺激消除掉，而有的人却一直追寻紧张性刺激来减轻压力。

在1991年海湾战争期间，伊拉克对以色列发动了一连串的导弹袭击，这些袭击导致许多以色列平民死亡。但其中大多数人并不是死于导弹对身体的直接伤害，而是死于与轰炸有关的压力——恐惧、焦虑和紧张情绪引发的心脏疾病，也就是说他们因精神压力而死。

（2）压力的一个普遍被忽视的特点是它的传染性。除了自己遭受压力，我们还能通过行为和态度把它加诸别人身上。压力不仅是发生在我们身上的某件事情，也不仅是我们被动地承受着的一种力量，还是我们对环境如何评价和反应的产物。我们在这个过程中是——或者能够是——积极的参与者。具有实际意义的是，通过改变我们看待世界、对付挑战或评价自己处理能力的方式，我们已能够改变自己对压力的敏感性。

### 3. 改造自我，与时俱进

当然，培养良好的心理素质，不是一朝一夕、短期内就可以见效、完成的事情，需要在日常的学习工作中和生活中进行知识的积累，经过实践的磨炼，循序渐进地完成。只有经过长期不懈的努力，一点一滴地渗透到人的内心里，进入人的本质中，变成人的第二天性，人们在活动中才会表现出令人叹服的心理素质。

### 4. 苦练

培养良好心理素质，需要苦练。学习毕竟只是一种理念上的，停留在认识层次上的东西，还没有通过行动逐渐渗透到人的本质中，还没得到巩固，是一种飘忽不定的、没有稳固下来的感受、认识。所以现代管家不仅要注意学习，更要重视苦练。苦练本身就是一种坚强意志的表现，是更深一层次的学习。

毛泽东是一位特别注重在实践中磨炼自己意志的人。早在湖南长沙读书时，毛泽东为了锻炼自己的专注力和不受外界干扰的能力，时常带上书到闹市里去读，在熙熙攘攘的集市上培养自己的专心和耐心。经过不断的练习，他慢慢养成了身处闹市心静如水、专心致志而不受影响的读书能力。

### 5. 不断更新观念

培养良好的心理素质，还需时常更新观念，紧跟时代的步伐。否则，思想僵化，以旧的标准来衡量人和事物，势必对这也看不惯，对那也不满意，常常会怨天尤人、牢骚满腹，甚至义愤填膺。

观念的更新，意味着人的价值标准、道德标准等都在发生变化，由此对他人的看法和要求也会改变，这将大大影响人的情绪及对他人的接纳程度。现在我国正处于社会的转型时期，呈现出多元化的状态，也存在许多不合理的现象；人们看待问题、评价事物的标准都发生了很大的变化，已能接受以前许多不理解或认为不合理的事情，例如合资企业的产生、个体经济的盛行等。然而，社会上仍有部分人的观念没有转变过来，对社会上的一些事情看不惯，对他人的行为要求非常苛刻，对一些事情还会有一些强烈的愤怒情绪，工作中、生活上就很难时时理智、心情舒畅。其实，这样对人对己都没有好处，还会使自己有一种被社会抛弃、落伍的感觉，有时还会让人觉得这个人不正常。

因此，更新观念直接关系到人们如何去观察问题、认识问题和解决问题，关系到对自己对他人的情绪反应和宽容程度，即直接关系到人的心理成熟程度和健康状况。可以说，更新观念是提高心理素质的必经之途，不可忽视和逾越。

### 6. 心胸宽广

作为一名现代管家，既要能容人，又要能容事。能容人，就是要能容别人容不下的人，要包容那些与你存在性格差异、年龄差异、处事风格差异的人，甚至要包容那些与你持反对意见的人。我们不能和一般人计较，否则，我们也就是一般人了。能容事，就是大事小事都要包容，每遇大事不糊涂，碰到小事不计较，重要的是事事关心，了然于心。

### 7. 感召他人

世界上 99% 的人，往往是跟着 1% 的人在走。所以，现代管家在团队中的教化作用非常重要。所谓教化，就是让大家不知不觉地认同你的想法。作为现代管家，要善于抓住适当的契机，把自己的想法、职责、使命和方向与自己的团队进行沟通。沟通的精髓是，拉近与他人的感情与距离。感情近了，距离近了，自然能心领神会，心心相印。

### 8. 目标明确

一个有梦想的现代管家，必须明确自己的奋斗目标。一个没有目标的人，一定会被别人的目标所领导。一个目标明确的现代管家，才会明白肩头的责任。有责任意识的人，一辈子活得轻松愉快。那些心中只有享受和权力意识的人，会一辈子活得很累。活得累，不一定是身体累，更多的是心累。

### 9. 心态淡定

现代管家一定是一个善于管理情绪的高手。一个胸怀宽广的现代管家就是一个良好的生态系统：无论遇到任何不良情绪的垃圾和废料，都可以把它转化为肥沃的土壤、茂密的森林和色彩缤纷的鲜花，从而成为生命的积极能量！心居高宽处，才能神游古今间；拿得起，放得下，心态淡定，才能从容不迫。

现代管家服务与管理，必将成为高端管家服务体系中的一部分，这得益于企业文化与理念的支撑，并在此基础上凝练成前瞻性的服务意识，完整、系统地贯彻于管家服务的全过程中。

取法其上，得乎其中；取法极致，得乎其上。唯有立意高远，才能在实际的运作中游刃有余。这是所有"大"品牌的智慧果实。这枚果实有着与时俱进的优越品性，它将朝着卓越的方向，不断地向上生长。

# 第七节　忠心品格与诚信修为

## 一、培养现代管家的忠心品格与诚信修为的意义

### 1. 忠心品格的定义

真诚、忠诚的心，可靠、可信任的支持型人格。

### 2. 诚信修为的定义

诚实、守信的言行，实事求是的修养行为。

### 3. 培养现代管家的忠心品格与诚信修为的意义

（1）现代管家在家庭、企业和社会机构平台服务，有着关乎生命安全、财产安全、社会机构安全的职业责任，若无忠心品格做保障，能力越强、技能越高，给服务对象带来的风险越大。

（2）人与人之间最大的障碍就是信用危机。由于家政员危害雇主生命安全和财产安全的事件屡屡发生，甚至影响到家政行业的健康发展。

（3）将忠心品格与诚信修为作为现代管家的基本素养，是改善家政行业环境、优化现代管家素养、提升现代管家社会认知与社会地位的必然选择。

## 二、如何考验现代管家的忠心品格与诚信修为

（1）在小事上忠心，才能在大事上忠心。一位现代管家曾被交代做一件小事，就是将最脏的马桶洗好，洗干净。他一直坚持这么做，哪怕没有人检查，马桶依然干干净净。最终他被予以重任。

（2）在利益上，经受诱惑并胜过它。一位现代管家，曾在海外被给予一笔非劳动所得巨款，但他果断拒绝，逃离陷阱，胜过诱惑。最终他被予以重任，管理巨额财富。

（3）凡事要看做事的初心、态度和言行是否一致。是就是，不是就不是。不要自夸，不要弄虚作假，只要诚实做事，真诚待人。

（4）现代管家品格考核的指标如表2-7-1所示。

表 2-7-1　现代管家品格考核指标

| 忠心品格考核内容 | 考核计分权重 | 诚信修为考核内容 | 考核计分权重 |
| --- | --- | --- | --- |
| 小事细节看忠心 | 25 分 | 言行一致看诚实 | 25 分 |
| 待人接物看忠心 | 25 分 | 利益分配看诚信 | 25 分 |

### 三、如何在日常服务管理中科学评价现代管家的品格

（1）以区块链技术建立家政行业服务平台，将所有的服务管理行为数据化，实现现代管家考评管理日常化。每天有自评、客户反馈点评、摄像头监控、智能设备数据自动上传，每月将服务项目考核指标数据汇总，形成评价积分进入评价数据库；并且，所有数据是不可篡改的时间戳数据，所有服务单位终身追责，评价终身有效。

（2）建立现代管家星级评价体系与排行榜，与服务薪资收益挂钩，实现公平、公正、公开的考核体系与激励体系，优化家政行业环境，提升现代管家社会认知与地位，提高现代管家收益。

（3）区块链家政平台评价监控管理。以平台监控、妇联组织监管（如图 2-7-1 所示）、舆论监督、社群监督、客户口碑、终身信用档案等多种交互数据统计、激励机制进行现代管家品格管理。

图 2-7-1　妇联组织监管

### 四、如何提升现代管家的忠心品格与诚信修为

（1）建立正确的价值观、人生观与世界观，培训提升忠心品格与诚信修为的意义，明确实现人生价值最大化的捷径是忠心品格与诚信修为。

（2）建立忠心品格与诚信修为的激励机制，所有善行都有记录与激励。

（3）建立平台监控、组织机构监管、舆论监督、社群监督、客户口碑、终身信用档案等多维度监督管理体系。

## 五、忠诚的意义

忠诚，自古以来都是为人所称赞的优良品质；中国传统文化中的五德也把忠放在首位，可见，中国人对忠诚的重视。一个人无论什么原因，只要失去了忠诚，就失去了人们对他最根本的信任。歌德说："始终不渝地忠实于自己和别人，就能具备最伟大才华的最高贵品质。"

可是对于忠诚这个字眼，人们在很长一段时间里有着很大的逆反心理，一谈到忠诚就想到满朝文武齐刷刷地跪在地上喊"万岁"，就想到明知道皇帝是扶不起来的阿斗还要鞠躬尽瘁的诸葛孔明……在道德失衡、利益当道的今日，很多人更是把忠诚当成了"傻"和"无能"的代名词。

的确，在当今，有很多人只强调能力，认为有能力就是"大拿"，在哪里都能吃饭，至于忠诚是很无所谓的事情。强调能力无疑是相当正确的观念。我们可以看到，现在有很多新兴行业崛起，每天成立的新公司也如雨后春笋，每天消失的公司恐怕更多。没有能力就根本别想生存下去，所以，无论在哪个行业工作，我们都必须发展自己的能力。

对企业来说，忠诚的员工显然非常重要，而对员工本身来说，能够保有对企业的忠诚度，也十分重要，可以说，拥有忠诚，你就拥有了做事的动力，工作效率就会得到更大的提升，企业和个人都会从中受益。

忠诚已经不仅仅是对道德标准的评判，而是一个员工对职业水准的衡量。一个忠于企业、忠于工作的人，才能在平凡的工作中感受到快乐，才能在工作中主动追求卓越，而缺乏忠诚的人最多在"合格"处就停止了脚步。忠诚会给你强劲的行动力和正确的方向，这会使你的能力迅速得到提高。所以，从某种意义上来说忠诚也是一种能力。

记得坊间曾流行过一本书，书名叫《忠诚胜于能力》，书中的一个比喻给我的印象极深：

老板虽然是船长，你虽然只是一名普通的水手，甚至只是一名乘客，但你们毕竟在同一条船上。

同乘一条船，谁的方向不一样？

同乘一条船，谁的目的地不一样？

同乘一条船，如果遇上什么风浪，谁的命运又不一样呢？

我们没有任何理由放弃忠诚，只有忠诚的人才能在自己的职业生涯中一直保持负责的态度。忠诚的人不管自己是否总在一所学校供职，不管自己将来是否要调换部门，都对现有的工作保持责任感。忠诚的人能冷静地善待自己的工作，把职场中的每段时光都作为自己终身事业的一部分。只有热爱自己的工作，带着自己的热情去参与，才能获得比别人更多的东西。因此，无论你在哪个岗位，肩负什么职务，都必须以履行职责为己任，用忠诚书写成长的历史，使自己每一天都有新的收获。不要因为受一点儿委屈、吃一点亏就牢骚满腹、耿耿于怀，其实在很多时候，吃亏是进步的扶梯，失去的越多，得到的也就越多。

忠诚是敬业的基础，是奉献的前提。忠诚不谈条件，忠诚不讲回报。本杰明·富兰克林说过："如果说，生命力使人们前途光明，团体使人们宽容，脚踏实地使人们现实，那么深厚的忠诚感就会使人生正直而富有意义。"忠诚给我们工作，给我们人生的意义！我们不论身居何位，只要拥有一颗忠诚的心，我们就拥有了一个个人全面发展的舞台，就可以为现代管家事业做出我们应有的更大的贡献！

 **本章小结**

现代管家基本素养

1. 文化素养：个人的才智、能力、道德素养。
2. 道德素养：道德认识、道德情感、道德信念、道德意志和道德行为等。道德素养也称"德性"，简称"品德"。
3. 法律素养：是指现代管家必须具备的法律知识和法律意识。
4. 自身素养：现代管家不仅要做到爱岗敬业、热情服务、诚实守信，还要具备相应的职业技能及良好品质。
5. 心理素质修养：个体在心理过程、个性心理等方面所具有的基本特征和品质。
6. 忠心品格与诚信修为：真诚、忠诚的心，可靠、可信任的支持型人格，诚实、守信的言行，实事求是的修养行为。

# 第三章 现代管家职业要求

现代管家是具备深厚人文底蕴，能够掌握和运用人工智能、大数据科技工具，具备高效能的管理执行力，并把科技知识和专业技能应用于家庭、企业和社会服务与管理的职业。这对现代管家提出了必须具备的条件和严苛的要求。现代管家必须具备人类精神成就的广度和深度，即人或群体所秉持的道德观念、人生理念等文化特征，也是人或群体学识的修养和精神修养的广度和深度，可上溯到较久的道德观念、人生理念等文化修养和知识的积淀。

文化是人类在社会历史发展过程中所创造的物质财富和精神财富的总和，包括人文文化与科技文化各学科的知识，特指精神财富，如文学、艺术、教育、科学等。

底蕴：详细的内容，内情；蕴含的才智、功力；文明的积淀。

修养：所谓"修"就是以吸取、学习为目的，打下知识体系的基础；所谓"养"，是在"修"得的知识的基础上提炼、批判、反思乃至不断升华到更高的高度。

积淀：是学习文化获得的成果经过实践活动而逐渐积累经验、不断进步，形成更加适合人类需要的服务技能。积淀越深厚，知识与技能就越持久、越稳定、越强大。

现代管家应该集现代家政学系列知识与现代专业技能于一身，上知天文，下知地理，文韬武略，学问广博，无所不知。一个合格的现代管家自身就似一部大百科全书，用现代科技手段为提高人们的素质修养、生活质量及愉悦工作、健康养老等提供全方位服务。现代管家努力为社会、企业、家庭、个人等客户提供称心如意的管家服务。

那么如何做一名合格的现代管家？这是本章要学习的内容。

## 【项目介绍】

现代管家要具备深厚的人文底蕴，掌握和运用人工智能、大数据科技工具，具备高效能的管理执行力。

## 【知识目标】

通过本章学习，达到做一名现代管家的目标要求。

## 【技能目标】

掌握现代管家必备常规工作专业技能。

## 【素质目标】

培养和积累现代管家的文化底蕴，达到现代管家的职业要求。

# 第一节　形象设计

## 一、形象设计的内涵及作用

形象设计对每个人来说都很重要。现代管家学习形象设计，不仅仅是自身职业需要，也是为客户服务的必备技能。

形象是一个人的精神面貌、性格特征等外貌特征的具体表现，它就像一种介质存在于人的主体和客观的环境之间。每个人都通过自己的形象让他人认识自己，而周围的人也会通过这种形象对你做出认可或不认可的判断。这种形象不仅包括人的外貌与装扮，而且包括言谈举止、表情姿势等能够反映人的内在本质的内容。

形象设计是以人体色为基本特征，对人的面部及身材、气质及社会角色等各方面综合因素，通过专业的方法来测试出适宜的色彩范围与风格类型，按照科学参数比例作最适合的外形设计，找到最合适的发型、服饰色彩、彩妆色、服饰款式，从而解决人们的所有形象问题。

现代管家的个人形象设计是职业需要，而且非常重要。我们都知道，在第一次与他人会面时有一种神秘的力量左右会面的结局，这就是"第一印象"。第一印象究竟有多重要？美国前总统克林顿和希拉里的第一次见面甚至改变了美国历史，当他们在耶鲁大学的图书馆相遇时，两个人目光长久相视，希拉里走向克林顿，并对他说："既然我们注视对方，我想我们就应互相介绍。"就是这一句话，打开了克林顿的心扉。我们常说第一次见面能够使一对男女一见钟情，甚至生死相许；第一次见面能够使一个人失去等待许久的机会，只因给上司留下了坏印象；许多女性都是凭第一印象来购买商品；有一位著名作家甚至说过，如果他在第一次见面中不喜欢一个人，就绝不给他再次见面的机会……可见，第一印象的力量有多大。

什么决定第一印象？

这就是我们所说的"形象"，当然决定第一印象的还有其他因素，例如言谈、举止行为等。因此一个现代管家，应该养成随时随地注重自己的形象，并且保持良好的职业形象和个人形象的职业习惯。让客户从第一次见面开始就对自己留下美好的印象，对于一个现代管家是非常重要的，它将是获得服务岗位、取得成功的良好开端。

形象设计的学习，还可以用于更广泛的项目中，如城市形象设计、企业形象设计、人物形象设计、产品形象设计等。

## 二、个人形象设计

现代管家学习的个人形象设计，从美容、化妆、服装设计等其他职业中衍生而来，在整体风格上打造最适合个人的外在形象。

个人形象设计要素包括以下几个方面：体型要素、发型要素、化妆要素、服装要素、配饰要素、个性要素、心理要素、文化修养要素。

### 1. 体型要素

体型要素是形象设计诸多要素中最重要的要素之一。良好的形体会给形象设计师施展才华留下广阔的空间。完美的体型固然要靠先天的遗传，但后天的塑造也是相当重要的。体型设计只有在其他诸要素都达到统一和谐的情况下，才能得到完美的形象。

（1）标准型身材：

① 拥有平均身高。

② 胸围和臀围相等。

③ 腰部大约比胸围小 25 厘米。

体型弥补是通过调整让身材看上去接近标准型身材，色彩修正是较为常见的方法之一。在适合的色彩中，有膨胀色，也有收缩色，合理地使用颜色会修正弱点或强调优点，达到完美的效果；如果使用不当的话，不仅达不到预期的效果，还会起到相反的效果。

（2）梨型身材：

① 身材特征：肩部窄，腰部粗，臀部大。

② 弥补方法：胸部以上用浅淡或鲜艳的颜色，使视线忽略下半身。

③ 注意事项：上半身和下半身的用色不宜形成强烈对比。

（3）倒三角型身材：

① 身材特征：肩部宽，腰部细，臀部小。

② 弥补方法：上半身色彩要简单，腰部周围可以用对比色。

③ 注意事项：回避上半身用鲜艳的颜色、对比的颜色。

（4）圆润型身材：

① 身材特征：肩部窄，腰部和臀部圆润。

② 弥补方法：领口部位用明亮鲜艳的颜色，身上的颜色要偏深，最好用一种颜色或渐变搭配。

③ 注意事项：身上的颜色不宜过多或鲜艳。

（5）窄型身材：

① 身材特征：整体骨架窄瘦，肩部、腰部、臀部尺寸相似。

② 弥补方法：适合多使用明亮的或浅淡的颜色，可使用对比色搭配。

③ 注意事项：不宜用深色、暗色。

（6）扁平型身材：

① 身材特征：胸围与腰围相近，臀围正常或偏大。

② 弥补方法：用鲜艳明亮的丝巾或胸针装饰，将视线向上引导。

③ 注意事项：不宜用深色装饰腰部。

### 2. 发型要素

随着科学的发展、美发工具的更新，各种染发剂、定型液、发胶层出不穷，为塑造千姿百态的发型式样创造了条件。而发型的式样和风格又极大地体现出人物的性格及精神面貌，符合个人形象特色的发型还能够修饰脸型，使人显得更年轻时尚、有朝气。

需要强调的是，职业发型的设计是以企业对员工的要求、工种对员工的要求为标准的，不能因为个人爱好而无视职业要求，那样即使设计了漂亮的发型，也会因违反工作条例受到处罚，得不偿失。例如：空乘人员要求统一的发型和发色，你就不能别出心裁地留长发、金发等。

### 3. 化妆要素

化妆是社交礼仪的重要环节。"浓妆淡抹总相宜"，淡妆高雅、随意，彩妆艳丽、浓重。施以不同的妆容，与服饰、发型和谐统一，将更好地展示自我、表现自我，化妆在形象设计中起着画龙点睛的作用。

### 4. 服装要素

服装在人物形象中占据着很大的视觉空间，因此，也是形象设计中的重头戏。除了要选择服装款式、颜色、材质，还要充分考虑视觉、触觉与人所产生的心理、生理反应。服装能体现年龄、职业、性格、时代、民族等特征，同时也能充分展示这些特征。当今社会人们对服装的要求已不仅限于整洁保暖，而且增加了审美的因素。专业的形象打造需要在了解服装的款式造型设计原理，以及服装的美学和人体工程学的相关知识的前提下，在形象设计中将服装的设计元素运用得当，使人的体型扬长避短，整体形象更符合个人所处的场合与社会角色需要。

### 5. 配饰要素

配饰的种类很多，颈饰、发饰、首饰、胸针、帽、鞋、包、袋等都是穿着的搭配单品。由于每一类配饰所选择的材质和色泽的不同，设计出的造型也千姿百态，能恰到好处地点缀服饰和人物的整体造型，充分体现人的穿着品位和艺术修养，使灰暗变得亮丽，为平淡增添韵味。

### 6. 个性要素

在进行全方位包装设计时，要考虑一个重要的因素，即个性要素。目光、微笑、站、坐、行、走都会流露出人的个性特点。只有当"形"与"神"达到和谐时，才能创造一个自然得体的新形象；忽略人的气质、性情等个性条件，一味地追求穿着时髦，佩戴华贵，只能打造出不符合个人特质的形象。

### 7. 心理要素

人的个性来自先天的遗传和后天的塑造，而心理要素完全取决于后天的培养和完善。高尚的品质、健康的心理、充分的自信，再配以服饰效果，是人们迈向事业成功的第一步。

### 8. 文化修养要素

人与社会、人与环境、人与人之间是有着相互联系的，在社交中，谈吐、举止与外在形象同等重要。良好的外在形象是建立在自身的文化修养基础之上的，而人的个性及心理素质则要靠丰富的文化修养来调节。具备了一定的文化修养，才能使自身的形象更加丰满、完善。

# 第二节 现代管家礼仪

从个人修养的角度看，礼仪是一个人内在修养和素质的外在表现。从交际角度看，礼仪是一种艺术，一种交际方式和交际方法，传递的是尊重和友好。人们从一个人的举动中可以看出他的性格、思维以及他想表达的意思。身为现代管家更应使自己的一举一动都具有一种发自内在的、显示出深厚职业功底的阳光之美，这种美从身上表现出来即为美好的体态。

## 一、站姿优雅

优雅的站姿是动态美感的开始。

### 1. 正确站姿

（1）正面：人的身体形态应该保持正直，头颈、身躯和双腿应当与地面垂直；两臂和手掌在身体两侧（相当于裤缝的位置）自然下垂，手掌尽量自然伸开，不要过于僵硬、挺直；双眼自然平视，缓缓环顾四周；嘴唇微微闭合，面带微笑。

（2）侧面：下颌微收，胸部稍挺，轻轻收拢小腹。不可过度挺胸收腹，以免显得僵硬、不自然。

（3）后面：身体与地面呈现垂直状态，双肩保持平衡，腰部略微凹进，走路步态平稳、不

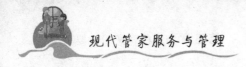

两边扭摆，整个形体显得庄重、平稳、和美。

正确的站立能够帮助呼吸和改善血液循环，减轻身体疲劳。现代管家工作时大多数是站立服务的，更要注意保持优雅的站姿。

图3-2-1所示为正确站姿和错误站姿，其中图3-2-1（e）为正确站姿，其他为错误站姿。

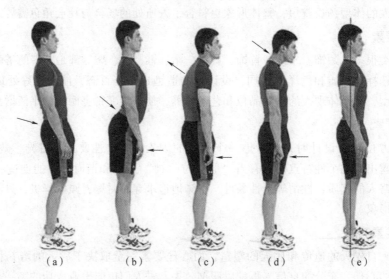

图 3-2-1  正确站姿和错误站姿

### 2. 错误站姿

无论是现代管家，还是其他岗位的服务人员，避免下列错误站姿：

（1）将身体倚靠物体（墙体、柜子、桌椅、树干等）歪斜站立。

（2）耸肩、习惯歪肩（两肩不平衡）、含胸驼背。

（3）双手插在口袋里（衣服或裤子口袋都不行）或叉腰、双手交叉在胸前等。

（4）站立时抖动腿部。

（5）站立时离客人的距离太近，或站在客人背后，或背对客人说话等。

### 3. 站姿日常训练

正确的站姿可以锻炼肌肉的用力感，锻炼对身体重心的控制，提高平衡能力，增强身体的控制能力，均匀协调地发展肌肉，促进身体曲线完美。站姿是静态的身体造型，同时又是其他动态的基础和起点，优美的站姿是保持良好体型的秘诀。可以按照以下方法进行站姿训练：

（1）自然挺胸、双肩平展，不要向前扣胸，呼吸均匀、自然流畅，两手放体侧。

（2）两脚跟相靠，脚尖展开60°左右，两腿并拢直立，大小腿部肌肉收紧。

（3）抬起脚跟，用脚掌支撑起身体，脚趾紧紧地抓住地面，尽量用大脚趾发力，支撑起的高度以身体平稳为最佳。

（4）立腰、收腹、夹臀，两手上举、伸直、紧靠两耳，两掌合一。

（5）头部保持自然正直，双眼平视前方，不要向前伸颈探头，也不要缩下巴。

（6）保持呼吸自然，恢复平和状态。

通过理论学习后，可以结合平时生活，因地制宜地进行站姿练习，这样效果会更加明显。

### 4. 站姿检测方法

把身体背着墙站好，使自己的后脑、肩、臀部及足跟均能与墙壁紧密接触，这说明你的站姿是正确的，否则则是不正确的。

## 二、坐姿端庄

正确的坐姿给人端庄、稳重之感。

### 1. 正确坐姿

保持上身正直，略微前倾，身后不能有倚靠物。头平正，两肩自然放松，下巴微微内收、脖子正直，挺胸，上身与下身呈直角（L形），双膝并拢，双手自然地放于双膝上（如图3-2-2所示）。在正式社交场合里，不应随意将头向后仰靠在椅子背上或者是沙发靠背上，显出很懒散、很随便的样子。无论是坐在椅子上还是坐在沙发上，最好只坐二分之一至三分之二的面积。

侧坐时，上身与脚尖应保持同向一侧，双膝并拢，脚跟靠紧，眼睛平视，嘴唇微闭，面带微笑。

正确的坐姿体现了个人素养，也体现了对对方的尊敬，是每个职业人基本的礼仪。

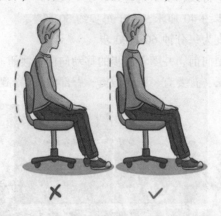

图3-2-2　正确坐姿和错误坐姿

### 2. 入座要求

（1）走到座位前，从座位的左边进，缓慢坐下，要轻而稳，不可"扑通"一声猛地坐下，应避免发出声响。

（2）如果是女性入座，先用手把裙摆向前归拢，再坐下。

### 3. 起立要求

当由坐姿改为站起来时，右脚先向后收半步，然后站起，右脚再向前走一小步，告辞后，向后退一到两步，再转身走出房间。

男性管家在下列人员走来时应起立，如：客户或客人，上级和职位比自己高的人，与自己平级的女职员。

### 4. 错误坐姿

（1）两膝盖分得太开，两脚呈八字形，小腿架到另一条大腿上（俗称二郎腿），将一条腿搁在椅子上或脚蹬在椅子的横掌上。

（2）脚尖朝天，翘脚，抖动腿、脚。

（3）频繁交换架腿姿势，用脚尖或脚跟拍打地面，脚腕紧扣交叉等，显得紧张、烦躁。

（4）坐下后东张西望。

（5）手不经意地到处乱摸，边说话边挠痒，或者将裤腿捋到膝盖以上。

（6）女性入座时裙子撩起，跷腿，或者裙摆歪斜交叉折叠，更忌讳以裙摆扇风或者把裙子撩起来，以打底内裤坐下。

（7）在桌边与人交谈时，上身往前倾趴在桌子上或者用手支撑下巴。

这些都是犯忌讳和失礼的表现。

## 三、走姿要求

### 1. 标准走姿

（1）抬头、挺胸、收腹，两眼平视，两肩相平，身体要直，两臂自然下垂摆动，两腿直立不僵，如图3-2-3所示。

（2）手臂摆幅为35厘米左右，双臂外开不要超过20°。

（3）步位恰当，男子走平行线，女子走直线。

（4）步幅适度，男子每步约40厘米，女子每步约30厘米。

（5）速度均匀，正常速度为每分钟60~100步。

（6）行走时，身体重心稍向前，并随着脚步的移动向前过渡重心。

（7）上下楼梯时，头要正、背要直、胸要微挺、臀部收、膝部弯曲。

（a）　　　　　　　　　　　　　　　　（b）

图3-2-3　标准走姿

### 2. 注意事项

（1）双臂摆动幅度不可过大，约45°，切忌左右摆动。

（2）切忌身体左右摇摆或摇头晃肩。

（3）膝盖和脚踝应轻松自如，以免显得僵硬。

（4）切忌走"外八字"或"内八字"。

（5）多人行走不要横排或勾肩搭背。

（6）有急事要超过前面的行人时，不能跑步、硬性超过，可以大步超过，并同时向被超过的人致歉。

（7）应靠右行走。

（8）行进之中遇到领导、宾客，应该主动问好，侧身让行或放慢速度，以示礼貌。

（9）陪同客人或领导时，要让客人或领导走在自己右前侧。三人行，中为上，右次之，左再次之。

## 四、手势要求

### 1. 引领手势

（1）引领客人时，自己要斜向前2~3步，转弯时用手势指引客人，根据客人的步速行走。

（2）与上司、宾客同行至门前，应主动伸手示意请他们先行，不能抢先走在前面。

（3）上下楼梯时应该侧身、伸手，掌心向上、五指自然并拢，向前方指引、示意请客人或领导先走，把选择前进方向的权力让给客人或领导。上下楼梯有女士时，应当让女士优先。但当遇到螺旋状上升的楼梯，而且有穿短裙，尤其是喇叭裙的女士时，男士就不要谦让，应该走在前面，手势示意"请随我来"。

### 2. 招手

当向远距离的人打招呼时，伸出右手，右胳膊伸直高举，掌心朝着对方，轻轻摆动。但不可向上级和长辈招手。

### 3. 握手

（1）先问候再握手。

（2）伸出右手，手掌呈垂直状态，五指并用，握手3秒左右。与多人握手时，遵循先尊后卑、先长后幼、先女后男的原则。

（3）握手时注视对方，不要旁顾他人他物。

（4）手要洁净、干燥和温暖，用力要适度，切忌手脏、手湿、手凉和用力过大。

（5）与异性握手时用力轻、时间短，不可长时间握手和紧握手。

（6）为表示格外尊重和亲密，可以双手与对方握手。

（7）握手时要按顺序握手，不可越过其他人正在相握的手（交叉握手）去同另一个人握手。

### 4. 握手礼的禁忌

（1）不要用左手与他人握手。

（2）不要在握手时争先恐后，而应当遵守秩序，依次而行。

（3）不要戴着手套握手，女性的晚礼服手套除外。

（4）不要在握手时戴着墨镜，患有眼疾或眼部有缺陷者除外。

（5）不要在握手时将另外一只手插在衣袋里。

（6）不要在握手时另外一只手依旧拿着香烟、报刊、公文包、行李等东西而不放下。

（7）不要在握手时面无表情，或四处张望，无视对方的存在。

（8）不要在握手时长篇大论、点头哈腰、滥用热情，显得过分客套。

（9）不要在握手时把对方的手抖个没完。

（10）不要在握手后，立刻擦拭自己的手。

## 五、鞠躬礼

随着社会文明的提高，鞠躬礼在人们的生活社交、商业服务中的使用越来越频繁。鞠躬礼既适用于庄严肃穆或喜庆欢乐的场合，又适用于一般的社交场合。鞠躬表达对他人深深的敬意和感激之情。

（1）与客户交错而过时，面带微笑，行15°鞠躬礼，头和身体自然前倾，低头比抬头慢，如图3-2-4（a）所示。

（2）接送客户时，行30°鞠躬礼，如图3-2-4（b）所示。

（3）初见或感谢客户时，行 45°鞠躬礼，如图 3-2-4（c）所示。

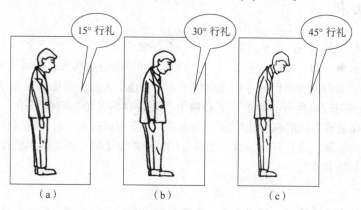

图 3-2-4　鞠躬礼

## 六、礼仪、礼节、礼貌

现代管家应具备深厚的人文底蕴，对其本身素养的要求更高、更全面。着装、性格、气质、各种场合的礼仪等，都体现了他们的素养。

礼貌是礼仪在神态方面的表现，通过仪表、仪容、语言、动作表现出来。

礼节是礼仪在举止方面的表现，是礼貌的一种形式。

礼仪是在社交活动中，自始至终以一定程序、约定俗成的方式来表现的完整行为。

三者本质上是一致的，都表示尊重友好。但礼貌、礼节多指交往过程中的个别行为，没有礼节就无所谓礼貌，有了礼貌，必然伴随着礼节；礼仪是系统化、程序化了的礼节，更具文化内涵。

### 1. 礼仪三要点：分清对象、注意方法、区分场合

（1）分清对象（3A）：

① 接受对方（Accept）。简言之，就是要宽以待人，不要对对方求全责备，不要让对方在你面前感到尴尬和难堪。

② 重视对方（Appreciate）。即欣赏的重视，不找不足。

③ 赞美对方（Admire）。即给予对方一种欣赏和肯定。

（2）注意方法。摆正位置，端正态度，注意文明礼貌待客，来有迎接声，问有回答声，走有送客声。尤其是在社交往来的交流中注意四忌：忌打断别人、忌补充对方、忌纠正对方、忌猜疑对方。在餐桌上注意五忌：吸烟、劝酒、给别人夹菜、酒宴中整理服装、吃东西发出响声。

（3）区分场合。作为现代管家在任何场合下都要保持清醒的头脑，要明白自己是什么角色，要做什么事情，而且做什么就要像什么。不同的场景有不同的要求、不同的标准、不同的规矩。例如，乘坐轿车，不同场合用的车辆，座位的主次顺序截然不同：公务用车时，上座的位置是后排座的右边位置；社交应酬时，副驾驶为上座；接待重要客人时，驾驶座的后方是上座。

### 2. 仪表要求

（1）头发：头发梳理整洁，男性发角不过耳，后面不过领，女性头发梳理整齐，不能蓬松和披散。头发洁净、整齐，无头屑，不染夸张颜色的头发，不做奇异发型。男性不留长发，女性不留披肩发，也不用华丽头饰。

（2）眼睛：无眼屎，无睡意，不充血，不斜视。眼镜端正、洁净明亮。不戴墨镜或有色眼

镜。女性不画浓重的眼影，不用人造睫毛。

（3）耳朵：内外干净，无耳屎。女性不戴耳环。

（4）鼻子：鼻孔干净，不流鼻涕。鼻毛不外露。

（5）胡子：刮干净或修整齐，不留长胡子，不留八字胡或其他怪状胡子。

（6）口腔：牙齿整齐洁白，口中无异味，嘴角无泡沫，会客时不嚼口香糖等食物。女性不用深色或艳丽口红。

（7）脸面：洁净。女性施粉适度，不留痕迹。

（8）脖子：不戴过于华丽的项链或其他饰物。

（9）手部：洁净。指甲整齐，不留长指甲。不涂鲜艳指甲油，不戴过多的戒指。

### 3. 服饰要求

（1）衣服：应勤换洗。

（2）衬衣：领口与袖口保持洁净、烫平，不得有污渍、开线、掉扣、衣袖反转，扣上风纪扣。质地、款式与颜色与其他服饰相匹配，并符合自己的年龄、身份和公司的要求。

（3）西装：整洁笔挺，背部无头发和头屑。不打皱，不过分华丽。与衬衣、领带和西裤匹配。与人谈话或打招呼时，将第一个纽扣扣上。上口袋不要插笔，所有口袋不要因放置钱包、名片、香烟、打火机等物品而鼓起来。

① 穿西装的七原则：

a. 要拆除衣袖上的商标。

b. 要熨烫平整。

c. 要扣好纽扣。

d. 要不卷不挽。

e. 要慎搭毛衫。

f. 要巧配内衣。

g. 口袋要少装或不装东西。

② 穿正装的三个"三"原则：

a. 三色原则：凡是在公务场合，全身着装不得超过三种颜色。每多出一种颜色就会增加一分"俗气"，颜色越多，就越俗气。

b. 三一定律：全身三个部位颜色必须统一，即皮鞋、皮带、皮包。如果是女性，还要注意裙装、袜子、鞋子的颜色保持一致，或者接近。

c. 三大禁忌：一是西装袖口商标不拆，视为俗气；二是忌穿尼龙化纤袜，避免产生臭味，穿棉袜比较合适；三是忌穿白色袜子，正装黑色，黑皮鞋，穿一双白色袜子，视为俗不可耐。

③ 女士服装要求：服装整洁无皱。穿职业化服装，不穿时装、艳装、晚装、透明装、牛仔裤、吊带裙和超短裙。

（4）鞋袜：鞋袜搭配得当，系好鞋带。鞋面洁净亮泽，无尘土和污物，不宜钉铁掌，鞋跟不宜过高、过厚和怪异。袜子干净无异味，不露出腿毛。女性穿肉色短袜或长筒袜，袜子不要褪落和脱丝。

（5）帽子：整洁、端正，颜色与形状符合自己的年龄与身份。

（6）领饰、胸饰：

① 领带：端正整洁，不歪不皱。质地、款式与颜色与其他服饰匹配，符合自己的年龄、身份和公司的要求，不宜过分华丽和耀眼。领带不要太细，太细显得小气，长短以到裤腰为宜。

a. 斜纹：果断权威、稳重理性，适于谈判、主持会议、演讲的场合。

b. 圆点、方格：中规中矩、按部就班，适于初次见面和见长辈上司时用。

c. 不规则图案：活泼，有个性、创意和朝气，较随意，适于酒会、宴会和约会。

② 领结：一定要整洁、熨平，并尽量配白色衬衫。

③ 领带夹：已婚人士的标志，应在领结下 3/5 处。

④ 胸饰：胸卡、徽章等佩戴端正，不要佩戴与工作无关的胸饰。不宜袒露胸部。

⑤ 皮带：高于肚脐，松紧适度，不要选用怪异的皮带头。

现代管家上岗前，应认真对外表进行检查，同事之间应相互提醒。除上述提到的仪容、仪表、着装外，还要经常注意提高自己的服务技能和心理素质，这样才能使整体显得自然。

## 七、社交距离

### 1. 亲密距离

0~0.5 米为亲密距离。这是恋人之间、夫妻之间、父母子女之间以及至爱亲朋之间的交往距离。亲密距离又可分为近位和远位两种。

近位亲密距离在 0~15 厘米。这是一个"亲密无间"的距离。

远位亲密距离在 15~50 厘米。这是一个可以肩并肩、手挽手的空间。

在公众场合，只有至爱亲朋才能进入亲密距离这一空间。在大庭广众面前，除了客观上十分拥挤的场合，一般异性之间是绝不应进入这一空间的，否则就是对对方的不尊重。即使因拥挤而被迫进入这一空间，也应尽量避免身体的任何部位触及对方，更不能将目光死盯在对方的身上。

### 2. 社交距离

0.5~1.5 米为社交距离。在这一距离，双方把手伸直，才有可能相互触及。由于这一距离有较大开放性，亲密朋友、熟人可随意进入这一区域。

### 3. 礼仪距离

1.5~3 米为礼仪距离，人们在这一距离时可以打招呼，比如说一声"刘总，好久不见"。这是商业活动、国事活动等正式社交场合所采用的距离。采用这一距离主要是为了体现交往的正式性和庄重性。在一些领导人、企业老板的办公室里，办公桌的宽度往往在 2 米以上，就是为了让领导者在与下属谈话时可显示出距离与威严。

### 4. 公共距离

3 米之外为公共距离，处于这一距离的双方只需要点头致意即可，如果大声喊话，是有失礼仪的。

## 八、语言礼仪

### 1. 自我介绍

在不妨碍他人工作和交际的情况下进行自我介绍。介绍的内容包括公司名称、自己的职位、姓名。例如：您好！我是×××管家公司的管家，我叫×××。请问，我应该怎样称呼您呢？

### 2. 介绍他人

（1）介绍的顺序：把职位低者、晚辈、男士、未婚者分别介绍给职位高者、长辈、女士和已婚者。

（2）按国际惯例使用敬语。如：王小姐，请允许我向您介绍×××总监。

（3）介绍时不可单指指人，而应掌心朝上，拇指微微张开，指尖向上。

（4）被介绍者应面向对方。介绍完毕后与对方握手问候，如：您好！很高兴认识您！

（4）被介绍者应面向对方。介绍完毕后与对方握手问候，如：您好！很高兴认识您！

（5）避免对某个人特别是女性过分赞扬。

（6）坐着时，除职位高者、长辈和女士外，应起立。但在会议、宴会进行中不必起立，被介绍人只要微笑点头示意即可。

### 3. 交谈礼仪

（1）在与他人交谈时，应使用文明礼貌用语。

（2）在与客户或客人见面时应主动打招呼问候，但不要问"吃饭没有""你去干什么？""到哪里去"等。

（3）在客户或客人面前，语言轻柔、温和，严禁大声谈论，更不要争吵和争论，如意外碰撞了客户或客人，应立刻说"对不起"等致歉语言，表示歉意。

（4）与客户或客人交谈时应音量适中，吐字清楚，简单明了，面带微笑与客户或客人保持一定距离，身体站直，不得倚靠他物。同时与客户或客人说话时应用"您"尊称，在言辞上加"请"，对客户或客人的要求无法满足时应说"对不起"。讲话力求语言完整，合乎语法，文明用语，并且语气和蔼、语态婉转。

### 4. 迎送礼节

（1）客户或客人来访要用"欢迎"等词语表示热情相迎，彬彬有礼，给人以温暖可亲的感觉。

（2）客户或客人离开时，要用"请慢走""欢迎下次光临"等送别语言热情送别，并提醒客户或客人带好随身物品，送至门口。

一个标准的现代管家大约要上200节课程，几乎囊括所有专业知识门类，其中大多属于工作细节学习。例如，形体训练、形象设计中就有诸如化妆、衬衣的折叠、摆放餐具等。还有许多课程只在课堂上教授方法，更多的需要现代管家在以后的社会实践中、生活中继续学习和不断积累，才能逐步形成深厚的文化底蕴。

# 第三节 积累文化底蕴

文化底蕴，是指人类通过在社会学习中，不断地吸取丰富的文化养分，积累、沉淀，不断升华、铸造自己的灵魂，从而达到广学博识，拓展精神成就的广度和深度。即人或群体所秉持的世界观、道德观念、人生信仰等文化品质，也是人或群体学识的修养和精神的修养。

中国有博大精深的优秀传统文化，它能"增强做中国人的骨气和底气"，是我们最深厚的文化软实力，积淀着中华民族最深沉的精神追求。《礼记·大学》中的"正心、修身、齐家、治国平天下"是中华民族治国理政的思想渊源，甚至我们正努力建设的小康社会的"小康"这个概念，也是出自《礼记·礼运》，是中华民族自古以来追求的理想社会状态。五千年辉煌文化是中国文化的厚重内核，中国文化的底蕴正是来自这厚重的历史文化。

## 一、如何做一名有文化底蕴的现代管家

（1）做一名有文化底蕴的现代管家，要知历史。不仅要了解中华民族的发展史，还要知道历朝历代的兴衰及历史对社会的影响和作用。

（2）做一名有文化底蕴的管家，要知道中国这个拥有几千年文明史的文化古国，以其四大

发明为代表的灿若群星的科技和文化成就，以及不同时期的发展对人类文明做出的重大贡献。

（3）做一名有文化底蕴的管家，要继承和发扬优良的传统文化。如"老吾老以及人之老，幼吾幼以及人之幼"的大爱作为，"己所不欲，勿施于人"的博爱精神，"大同社会"的高尚思想，"闻道有先后，术业有专攻"的树人理念，而且要亲自去践行。如在生活中，一定要发自内心地尊敬长辈，关爱老人；在工作中，真正做到换位思考，要对客户负责，做到全心全意对待每一位客户，不以富贵贫贱作为评价客户的标准，这才是我们把传统文化精华运用到现实生活中的最好体现。

（4）做一名有文化底蕴的管家，在努力学习中国的文学艺术的同时，还要努力学习外国的文学艺术，通过努力学习知识来丰富个人文化修养。

（5）做一名有文化底蕴的管家，要尽忠尽孝。国是家的国，家是千万家，只有国家强大了，家庭才能幸福安定，所以一定要对自己的国家和民族忠诚，对自己的家人忠诚，对客户忠诚。

（6）做一名有文化底蕴的管家，要诚实守信。"民无信不立""诚者，天之道也；思诚者，人之道也"等，都是祖先给我们留下的宝贵的箴言。

（7）做一名有文化底蕴的管家，要明礼简约。古人说"不学礼，无以立""静以修身，俭以养德"。不学"礼"，就没法在社会中立身。礼仪就是律己、敬人的一种行为规范，是表现对他人尊重和理解的过程和手段。文明礼仪，不仅是个人素质、教养的体现，也是个人道德和社会公德的体现。所以，现代管家学习礼仪不仅可以内强个人素质，外塑管家形象，更能够协调和改善人际关系。

（8）做一名有文化底蕴的管家，需要努力做到博览群书、学识渊博、学贯中西。

## 二、怎样修炼文化底蕴

### 1. 要广读名著

文学名著是经过历史积淀和考验的经典之作，是文学精华、文化精华，是浩瀚的文化海洋，是管家修炼深厚文化底蕴的必修课。名著中的哲理文采十分厚重，能帮助我们借鉴名著中的文化积淀获得更快、更多的知识积累。因此，我们需要选择富有文化底蕴的名著来阅读。

要学会学习和读书，在博览群书中思考、积累，丰富自己的知识和思想，拓宽文化的视野，提高思想的高度，加强思维的深度和广度。与人类的思想家、教育家等各行名家对话，学习他们的研究成果，提高自己的人文素养。此外，还要向周围其他同事学习，学习他们的经验和方法。还可以利用计算机网络学习，不断提高自己的信息素养，熟练地运用计算机获取、传递和处理信息。我们还可以积极向教学实践学习，积累经验，不断思考、总结，不断积累提高。

### 2. 要学以致用

中国是一个诗的国度，诗词名句意境深远，内涵丰富。用古典诗词佳句指导自己的人生修炼，或者将其运用于日常生活之中，会产生一种厚重的文化氛围，给人以美的享受，也是灵动和智慧的显现。

放飞心灵，是陶渊明"采菊东篱下，悠然见南山"的恬静；是李白骑着白鹿"五岳寻仙不辞远，一生好入名山游"的洒脱；是陆游"楼船夜雪瓜洲渡，铁马秋风大散关"的豪气；更是岳飞"壮志饥餐胡虏肉，笑谈渴饮匈奴血"的旷达。也许你没有陶渊明的淡泊，也没有李白的洒脱，但你可以拥有名利之外的另一片天空，让心翱翔在自由的天空，驰骋于梦想的草原，在大地上观山望月，在草原上览山赏草。这样，你将拥有一片心灵的净土。

上述文字引用古诗词名句，恰当地揭示了"放飞心灵"的内涵，并且将"古人"与"你"加以比较，巧妙地点出应该"拥有名利之外的另一片天空"的观点。排比这一修辞手法的运用既增强了气势，又增添了文采，谈古论今之中，蕴含着浓浓的文化气息。

### 3. 要融入理性思考

要彰显文化底蕴，还有一个重要的基础，那就是要选取一个恰当的文化视角去审视生活，用批判的眼光发现生活中存在的问题，真实而细腻地再现对生活的理解和感悟。如《亮出你的锋芒》中的一段文字：

亮出你的锋芒绝不等于让你去哗众取宠，那是对勇于出头的误解。那么，何谓锋芒？它应该是一个人内心万种气质积聚之所在，是人性中最精华的部分。那只出头鸟若没有丰满的羽翼，没有飞翔的本领，自然会挨打。而一个人，只有让自己的内心充实、思想饱满，才能有锋芒可露，并且一出头就脱颖而出，技压群芳。正如那夏日的花朵，凭着自己散发出的馨香，吸引了无数的蝴蝶绕它飞舞。而我们青年，或许受时代的影响，扭扭捏捏不敢抛头露面的确实已不多见，然而取而代之的是个性的肆意张扬。在没有积淀好精神食粮之前便狂长出许多傲慢的枝条，其养分必然会早早地消失殆尽。待到山花烂漫时，他却没有什么可以拿来奉献给自己唯一的季节。这样的人生，怎能不让人捶胸顿足，仰天长叹？

上述文字没有引用丰富的诗词典籍，只是在文字中融入了富有个性的理性思考——勇于出头，不是肆意地张扬个性，而是应该耐心地充实内心，提高思想认识，为最终的脱颖而出打好基础。独到的见解显示出作者对生活的深刻感悟。细致地观察生活，深入地思考现实，对现实生活有独到的感悟与见解，这才是使文章具有文化底蕴的法宝。

当然，培养文化底蕴的方法远远不止上述几种，诸如与文学作品连接、借助文言成篇、将流行歌曲入文、融入民俗风情、表现传统文化等，不一而足。相信只要我们掌握了一定的方法，用积累与素养作基础，就一定能修炼出自己的文化底蕴。

# 第四节　现代管家执行力

## 一、执行力的概念

### 1. 定义

执行力就是按质、按量地完成工作任务的能力，就是部门和个人理解、贯彻、落实、执行决策的能力。执行力是要部门和个人相互配合完成的。

执行力，就个人而言，就是把想干的事干成功的能力。

### 2. 执行力的两个要素

一个人执行力的强弱取决于两个要素：个人能力和工作态度。能力是基础，态度是关键。所以，提升个人执行力，一方面要通过加强学习和实践锻炼来增强自身素质，另一方面则要端正工作态度。

"天下大事必作于细，古今事业必成于实。"每个人工作区域的情况可能不一样，但只要埋头苦干、兢兢业业，就能深耕出一块属于自己的"乐土"。而好高骛远、作风漂浮，整天只会怨天尤人的人终将一事无成。因此，要提高执行力，就必须真正静下心来，从小事做起，从点滴做起，注重细节。一件一件落实，一项一项看成效，并在实干中不断总结经验与教训，争取干一件成一件，养成脚踏实地、埋头苦干的良好习惯。许多事情，长期坚持了，结果自然就出来了。

即使最伟大的战略目标，如果失去了执行人员的有效执行，也只是纸上谈兵。因此，我们有

义务提高自己的执行力，这也是在提高自己的核心竞争力。当然，提升个人执行力并不是一朝一夕之功，但是，只要我们用心去做，就一定会成功！

## 二、执行力的重要性

执行就是实现既定目标的具体过程，而执行力就是完成执行的能力和手段。

### 1. 沟通——保障执行力的前提

有好的理解力，才会有好的执行力。好的沟通是成功的一半。通过沟通，群策群力，集思广益，可以在执行中分清战略的条条框框，适合的才是最好的，通过自上而下的合力使企业执行更顺畅！

### 2. 协调——执行的手段

要协调内部资源。好的执行往往需要一个公司至少百分之八十的资源投入，而那些执行效率不高的公司资源投入甚至不到百分之二十，中间的百分之六十就是差距。一块石头在平地上只是一个死物，而从悬崖上掉下时，却可以爆发强大的能量。这就是集势，通过协调调动资源，从上到下向一个方向努力，能达到事半功倍的效果。

### 3. 反馈——执行的保障

执行的好坏要通过反馈得知，如市场被动反馈或者市场主动调研。而反馈得来的效用可以用具体而细致的数据来展示。同时我们又可以从数据形成的曲线中了解市场走势或者市场占有率等情况，以趋利避害。

### 4. 责任——执行的关键

企业的战略应该通过绩效考核来实现。从客观上形成一种阳光下进行的奖惩制度，才不会使执行作无用功。我们可以从主要业绩、行为态度、能力等主客观方面来评价个体执行能力。

### 5. 决心——执行的基石

在这个世界里，人之所以有优秀与一般之别，是因为优秀者有实现构想的能力，这就是一个人的执行力，而不是更有思想。企业亦如此，一个优秀的企业与其他企业做着同样的事情，只是比别人做得好，落实得更到位，执行得更有效果。

一个人的执行力指的是贯彻战略意图，完成预定目标的操作能力。这是把企业战略、规划转化成为效益、成果的关键。

## 三、如何提高个人执行力

### 1. 一个前提：服从

军队训练向左、向右看等于就是训练服从。任何一个老板做任何决定不会百分之百正确，但作为员工必须要服从，因此从招聘开始就训练服从。公司是枪，领导是扣动扳机的人，员工就是子弹，这样才能打仗，才能有结果。

### 2. 两个关键

（1）自动自发，诚信工作。要提高个人的执行能力，必须解决好"想执行"和"会执行"的问题，把执行变为自动自发的行动。有了自动自发的思想就可以帮助我们扫平工作中一切挫折。

在日常工作中，我们在执行某项任务时，总会遇到一些问题，而对待问题有两种选择：一种是充分发挥主观能动性与责任心，不怕问题，想方设法解决问题，千方百计消灭问题，结果是圆满完成任务；另一种是面对问题，一筹莫展，不思进取，结果是问题依然存在，任务也就不可能完成。反思对待问题的两种选择和两个结果，我们会不由自主地问：同是一项工作，为什么有的人能够做得很好，有的人却做不到呢？关键是一个思想观念认识的问题。事实是，观念决定思路，思路决定出路。观念转、天地宽，观念的力量是无穷的。所以要提高个人执行力就要加强学习，更新观念，变被动为主动。

在实际工作中我们发现，所有的工作都有制度、有措施，可是还有违章，究其原因，就是一个态度问题，一个做人是否诚实、做事是否认真的问题。做人要有一个做人的标准，做事也要有一个做事的原则。要时刻牢记：执行工作没有任何借口，要视服从为美德；无论在任何岗位，无论做什么工作，都要怀着热情、带着情感去做，真正做到诚信做人，勤奋做事。

（2）敢于负责，注重细节。工作中无小事，工作就意味着责任，责任是压力也是努力完成工作的动力。做工作的意义在于把事情做对做好，最严格的标准应该是自己设定的，而不是别人要求的；同时，把做好工作当成义不容辞的责任，而非负担，就没有完不成的任务。因此提高个人执行力就必须树立起强烈的责任意识和进取精神，坚决克服不思进取、得过且过的心态，养成认真负责、追求卓越的良好习惯。

同时，我们还要注重细节。看不到细节，或者不把细节当回事的人，对工作缺乏认真态度，对事情只能是敷衍了事。这种人无法把工作当作一种乐趣，而只是当作一种不得不受的苦役，在工作中也就缺乏热情。

## 四、企业执行力四原则

执行是非常重要的一个环节，没有执行，任何好的决策或目标都不可能成功，没有执行，企业的发展也不过是海市蜃楼、昙花一现。以下4个原则是很多伟大企业所坚持的。

### 1. 企业的决定无人可改

任何人都不得以任何理由对企业的决定提出异议。企业运作永远都是团队的运作，不是哪个人的运作，任何决策都必须坚持。其实对于企业运作，实际操作永远比理论更重要，团队只有具有了统一的目标，才有可能执行。企业为决策负责。企业员工要做的不是讨论该不该做，而是讨论如何做好。或许你对这种决策心存不满，或许你认为你的想法才是最正确的，但企业既然决定了一个方式或方法，你就必须放弃自己的所有想法，全心全意将该事情做好。即使失败了，企业也会为这种行为买单，这也是企业应该承受的。

### 2. 企业有规定，坚决执行

任何企业都存在大量的章程和规定，但是在实际中，真正能够操作起来的并不多，员工总是喜欢以这样或那样的理由不遵守规章制度，其实这是企业执行不力的表现。规章制度是企业的内部宪法，员工必须进行遵守，否则就应该付出代价。企业的任何一种行为或约束，都可能存在这样或那样的问题，但是不可以作为员工不执行的借口。很多伟大企业给我们的启示是：即使制度是错的，也必须要严格执行，因为效率和结果不是一个人的事情，而是整个团队的事情。为了实现团队的运作，在个体上肯定会有些不足，这都是正常的。

所以伟大企业的做法就是：做事情之前，先看是否有相应的规章制度，如果有，不要找任何借口，严格依照制度执行。如果对制度不满意，可以以其他途径反馈，但是必须先做事情。

### 3. 企业没有明确的，先做后汇报

任何企业都处在不断变化之中，总是可能出现企业没有规定的情况，尤其对于高度发展过

程中的企业，这种现象就更加明显和突出。所以执行时就必须坚持一个原则，否则事情没有做好，反而引起很多不必要的争吵。

伟大企业的做法是：对于企业没有规定的情况，大家先做事，不得提出任何问题，在做事的过程中，将该现象进行反馈，由相关部门对该事件进行分析。如果是以后还可能发生的事情，就组织相关人员将该事件制度化；如果是一次性的事情，可以进行特例处理。

### 4. 企业坚持以结果为导向

执行大多是一种过程。但是对于企业来说，却只相信功劳，而不相信苦劳。因此，伟大企业是以结果为导向的，根据结果的不同给出相应的奖励或处罚。

执行人对任务负有全责，同样也对任务的结果负有全责。

# 第五节  客户服务要求

客户指来到企业寻求服务或者购买商品的人。为客户提供的所有服务，包括接待、咨询、帮助、购买、售后等工作，称为客户服务。这是一种以客户为导向的价值观。客户服务是广义的，任何能提高客户满意度的内容都属于客户服务的范畴。

客户服务（简称客服）基本分为人工客服与电子客服，其中人工客服又可细分为文字客服、视频客服和语音客服。文字客服是指主要以打字聊天的形式进行客户服务；视频客服是指主要以语音视频的形式进行客户服务；语音客服是指主要以移动电话的形式进行客户服务。正在兴起的智能平台客服是通过智能管家服务方式，综合使用人工智能、智能机器、语音识别、图像识别、机器翻译、移动互联网等平台工具，完成客户服务。

客户光顾企业是为了得到满意的服务，他们不会注意也不会满意仅具有一般竞争力的服务。要想让客户把企业的美名传扬出去，就要提供绝对出色的客户服务。这也是防止客户流失的最佳屏障，是企业参与市场竞争的王牌武器。良好的口碑使企业财源滚滚，老客户是企业发展壮大的基石。老客户=更少的非议+丰厚的利润。开发新客户比为老客户提供服务需要多花费五倍的时间、金钱与精力。

## 一、客户服务

### （一）客户流服务

客户是商业服务或商品的采购者，也是最终的消费者、代理人或供应链内的中间人。

客户流，也叫客流，是人们为了实现各类不同情景的活动，借助各种工具形成的有目的的流动，包含流量、流向和流时等要素。在这里客户流是指在一定时期内，一定数量的客人（机构等）为了一定的目的，到达服务场景的位置移动、移动的频率。客户流也是工农之间、城乡之间、各地区之间的政治、经济、文化联系的一种表现。

客户流包含了大量的社会学、经济学信息。由于商业活动必须要有人的参与，商品（服务也是一种交易商品）交易的完成离不开人的因素，所以常规认为，客户流一定程度上代表着商机。这种商机从本质上说，有价值的是经过这里或到访这里，或曾经在这里购买过服务的人流，即客户流。

在服务业营销手段日益成熟的今天，客户仍然是一个很不稳定的群体，因为他们的市场利益驱动杠杆还是受人、情、理的影响。如何来提高客户的忠诚度是现代服务业必须重视的大问题。因为客户的变动，往往意味着一个市场的变更和调整，一不小心甚至会给企业局部（区域）市场造成损失。

这个现象在管家服务企业中十分突显。例如一个公司由一个业务代表深耕市场，做到一定的客户量，但是这个业务代表离开后，销量就会明显下滑。因此管家的工作职责也包含了客户流的维护。

## （二）客户服务

消费者一旦与企业产生了供需服务关系，就成为企业的客户。如何维护好客户关系，使之成为固定的客户群体，企业的客户服务工作显得尤为重要，具体来说有以下几点：

### 1. 主动联系客户

客户服务遵循的原则是"主动"联系客户，而不是"被动"地等待客户的召唤。举例来说：很多营销人员给客户发送了产品资料或者邮件后，就开始"守株待兔"，希望客户会主动联系他们，这种"被动守则"往往会流失客户。正确的做法是积极主动地与客户沟通，询问客户是否收到了我们的产品资料，或者是否收到我们的邮件，对于我们的产品和技术、报价还有什么疑问或者需求，需要我们做什么工作，等等。

这样做的好处非常明显：一方面表达出了我们的诚意和服务姿态，尊重和重视客户；另一方面也便于我们随时了解客户的真实需求，掌握商业合作的进度，做到有条不紊、未雨绸缪。同时，也避免了某些时候客户没有收到我们的产品资料或者邮件，从而造成信息不对称，客户也无从联系我们。现实社会中，客户很多时候不能或者没有及时收到我们的产品资料和邮件，如果我们不能积极主动联系客户，那么客户更不会主动联系我们。

### 2. 坚持与客户的沟通和联系

跟踪服务是全方位的、多形式的跟踪客户，不管是电话、短信，还是QQ、邮件等。这样既能表示我们对客户的尊重和重视，又能很好地提醒客户"我们的存在"，客户一旦有真正的需求，首先就会想到我们。精诚所至，金石为开，坚持做下去，就是胜利。

### 3. 坚持每个周末给重点客户发短信息

这是跟踪客户服务的重点。在每个周末、节假日，给所有重点客户（包括已经签单的客户、即将签单的客户、重点跟踪的客户、需长期跟踪的较重要的客户）逐一发送问候短信息。

发送的短信息要求：

（1）短信息必须逐个发送，绝对不能群发给客户，否则还不如不发。

（2）发送的短信息，严禁出现错别字，或者是明显的标点符号错误。

（3）发送的短信息，注意礼貌用语、措辞，文字准确，整个短信息看上去就是非常客气、谦虚、低姿态，让客户感受到我们的诚意和服务。

（4）发送的短信息，可以简要说明公司产品和服务的优势，突出重点，意思表达到位；切忌信息内容过长、重复、啰唆。

（5）发送的短信息，可特别注明"有任何需求和问题，请随时来电吩咐"。不要提具体的产品需求问题，这样会显得很势利，让客户在周末休息的日子感觉很不高兴。

## （三）言必信、行必果，真正做到"快速响应"

给客户进行了承诺，那么接下来的工作，就是全力以赴完成我们的"承诺"，做到"说到做到"，给予客户最大的诚信和信任。

这就需要我们更积极主动地去努力，去沟通，去公关，尽最大努力、用最短时间去完成我们

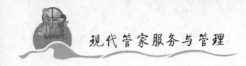

对客户的承诺，这是我们必须深刻牢记的。

### （四）加强对客户的回访工作

对于我们的重点客户，尤其是已经签单的重点客户，我们必须学会加强对客户的回访工作，主动与客户沟通，提前了解和发现问题，从而在问题积累之前，将问题解决，从而赢得客户更大的满意度。

## 二、客户维护

### 1. 老客户等于丰厚的利润

什么叫"一元钱客户"？就是说这个人一个星期来4天，每天来两三次，每次消费3元，这个人一年就消费1 500元左右。如果这个客户能和这个店保持10到15年的关系的话，这个客户对于企业就意味着两万元收入，这就是国际上很流行的说法，叫"一元钱客户"。这个概念告诉企业不要太势利。一个客户每次可能花钱很少，但是来的次数很多，这个客户是不容忽视的。一个客户能够为企业带来的利润和什么有关？和他在这个企业消费的时间有很大的关系。哪怕他一次花的钱是别人的十分之一，这种客户的价值也远远高过一次花钱是他10倍的那种人。为什么？因为他会跟许多人说："这儿特别好，特别便宜。"他能拉许多人过来，可以为你做无形的广告。

### 2. 优质的客户服务是最好的企业品牌

服务很简单，但是要不断地为客户提供高水平、热情周到的服务就不是那么容易了。这句话是霍利斯迪尔说的。这个人在美国很有名，还写过一本书叫《顶尖服务》。他曾经是美国旧金山宾馆的一个门童，他做了几十年的门童，在门口给别人提行李，退休以后写了这本书。在书中他谈道："服务真的很简单，但是持之以恒做好服务非常非常难。"这是一个客户服务人员对于客户服务的深刻认识。

（1）服务质量对于一个企业的意义远远超过销售。

（2）优质的客户服务才是最好的企业品牌。客户服务对于一个企业有什么意义？有很多企业并没有把客户服务放在第一位，客户服务部门在公司不是特别受重视。这些企业最看重什么部门？销售。他们认为企业的生存要靠营利，只有销售才能营利，因此，他们不把企业工作的侧重点放在服务上面。实际上客户服务对于一个企业的重大意义，远超过销售。

美国斯坦林电讯中心董事长大卫·斯坦博格说："经营企业最便宜的方式是为客户提供最优质的服务，而客户的推荐会给企业带来更多的客户，在这一点上企业根本不用花一分钱。"做广告通常能够在短时间内获取大量的客户，产生大量购买行为。但是客户服务不是短期的，而是长远的。明智的企业知道如何为本企业树立起良好的口碑，良好的口碑会给企业带来更多的客户，而这种口碑不是广告做出来的，而是人与人之间口口相传带来的，它使企业用最低廉的成本获得最丰厚的利润。

（3）只有出色的客户服务才会使企业具有超强的竞争力。客户光顾企业是为了得到满意的服务，不会在意那些只具有一般竞争力的服务。

什么是一般竞争力的服务？就是他有你有我也有，这种服务只有一般的竞争力。什么是具有很强竞争力的服务呢？就是你有别人没有，或者你的最好，别人的一般，这个时候你才有超强的竞争力。要让客户把企业的这些特点传播出去，就需要非常出色的客户服务。别人"三包"，你也"三包"；别人有服务礼貌用语，你也有服务礼貌用语；别人通过了ISO 9001认证，你也通过了ISO 9001认证。当你发现你的竞争对手和你一样的时候，那你就没有了竞争优势。在势均力敌之下，优质的服务就显示出它的魅力了。作为管家，首要的就是学会做客户服务，保住更多的优质客户，就能为企业带来无限商机。

（4）牢固树立服务品牌。作为企业来讲，为客户提供专业的服务给企业带来的好处首先是服务品牌的牢固树立。这里谈的不是产品品牌的树立，而是服务品牌的树立。什么是品牌？企业有一个商标，这个商标的知名度很高，这就是品牌。比如说有两个不同牌子的产品，都有很高的知名度。一个大家都听说过，但它是因为什么才让大家知道并记住的？是因为它的产品质量特别好，而且售后更好。买它的产品用20年都不坏，特别经久耐用。另一种品牌，也是知名度很高，为什么很高？它天天做广告，所以大家知道它了，好像也有好多人买，但是一旦广告停止了，这个产品也就随之"偃旗息鼓"了。为什么？它缺乏最核心的因素——优质的客户服务环节。

 **本章小结**

本章通过第一节和第二节的内容对现代管家的外部形象和举止礼仪规范进行了描述和要求；第三节着重学习一位合格的现代管家必须从内在的修养做起，持之以恒，日积月累，沉淀深厚的文化底蕴，才能胜任现代管家职业；第四节讲述现代管家的执行力，这是提高个人核心竞争力、成为一名成功管家的必备能力；第五节客户服务要求，讲述打造现代管家软实力，增强现代管家的职业魅力和个人魅力，以卓越的客户服务建立起企业的形象品牌。

# 第四章　现代管家职能

　　现代管家最重要的使命就是为家庭、企业和社会服务，经营管理好所在的企业或社会团体，使其获得最大的经济效益。现代管家一方面要根据家庭或企业的经营管理状况，找出经营目标，拆分成若干任务，并通过调动一切资源，进行有效授权，对目标实现的情况负责；另一方面要培养帮助指导下属（从现象找本质），进行有效的在职培训，运用现代科学技术、大数据，提升企业、团队的整体服务水平。

　　本章主要从管家服务的行业及组织类型两个方面来分别阐述，主要目的是让管家熟知每个行业的基本特性及类型，再结合管家自身的素养，更好地把专业知识和专业技能应用到相关职业中去，只有这样才能更好地为服务对象提供高效能、高技能、高水平的专业服务。

## 【项目介绍】

　　由现代管家分类、企业管家、社区管家、智能平台管家四个单元构成此章知识架构，形成现代管家对管家职能的认识。

## 【知识目标】

　　能根据企业属性归纳本行业职能特性、企业的基本特性，构建现代管家对管家职能的基础知识。

## 【技能目标】

　　能结合不同场景，随时随地展现现代管家良好的基本素养形象，根据不同的行业，制定本行业的运营管理方案。对智能平台管家类别与功能有识别力、操作力，对应用有思考力与实践力。

## 【素质目标】

　　培养不同行业管家所应该具备的基本素质要求，培养对智能平台管家的应用能力。

# 第一节 现代管家分类

随着现代人生活节奏的加快，管家这一称谓不仅限于大家庭里，负责整个家中的事务，还从先前的家庭式管家，发展到近代的酒店式管家服务，再到现代的社会机构式综合的管家服务，如图 4-1-1 所示。

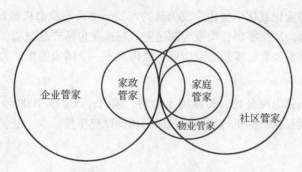

图 4-1-1 管家服务的发展

## 一、行业职能分类

### 1. 农、林、畜牧、渔业

（1）农业指对各种农作物的种植活动，包括谷物和其他作物的种植（不含轧棉花、烟草企业进行的烟叶复烤、野生林产品的采集、中药材的种植），蔬菜、园艺作物的种植（不含用作水果的瓜果类种植、树木幼苗的培育和种植、城市草坪的种植），水果、坚果、饮料和香料作物的种植（不含采集和加工），中药材的种植（指主要用于中药配制以及中成药加工的药材作物的种植，不含用于杀虫和杀菌目的的植物的种植）。常年从事农业种植业、畜牧业为主，兼营其他农业的，仍列入有关的种植业、畜牧业，不列入本类。乡、镇企业和农村个体工业中，凡符合工业生产条件的应列入有关工业行业，不列入其他农业；不够工业生产条件的，列入本类。

（2）林业包括林木的培育和种植（育种和育苗、造林、林木的抚育和管理）、木材和竹材的采运（指对林木和竹木的采伐，并将其运出山场至储木场的生产活动，不含独立的木材竹材运输、木材竹材的加工）、林产品的采集（指在天然森林和人工林地进行的各种林木产品和其他野生植物的采集活动，不含咖啡、可可等饮料作物的采集），不包括列入国家自然保护区的森林保护和管理，城市树木、草坪的种植和管理。

（3）畜牧业指为了获得各种畜禽产品而从事的动物饲养活动，包括牲畜的饲养（指对牛、羊、马、驴、骡、骆驼等主要牲畜的饲养）、猪的饲养、家禽的饲养（不包括鸟类及山鸡、孔雀等其他珍禽的饲养）、狩猎和捕捉动物（不包括专门供运动和休闲的动物捕捉等有关的活动）、其他畜牧业。

（4）渔业包括海洋渔业（海水养殖、海洋捕捞）、内陆渔业（内陆养殖、内陆捕捞）。

### 2. 采矿业

采矿业是为国民经济各部门提供物质技术基础的主要生产资料的工业。按其生产性质和产品用途，可以分为下列 3 类。

（1）采掘（伐）工业，是指对自然资源的开采，包括石油开采、煤炭开采、金属矿开采、非金属矿开采和木材采伐等工业。

（2）原材料工业，指向国民经济各部门提供基本材料、动力和燃料的工业，包括金属冶炼及加工、炼焦及焦炭、化学、化工原料、水泥、人造板以及电力、石油和煤炭加工等工业。

（3）加工工业，是指对工业原材料进行再加工制造的工业，包括装备国民经济各部门的机械设备制造工业、金属结构、水泥制品等工业，以及为农业提供的生产资料，如化肥、农药等工业。

### 3. 制造业

制造业是指经物理变化或化学变化后成为新的产品。不论是动力机械制造，还是手工制作，也不论产品是批发销售，还是零售，均视为制造业。制造业包括产品制造、设计、原料采购、仓储运输、订单处理、批发经营、零售。制造业直接体现了一个国家的生产力水平。

### 4. 电力热力行业

电力企业通常指国家电网公司，简称国家电网、国网，成立于2002年12月29日，是经过国务院同意进行国家授权投资的机构和国家控股公司的试点单位。水、电、热、气公司都属于公共事业单位。

### 5. 建筑业

建筑业是专门从事土木工程、房屋建设和设备安装以及工程勘察设计工作的生产部门。其产品是各种工厂、矿井、铁路、桥梁、港口、道路、管线、住宅以及公共设施的建筑物、构筑物和设施。

### 6. 批发和零售业

批发业是随着商品经济的发展而产生的。商品生产和商品交换的发展，使商品购销量增大，流通范围扩展，于是产生了专门向生产者直接购进商品，然后再转卖给其他生产者或零售商的批发商业，在行业内就有了批发和零售之间的分工。批发业务一般由批发企业来经营，每次批售的商品数量较大，并按批发价格出售。商品的批发价格低于零售价格，即存在着批零差价，其差额由零售企业所耗费的流通费用、税金和利润构成。商业批发是生产与零售之间的中间环节。商业批发活动，使社会产品从生产领域进入流通领域，起到组织和调动地区之间商品流通的作用。还可通过商品储存发挥"蓄水池"作用，平衡商品供求。

零售业是任何一个从事由生产者到消费者的产品营销活动的个人或公司，他们从批发商、中间商或者制造商处购买商品，并直接销售给消费者。零售是指将商品直接销售给最终消费者的中间商，处于商品流通的最终阶段，零售商不仅包括了店铺零售商而且包括了无店铺零售商。

### 7. 交通运输业

交通运输业是指使用运输工具将货物或者旅客送达目的地，使其空间位置得到转移的业务活动，包括陆路运输服务、水路运输服务、航空运输服务和管道运输服务。交通运输业属于服务业，服务业是第三产业。

### 8. 住宿餐饮业

餐饮服务是指通过同时提供饮食和饮食场所的方式为消费者提供饮食消费服务的业务活动。住宿服务是指提供住宿场所及配套服务等的活动，包括宾馆、旅馆、旅社、度假村和其他经营性住宿场所提供的住宿服务。

### 9. 信息服务业

信息服务业是指服务者以独特的策略和内容帮助信息用户解决问题的社会经济行为。从劳动者的劳动性质看，这样的行为包括生产行为、管理行为和服务行为。信息服务业是信息资源开发利用，实现商品化、市场化、社会化和专业化的关键。

### 10. 金融业

金融业指的是银行与相关资金合作社，还有保险业。除了工业性的经济行为，其他的与经济相关的都是金融业。

### 11. 房地产业

房地产业是从事房地产投资、开发、经营、服务和管理的行业，包括房地产开发经营、房地产中介服务、物业管理和其他房地产活动。在国民经济产业分类中，房地产属于第三产业，是为生产和生活服务的部门。

### 12. 科学技术研究

科学指研究自然现象及其规律的自然科学；技术泛指根据自然科学原理生产实践经验，为某一实际目的而协同组成的各种工具、设备、技术和工艺体系，但不包括与社会科学相应的技术内容。

### 13. 教培行业

教培行业是指教育培训行业。教育培训是近年来逐渐兴起的一种将知识教育资源信息化的机构或在线学习系统。

### 14. 居民生活服务业

居民生活服务业主要包括餐饮、住宿、家政、洗染、沐浴、美容美发、家电维修、人像摄影等行业，是保障和改善民生的重要行业，对稳增长、调结构、惠民生、促就业具有重要意义。

### 15. 社会工作

社会工作是秉持利他主义价值观，以科学知识为基础，运用科学的专业方法，帮助有需要的困难群体，解决其生活困境问题，协助个人及其社会环境更好地相互适应的职业活动。社会工作本质上是一种职业化的助人活动，其特征是向有需要的人特别是困难群体提供科学有效的服务。社会工作以受助人的需要为中心，并以科学的助人技巧为手段，以达到助人的有效性。

### 16. 文化体育业

文化体育业，指经营文化、体育活动的业务。文化业包括表演、播映、经营游览场所和各种展览、培训活动，举办文学、艺术、科技讲座、讲演、报告会，图书馆的图书和资料的借阅业务等。体育业是指举办各种体育比赛和为体育比赛或体育活动提供场所的业务。

### 17. 国际组织

国际组织是现代国际生活的重要组成部分，它是指两个以上国家或其政府、人民、民间团体基于特定目的，以一定协议形式而建立的各种机构。

## 二、现代管家分类

现代管家按照社会组织类型可分为国际管家、企业管家、智能平台管家、社区管家（团体组织）。

### 1. 国际管家

国际管家起源于100多年前的英国，管家的英文"Butler"起初来自英国上层社会红酒庄园，其原意为"斟酒者"，当时英国的中上层家庭都有一个高级管家帮助打理家事。"二战"后，随着英国服务业的衰退，高级管家也慢慢变得过时。然而，在超级富豪不断涌现的今天，高级管家这一行业得到了前所未有的复兴。在高级管家的发源地英国有5 000名高级管家，平均年薪接近

3 万英镑，最高可达 10 万英镑，供职英国首相府的管家年薪是 5 万英镑。在中国，国际管家除应用在私人领域外，在五星酒店、高端物业、游轮、高端会所等领域均有很好的应用。目前，全世界有 200 万名高级管家，但是根据国际职业管家协会的说法，这一人数"即便是增加一倍都不会供过于求"，"新一代亿万富豪都希望能像过去的富豪一样生活，高级管家根本供不应求。"

国际管家需要极高的自身素质，拥有丰富的生活技能专业素养，例如，熟知各种礼仪、佳肴名菜、名酒鉴赏、珠宝字画的鉴赏与维护、水晶银器及家具的保养、营养健康与护理，出游旅行安排，房屋装修与维护，花园打理，管理仆人团队，等等；更高档次的管家，甚至要上知天文、下通地理，还要精通主人的业务，这样才能为那些高档次的客户服务。贵族豪门家中的管家，不仅深得主人的信任与倚重，有时候主人更会将他们视为家庭中的一分子，事无巨细，都会交给管家打理。

### 2. 企业管家

企业管家的服务对象是各类商务企业、工厂、教育、医疗等。企业管家的主要作用是加强企业内部的整体管理，合理制定开支和节约成本，帮助企业规避运营风险，提高生产效率，增加企业价值等，以及企业日常工作管理，如帮助企业进行企业形象的策划、会议和布展、庆典定制，而最流行的则是进行商务整体形象策划与包装。

### 3. 智能管家

智能管家根据客户需要提供定制化服务，提升客户商务管理和生活品质，帮助客户专业地省时省力省心地处理商务和家庭中的管家事务。

### 4. 社区管家

社区管家为居民提供就业、日常生活、社会保障、扶贫济困、教育、文化、医疗卫生、健身、计划生育等居民最关心、最需要解决的多元化服务。

# 第二节　企业管家

企业一般是指以营利为目的，运用各种生产要素（土地、劳动力、资本、技术和企业家才能等），向市场提供商品或服务，实行自主经营、自负盈亏、独立核算的法人或其他社会经济组织。

## 一、企业管家的定义

企业管家是灵活运用自身掌握的文化知识或技能、现代化的人工智能、大数据科技工具，高效能地为企业老板或企业团队做好管理服务，以实现企业利润最大化为目标的职业经纪人。

## 二、企业管家的主要职能

企业作为一种经济组织，必须以顾客的存在为前提。没有顾客，就没有企业。因此企业管家的主要职能体现在以下几个方面：

（1）企业是国民经济的基本单位，企业管家是市场经济活动的主要参加者，是社会财富的生产者和流通者。

（2）顾客决定企业的本质，只有顾客愿意花钱购买产品和服务，才能使企业的资源变成财富。随着社会经济文化的不断发展和人民生活水平的提高，顾客的需求水平、结构和偏好也在不断改变，这就从本质上要求企业管家必须据此不断调整其资源配置以满足市场需求，运用现代化的科学理论和专业知识为企业提供全方位的专业服务。

## 三、企业管家的基本职能

### 1. 计划

计划职能是指为实现组织的目标，制定和执行决策，对组织内的各种资源实施配置的行动方案和规划。计划一直都被认为是管理的重要职能，在计划职能中，又包括如下三个职能：计划制定职能、预测职能、决策职能。

### 2. 组织

组织职能是指为实现组织的目标，执行组织的决策，对组织内各种资源进行制度化安排的职能。它的具体职能有：建立组织机构的职能、管理人员的选任职能、人员配备职能。

### 3. 指挥

指挥职能是指通过各种信息渠道，影响组织成员努力向目标迈进的行为和力量。指挥职能包括：领导者在领导进程中具有带领指挥职能，发挥影响力；领导者在领导过程中，必须与被领导者充分沟通。同时领导者为了调动被领导者实现组织目标的积极性，必须运用合适的激励手段和方法，这就是激励职能。

### 4. 控制

控制职能是指为保证组织目标得以实现，决策得以执行，对组织行为过程进行监督、检查、调整的管理活动。它一直是管理的重要职能，管理者必须重视控制职能，及时发现可以控制的偏差，查究责任，予以纠正，对不可控的偏差，则应采取相应措施改变原计划，使其符合实际工作需要。

### 5. 协调

协调职能是指使组织内部的每一部分或每一成员的个别行动都能服从于整个集体目标，是管理过程中带有综合性、整体性的一种职能。它的功能是保证各项活动不发生矛盾冲突和重叠，以建立默契的配合关系，保持整体平衡。但协调与领导不同的是，它不仅可通过命令，还可通过调整人际关系、疏通环节、达成共识等途径来实现平衡。

总之，企业管家必须要考虑到企业内外各个层次的方方面面，做好企业老板的得力助手，为企业谋求更好的发展。

# 第三节　社区管家

社区管家是灵活运用自身掌握的文化知识或技能、现代化的人工智能、大数据科技工具，高效能地为社区组织，实现政府职能和做好民生服务的管理人才。

## 一、社区的定义

社区是进行一定的社会活动、具有某种互动关系和共同文化维系力的人类群体及活动区域。也有人强调"共同体"这一人群要素，认为社区通常指"以一定地理区域为基础的社会群体"。社区一般包括以下4层含义：

（1）社区总要占有一定的地域，如村落、集镇等，其形态都存在于一定的地理空间中。然而，社区之"区"并不是纯粹的自然地理区域，从社会学的角度看，这个"区"乃指一个人文区位，是社会空间与地理空间的结合。在同一地理空间可以同时存在许多社区，如北京这个地理区域上就同时并存着城市社区、乡村社区和文化社区等。

（2）社区的存在离不开一定的人群，人口的数量、集散、疏密程度以及人口素质等，都是考察社区人群的重要方面。

（3）社区中共同生活的人们由于某些共同的利益，面临共同的问题，具有共同的需要而结合起来进行生产和其他活动，在这一过程中产生了某些共同的行为规范、生活方式及社区意识，如文化传统、民俗、归属感等，它们构成了社区人群文化的维系力。

（4）社区的核心内容是社区中人们的各种社会活动及其互动关系。人们在经济的、政治的、文化的各项活动和日常生活中产生互动，形成了各种关系，并由此聚居在一起，形成了不同的小区。

综上所述，社区是指由一定数量成员组成的、具有共同需求和利益的、形成频繁社会交往互动关系的、产生自然情感联系和心理认同的、地域性的生活共同体。

## 二、社区管家主要职能

### 1. 服务职能

为居民提供就业、日常生活、社会保障、扶贫济困、教育、文化、医疗卫生、健身、计划生育等居民最关心、最需要解决的多元化服务。

### 2. 居民自治职能

社区居民自治组织和群众组织依照各自章程开展工作。社区居委会负责办理社区居民的政策法律宣传、自助互助服务、便民利民服务、民间纠纷调解、精神文明创建、文体活动组织、扶贫帮困等公共事务和公益事业；协助政府做好与社区居民利益有关的社会保障、城市管理、社会稳定、公共卫生、计划生育、优抚救济、青少年教育等工作；负责协调管理社区内民间组织、志愿者组织、客人委员会、物业管理机构和其他社区组织。社区居委会依法直接选举，建立健全社区成员代表会议制度、重大事项听证制度、居务公开制度、民主评议制度，建立人大代表和政协委员定期接待社区居民制度，拓宽反映居民意见和利益诉求渠道。

### 3. 维护安全稳定职能

开展平安社区创建活动，增强人民群众的安全感。加强社区警务室建设，实现一社区一警或多警，社区民警可依法兼任社区居委会副书记或副主任。加强社区治安巡逻队、治保组织建设。建立社区居委会对矛盾纠纷的调解机制，拓宽社情民意收集、反馈渠道。对流动人口实行与户籍人口同宣传、同服务、同管理。依托社区警务室加强消防安全工作，强化禁毒宣传教育和毒品预防教育阵地建设，提高居民防毒拒毒能力。健全突发公共事件、自然灾害应急机制，促进社会预警、社会动员、快速反应、应急处置的整体联动，维护社区安全稳定。

### 4. 文明促进职能

建设社区和谐文化，巩固社会和谐的思想道德基础，培育自尊自信、积极向上的文明市民，建立互助友爱、融洽和谐的人际关系。发展面向居民的公益文化事业，建设便民读书、阅报、娱乐、健身场所。将社区内营业性娱乐场所、电子游戏厅（室）、网吧等管理纳入文明社区和社会治安综合治理考评体系。建立各类学习型组织，开展多种形式的教育培训和科普活动。健全社区环境保护管理制度，建设资源节约型、环境友好型的生态文明社区。加强社区环境卫生综合治理，逐步扩大社区绿化覆盖率，提高生活垃圾袋装率，绿化、美化、净化社区环境。深化以创建文明社区为重点的群众性精神文明创建活动，弘扬中华文化和人文精神，建设健康向上、富有特色的社区文化，强化对居民的人文关怀和心理疏导，增强居民对社区的归属感和认同感。

### 三、物业管家成为社区管家的得力助手

物业是指已经建成并投入使用的各类房屋及其与之相配套的设备、设施和场地。而物业管家将直接面对社区居民生活中的方方面面。目前物业管家主要有以下几种职能：

（1）管理职能：管理生活在社区的人群的社会生活事务。

（2）服务职能：为社区居民和单位提供社会化服务。

（3）保障职能：救助和保护社区内的弱势群体。

（4）教育职能：提高社区成员的文明素质和文化修养。

（5）安全稳定职能：化解各种社会矛盾，保证居民生命财产安全。

这些机构管理社区的各种事务，为社区成员提供相关服务。各级政府部门、基层管理服务组织都是社区的管理和服务机构。在我国农村，基层社区管理组织是村民委员会；在城市，基层社区管理组织是居民委员会。

社区管理和服务机构的重要职能是为社区成员提供社区服务，如生活服务（家电维修、洗熨衣物、电视电脑网络管理，等等）；文化体育服务（组织文艺表演、举办体育活动、组织外出旅游、组织青少年校外活动，等等）；卫生保健服务（设置家庭病床、指导计划生育、免疫接种、打扫公共区域，等等）；治安调解服务（守楼护院、调解家庭和邻里纠纷、法律咨询、办理户口，等等）。

总之，社区服务在城市生活中的地位和作用越来越突出，受到各级政府的高度重视和广大居民群众的欢迎。在中国社会发展进程中涌现出的这一新生事物，正以它独有的方式，向更广泛的领域和更深的层次发展。

# 第四节　智能平台管家

## 一、商业智能平台

商业智能平台是通过商业解决方案构建功能的技术架构，提供创新商业智能解决方案的开发。商业智能平台能够为开发者和业务用户提供一套技术，帮助他们开发并设计报表、仪表盘等。

商业智能平台运行由专有工具或者开源工具来支持，开源平台提供了更高的灵活性和扩展性，商业智能平台需要雇用相关技术的专业人才方可运行。

商业智能平台包括了以下一些组件：图表；仪表盘；数据分析；ETL；管理控制台、多租户功能；许可功能；门户；报表；丰富的数据可视化；管理员可以对解决方案进行自定义设置，利用平台开发一个基于SaaS的产品。商业智能平台可使独立软件厂商和业务部门交付一个创新的商业智能解决方案，可以运用SaaS模式或者嵌入式的解决方案。

## 二、智能平台管家

智能平台管家定义简称"智管"，是通过AI技术提升商务管理和生活品质的私人智能科技

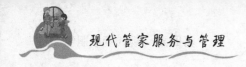

助理。

智能平台管家主要通过人工智能、智能机器、语音识别、图像识别、机器翻译、深度学习、人机交互、移动互联网等综合工具，为客户完成商务管家业务。

智能平台管家在人工智能时代中发挥着举足轻重的作用，它是商务管理市场的专业服务成员，致力于为客户提供智能、高效、专业的新商务管理智能服务，实现商务管理行业的个人数字化管理和数据资产升级，推动人工智能时代的文明创新。

智能平台管家的定位是用户助理，可以满足用户个性化的需求，帮助用户省时省心省力地处理工作和生活中的事情，可以做到每天24小时工作和极速响应。

### 三、智能平台管家的商务应用

（1）智能平台管家的商务内容管理：日程管理、行程管理、会议管理、面谈管理、情绪管理。

（2）智能平台管家项目组商务工作：智能平台管家可以从事工作内容布置、项目方案、会议记录、问题交流、行程记录、个人商务外包工作。

① 智能平台管家能够提供约专车、代送件、咖啡果汁上门、订鲜花、约保洁、订门票、找餐馆、看电影、办签证、健身建议等生活功能的服务。

② 智能平台管家能够提供预约会议、预约商务活动、商务车、翻译等商务服务。

### 四、智能平台管家的产生和发展

#### 1. 智能平台管家的产生

智能平台管家是基于人工智能发展衍生出来的。它是用户商务工作和日常生活中的智能伙伴，实现了人类脑力的延伸与代理，为经济决策与消费者主权时代提供新的经济发展形态。

智能平台管家 AI 私人助理是基于人工智能技术的商业化产品，其涉及知识广泛，主要是以生物智能为基础，在无机载体中（如各种集成材料、光学材料等）构建类似结构来模仿及拓展生物智能。

#### 2. 智能平台管家的发展

人工智能、物联网、区块链等前沿科技的快速发展已构筑起智能经济的基础设施，在这些技术驱动下，新物种正重塑智能时代的新未来。智能平台管家主要集中在娱乐和智能家居以及提供客户服务等领域，它涵盖基于语音识别的智能助理，也包括基于文本识别的客服机器人。

智能平台管家的人工智能以及路径呈现以下几个特征：

（1）该商业业态以运营数据为基本商业模式。

（2）部分或者全部替代人工。

（3）通过更加丰富的硬件，实现数据的接入和汇集。

### 五、智能平台管家应用案例

#### 1. 软件管家类别

软件管家有安卓智能手机管家、汽车智能管家、智能家庭管家系统、小米智能家居管家等。

#### 2. 智能平台管家训练

（1）智能平台管家必须掌握平台组件、应用工具与服务方式，并对客户的需求做深度研究，根据智能平台设计解决方案，或者根据需求设计智能平台功能。

（2）武汉太初道大数据科技有限公司已开发了全球首个个人家庭健康动态档案管理系统上医健民馆智联网平台（如图4-4-1所示），通过区块链技术解决客户健康档案隐私问题，共享脱敏数据医学研究，解决药品、保健品、食品的品质溯源问题，设计客户需求案例，让学员根据客户需求设计解决方案，完成智能平台应用与服务管理工作。

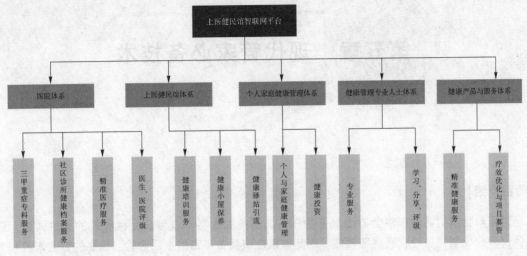

**图4-4-1　上医健民馆智联网平台架构**

（3）智能平台管家管理能力考核指标，如表4-4-1所示。

**表4-4-1　智能平台管家管理能力考核指标**

| 智能平台组件功能掌握能力 | 考核计分权重 | 应用工具效果 | 考核计分权重 |
|---|---|---|---|
| | 25分 | | 25分 |
| 服务方式创新应用 | 考核计分权重 | 提升效能成果 | 考核计分权重 |
| | 25分 | | 25分 |

 **本章小结**

现代管家职能

1. 现代管家分类：国际管家、企业管家、智能平台管家、社区管家。
2. 企业管家：企业管家不是针对个人的管家服务，它可以帮助企业进行宴会订制、企业形象的策划，最流行的则是进行商务整体形象策划。
3. 社区管家：为居民提供就业、日常生活、社会保障、扶贫济困、教育、文化、医疗卫生、健身、计划生育等居民最关心、最需要解决的多元化服务。社区居民自治组织和群众组织依照各自章程开展工作。
4. 智能平台管家：主要通过人工智能、智能机器、语音识别、图像识别、机器翻译、深度学习、人机交互、移动互联网等综合工具为客户完成商务管家业务。

# 第五章 现代管家必备技术

**【项目介绍】**

管家肩负着对客户提供全方位服务的任务。服务的内容不仅涉及生活起居的方方面面，还包括部分企业管理、经营管理等领域。因此管家应该具备丰富的生活经验、极高的专业素养和深厚的文化底蕴；学习传统管理技术、人工智能技术等现代化的科学技术，以便更好地为服务对象提供更专业、更高效能、更高水平的服务。

**【知识目标】**

熟练掌握各种场景下的管家基本知识和应用技能。

**【技能目标】**

掌握更多的智能工具，为企业、家庭和社会提供更专业的高效服务。

**【素养目标】**

学无止境，本章内容可使管家了解更多的管家应用技术，使其不断提升自身素养。

## 第一节 管家基本知识

### 一、提高穿衣品位

有句老话说："不怕手低，就怕眼低。"你能不能驾驭好服饰，关键在于你的审美能力。

假设让100人去某个商场购买服饰，如果给她们相同数额的钱，让她们可以买全套服装、鞋袜、手袋和饰品，结果会是什么呢？可能会有三种情况：一种是买到的服饰明显提高了个人的形象，有美感，甚至让人眼前一亮；第二种是买到的服饰让人感觉平平，但也中规中矩；第三种是买到的服饰让人感觉很不好，甚至降低了形象和品位。

同样的钱买来的东西却产生了截然不同的效果，问题在哪里？在于购买者的审美眼光。审美是一种能力和指向，当你伸出手取下衣架上的衣物时，当你付了款把衣服彻底变为己有穿在身上时，是什么在左右你的选择？是审美能力。

### 1. 服饰也有语言

不要忽视服饰的隐语作用。每天在不同场合穿的服饰不仅代表个人形象，还在无形中发出许多信号，代表了个人的审美水准。没有人愿意失去应有的认同和尊重，如果你不想被评价为一个没有品位和修养的人，首先就得提高审美能力。这可能让有些人有压力，特别是没有机会或者一时没有能力接受高等教育的人。在人们一般的认识中，只有高学历、有文化的人才具有良好的审美能力，似乎只有这样的人才有掌握服饰艺术的能力，其实不然。对于服饰审美品位而言，良好的修养和教育是必要的，但是每个人的学历和已有的教育并不能概括一生，而文化和修养恰恰是可以不断提升的。每一个人都可以通过努力大幅度地提高审美能力，让自己的外表更出色。

### 2. 提高审美能力是持续性的

一方面要通过学习、读书结识有学识的人；另一方面，可以通过学习一些规律性的着装常识，在短期内提高审美能力。这些规律和常识如下：

（1）色彩的重要性远远大于款式和面料。

（2）视觉平衡能带给别人更好的感受。

（3）单色穿着是最为简单易行的法则。

（4）两种颜色搭配时应避免1∶1的比例关系。

（5）垂直线条塑造修长的身段。

（6）依场合着装，时时处处显魅力。

（7）善用饰品，增添光彩。

（8）注重服饰细节，突显不凡品位。

（9）营造视觉中心能让着装更加出彩。

视觉平衡是指感觉上的大小、轻重、明暗以及质感的均衡状态。当人们看到平衡的物体时，能产生安全感和平稳感，视觉上会有舒适感，相反会有紧张感、压抑感。例如，有的人觉得自己较胖，喜欢穿盖住臀部的中长大衣，配大约到小腿中部的裙子，以为可以掩饰体型的不足，但这种穿法打破了视觉平衡，显得非常沉重。相反，如果将衣服下摆向上提一点，大约在臀上部，也就是臀围最小的部位，配一条及膝裙，就会显得比较平衡。

### 3. 快速提升着装水平

单色穿着是最容易掌握的。单色很容易搭配，具有垂直感，可拉长身高，造成挺拔的美感。不过，单色穿着一定要有质感或明度变化，才能避免单调和沉闷。垂直线会使人联想到旗杆等，给人修长、上升、权威的感觉。垂直线是上下走向，它比横线条显得长和窄。好的设计师通常会运用款式剪裁、设计细节、布料织法、外部轮廓等调整整体视觉。

### 4. 巧妙的视觉中心

要想在着装上出彩，可有意识地营造视觉中心。它可以是一件非常独特的饰品，也可以是领部、肩部或腰部等位置的别致结构，还可以是颜色。

视觉中心应位于最能表现优点的部位。例如，脖子很漂亮，就尽量围绕脖子做"文章"；胸很迷人，可以通过项链或领型将视线往胸部引导；腰非常纤细、柔美，可通过服装的腰部设计或腰部饰品来强调。需要注意的是，视觉中心一般为一个，最多不能超过两个，否则会分散注意力，显得俗而夸张。

着装的魅力各具风采、各有特色，远远不能用以上几条简单的原则概括，这里只是给出几点提示，这些有价值的常识和原则是着装的精华，是许多有水准和有经验的大师研究和摸索出来的，对快速提高审美力很有帮助。

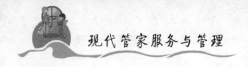

## 二、高端衣物的清洁保养

### （一）西装的保养

高档西装面料大多采用天然纤维为原料，如羊毛、蚕丝、马海毛、羊绒等。这类面料做出来的西装直观上平整、挺括，给人以很强的立体感、舒适感。由于面料的特性，穿过后局部受张力易变形（让面料适当"休息"就能复原），所以不建议同一套西装连续穿两天及以上。

#### 1. 清除口袋内的物品

回到家时应立即换下衣服，取出口袋内的物品，防止衣服变形。

#### 2. 经常轻刷西装

尘污是西装的最大敌人，会使西装失去清新感，故须常用刷子轻轻刷去尘渍。有时西装沾上其他的纤维或较不容易除去的尘渍，也可以用胶带加以吸附。

#### 3. 西装的保管

收藏西装前，先经专业干洗，然后在口袋内放入萘、樟脑等除虫剂，套上防尘罩，以令西装保持原来的形状。久穿或久放衣橱中的西装，挂在稍有湿度的地方，有利于衣服纤维消除疲劳，但湿度过大会影响西服定型的效果。一般毛料西服在相对湿度为35%~40%环境中放置一晚，可除去衣服皱纹。收藏处最好是通风性良好，湿度低，干燥、避光的场所。在保管西装的时候，选用透气性强的防尘罩，可以防止摩擦与灰尘。

#### 4. 熨烫西装

熨烫西装时，挂在衣架上后，对准西装喷射足量的蒸汽。尤其是活动量较多、较容易产生褶皱的胳膊肘、膝盖、袖子、腰等部位，更要加大喷射量。用手拉平有褶皱的部位，这时不应该只朝一个方向拉，而是朝各个方向均衡拉平。

熨烫裤线的时候，一定要在西裤上面垫一层布，然后慢慢地移动熨斗。熨完后别急着撤走垫布，等温度变凉后再撤走，裤线可以维持更长的时间。

### （二）毛料衣物的保养

毛料衣服最易潮湿生霉，羊毛中含有油脂和蛋白质，易被虫蛀，在保养中应注意。将衣服悬挂在衣柜里可以避免出现褶皱，衣柜内要保持清洁、干燥、遮光，以防衣服褪色。温度最好保持在25℃以下，相对湿度在60%以下为宜。同时要放入樟脑等，以免衣服受潮、生霉或生虫。应经常将衣物拿出来晾晒（不要暴晒），拍打尘灰，去除潮湿。晾晒过后要等衣物凉透再放入箱柜。穿过的服装因换季需储存时，要洗干净，以免因汗渍、尘灰导致发霉或生虫。毛料衣物不宜机洗，因羊毛遇力后会加速其毡化，可用30℃~40℃温水手洗。绝不能漂白，因为漂白后的毛织品会变黄。

### （三）其他衣物的保养

#### 1. 牛仔裤的保养常识

众所周知，牛仔裤是靠养出来的。牛仔裤的最佳清洗时间是6到12月；平时喷上一些清水，放在通风处让它顺风晒干，就可以去除味道。第一次清洗时加入一些醋，或者盐水浸泡后清洗，有固色作用。

## 2. 皮衣的保养常识

穿皮衣时尽量避免接触雨水、汗液和油污，皮质容易受潮发霉而影响其美观和减少使用寿命。清洗时，建议专业干洗。存放在干燥通风的衣柜中，用衣架悬挂。

## 3. 针织类衣服的保养常识

清洗时可以在水中加少许盐或者醋，使用毛衣专用的洗涤剂，先浸泡5~10分钟，然后轻轻地揉；清水漂洗干净后，平铺晾晒在晒衣网上，防止变形。

## 4. 贴身衣物的保养常识

贴身衣物是保护人体隐私部位的最好屏障。为了保证贴身衣物的干净卫生，建议单独手洗，不要与外穿衣物混洗。同时，不同人的贴身衣物建议分开清洗，婴幼儿尤其是女孩的内衣裤，应用单独的水盆清洗。

清洗时最好选用专用的或天然的、温和的洗涤产品清洗。清洗完成后放置在有阳光的通风处晾晒，可以减少细菌在内衣物上停留，也可以使内衣物更加干爽，穿着舒适。

## （四）各类污渍清理

### 1. 墨渍

墨渍是一种比较难以清洗的污渍，不过可以采用酒精和洗衣粉来清洁。先将适量的洗衣粉涂抹在有墨渍的地方，然后再倒入适量的酒精，将两种物质充分揉搓混匀；揉搓一段时间，再用清水冲洗一遍，一般的墨渍就会被清洗干净。如果没有清洗干净的话，可以直接重复以上步骤，再清洗一次。

### 2. 圆珠笔油渍

在圆珠笔油渍下面放一块毛巾，用小鬃刷蘸上酒精顺丝轻轻刷洗，待污渍溶解扩散后，再把衣服泡在冷水中，抹上肥皂轻轻刷洗，这样反复两三次，就能基本除去圆珠笔油渍。如果洗后还留有少量残迹，可再用热肥皂水浸泡，就可以除去。这种方法适用于棉和棉涤织品。如果毛料服装沾上圆珠笔油渍，可先把污渍处理到三氯乙烯和酒精（比例是2∶3）的混合溶液中浸泡10分钟，同时不断用毛刷轻刷，待大部分油渍溶解后，再用低温肥皂水或中性洗衣粉洗净。

### 3. 霉斑

衣服上的霉斑，可先用2%的肥皂酒精溶液擦拭，然后用3%~5%的次氯酸钠（漂白剂）或用双氧水擦拭，最后再洗涤。彩色衣物不可用漂白剂。

### 4. 汗渍

衣服上沾上了汗水，时间一长容易出现黄斑，可把衣服放在5%食盐水中浸泡1小时，再慢慢搓干净。

### 5. 咖啡渍

不太浓的咖啡渍可用肥皂或洗衣粉浸入热水中清洗干净；较浓的咖啡渍则需在鸡蛋黄内加入少许甘油，混合后涂抹在污渍处，待稍干后再用肥皂及热水清洗干净。

### 6. 口红

染在浅色服饰上的口红，可先用汽油浸湿，然后用肥皂水擦洗，便可洗净。

### 7. 蛋/牛奶

先用布蘸白酒轻按污渍，再用布蘸稀释白醋轻按污渍。

**8. 水果/果汁/红酒**

衣服上沾上果渍、酒渍，可以用布蘸酒精与水的混合液（比例3：1）轻按污渍。

**9. 草渍**

衣服上沾上草渍，可以使用肥皂（用中性的皂粉或肥皂）清洗，或用布蘸酒精轻按污渍。

## 三、手工定制

有人说，应该从脚到头欣赏一位成功的男性，此时鞋子就成为男人留给别人的第一印象。手工定制的皮鞋不仅让男士们穿着舒适，更能体现个人的生活品位，提升整体气质。因此，手工定制的每一件商品都价值不菲。而通过专业的清洁及保养方法，延长手工定制品的使用年限就是现代管家必备的技能之一。

### （一）手工定制皮鞋制作

一双定制皮鞋是如何被精心制作出来的？首先要选择合适的鞋楦，楦型设计以订购者的脚型为基础。同时需要注意，脚部在静止或运动的状态下，形状、尺寸、应力等都会产生变化，所以鞋的式样、加工工艺、皮料的材质性能、穿着环境和条件都是重要参考数据。需要有丰富的制鞋知识，才能为客户挑选到合适的鞋。

管家要熟知客户双脚的尺寸大小、后跟、脚背、脚趾、跟掌长、脚全长、前掌宽、前掌周长、脚背高、脚背宽等相关数据，为客户推荐合适的皮料、颜色、样式及鞋面花式。

定制级的男鞋都是手工完成的，大底线缝制的下针角度、针脚的效果是区分不同产品制作水准高低的分界线。最后制作鞋履时会对整体细节做检查和修整，使整体更具美感，鞋面会做一些涂色、涂蜡等效果处理，鞋底面和底边也要润色，成品完成后，通过最后的严格检查并修正细节问题，无误后才会包装好送到订购者手中。

### （二）手工定制皮鞋的清洁保养

作为集时尚、艺术、优质、舒适于一体的定制皮鞋，皮料很关键，保养也很重要。下面将介绍几款定制者比较钟爱的皮鞋的保养方法。

**1. 牛皮鞋**

（1）皮鞋特点：永不过时的经典之选，触感细腻柔软的真皮内里，舒适、透气的鞋里原料，大大提升穿着者形象，并为双脚提供柔软、舒适的感觉。

（2）清洁保养：

第一步，用专业清洁剂清洗皮鞋表面污渍。

第二步，用干净柔软的布将鞋面擦拭干净。

第三步，均匀涂上专业养护剂，容易磨损处、褶皱明显处可以涂抹稍厚点。

第四步，用软鞋刷将养护剂沿着皮革纹路均匀刷开，待鞋面充分吸收（时间允许，可以当天晚上涂抹养护剂，第二天早晨再擦，皮革充分吸收养护剂里的松节油、石蜡等成分，可以让牛皮鞋整体色泽看起来更加饱满盈润）。

第五步，用软布来回擦拭鞋面达到抛光效果。

建议每周至少保养一次，有污渍时应及时清理并养护。

（3）收纳方式：牛皮鞋是有"疲倦期"的，不穿时需用鞋撑定型，放入鞋盒。鞋盒内放入少许干燥剂，放在干爽、避光处收纳。

## 2. 麂皮鞋

（1）皮鞋特点：柔软，结实，重量较轻，抗高温可达120 ℃，耐低温效果更佳。

（2）清洁保养：日常保养较为烦琐。麂皮质地柔软，清洁的时候要用专门的刷子，可打上些麂皮粉吸附尘土。注意一定要顺着一个方向刷，因为麂皮的表面有倒、顺毛之分，以免局部起毛或歪斜，而且顺着一个方向刷颜色才会均匀，没有色差。如果绒毛磨掉了，可以用很细的砂纸打出来。如果鞋面太脏，可先用细砂纸打平，再用30 ℃~40 ℃温水将绒毛刷倒，顺倒伏方向抹上半袋鞋油，使绒毛一次性腻住。

（3）收纳方式：不穿的时候用柔软的布或玻璃纸做成鞋撑放进去，防止鞋变形。用纸巾将鞋子包裹起来，然后放进鞋盒。存放要注意避光避湿，因为麂皮在潮湿的环境里容易长霉，而强光会使麂皮褪色。

## 3. 鸵鸟皮鞋

（1）皮鞋特点：柔软、质轻、拉力大、透气性好。鸵鸟皮因其毛孔突起而形成天然花纹，人工难以仿造。这是世界上最名贵的皮革之一，也可能是世界上最舒适的皮鞋。它比鳄鱼皮柔软，拉力和耐用性比牛皮高3~5倍，鸵鸟皮制品也历来被认为是品位、尊贵、富有和地位的象征。

（2）清洁保养：日常保养时，要经常用干布或软毛刷轻轻擦拭皮鞋，因为过于潮湿容易产生霉菌。喷上防水雾，使皮鞋防止水的侵袭同时不易沾污垢。防水雾干后，再将鞋楦置入鞋内。如发现鞋的颜色变浅，需用干布或晶亮鞋面蜡等专用油擦拭。

（3）收纳方式：清洁表层污渍后，放置干燥避光的地方。

## 4. 鳄鱼皮鞋

（1）皮质特点：野生或人工养殖的动物的原皮，数量稀少。由于人们对高端鳄鱼皮产品的喜爱，衍生出鳄鱼皮鞋、鳄鱼皮带、鳄鱼皮衣、鳄鱼皮包等。

（2）清洁保养：日常保养时，忌用湿水，应用软毛刷轻轻刷去表层灰尘，用干燥软布轻擦除污。擦拭专业保养剂（有的保养剂有配套专用海绵刷）时，先将蘸了保养剂的海绵在平滑的物体上（例如玻璃、桌垫等）轻轻擦一下，让海绵表面保养剂均匀，擦拭皮鞋表面才不会出现局部不均匀现象。擦拭完后，静置15分钟，待保养剂完全被皮革吸收，再用软布轻轻擦拭皮鞋至光亮即可。

（3）收纳方式：不准备穿的皮鞋可以放入鞋撑，或者把纸折成皮鞋的形状塞进皮鞋里，把皮鞋因为走路产生的折痕撑起来，放在阴凉通风的地方1~2天后，收纳到干燥避光的柜子里。

## 5. 马皮鞋

（1）皮质特点：马皮的鞣制工艺需要高强度的油浸，待油脂渗入皮革深层后，再在表层涂抹上厚实的蜡进行封闭，因此在使用的时候几乎不需要再进行类似于"打油"的保养，有灰尘轻轻一擦便可除去。马皮制作的皮鞋或夹克都很柔软、耐用，非常舒适。马皮适合印上不同的花纹图案，用植物上色，而非化学上色，具有时尚又独特的造型。

（2）清洁保养：日常保养时，马皮鞋不需要频繁的护理，只需要用鞋刷和干净的软布轻轻擦去污渍，要向同一方向顺擦，方可使纹理顺畅。皮革制品最忌常年放置，如果不经常使用，皮革纤维容易紧缩变脆。所以最好的养护就是经常使用，让纤维在使用中保持韧性。

（3）收纳方式：清洁干净后，放入鞋撑或柔软的布，防止皮鞋变形，放置在干燥避光的地方。

## 6. 珍珠鱼皮

（1）皮鞋特点：珍珠鱼皮是来自蝠鲼鱼高度钙化的背部表皮，因为皮革表面有珍珠般的颗粒感，而被俗称为珍珠鱼皮。这是一种独具特色的皮料，定制的珍珠鱼皮鞋充分利用深海珍珠鱼身上类似于珍珠的斑点，皮鞋鞋头会有亮点修饰，即为珍珠鱼眼，两只眼睛必须大小、颜色等特征完全一样，方可做成一双上等皮鞋。珍珠鱼皮还是唯一一种具有防火隔热功能的皮革。

（2）清洁保养：珍珠鱼皮极度耐用，无须保养护理，只需要避免过度干燥或潮湿环境。由于珍珠鱼皮表面耐磨的特性，导致染料无法完全渗入角质，所以在高强度的磨损之后会显现出纯白的本色，这是不可避免的情况。

（3）收纳方式：清洁表层污渍后，放置在干燥避光的地方。

## 四、茶艺与茶文化

茶艺与茶文化涵盖意义广泛且深远，需要从三个角度来理解，即茶、茶艺、茶文化。

### （一）茶

茶树是多年生常绿木本植物，如图5-1-1所示。茶指由茶树的叶子做出来的产品。茶树的一生在正常情况下，寿命少则几十年，多则数百年，甚至可以达千年之久。茶树对其生长环境有一定要求：一是喜酸怕碱；二是喜光怕晒，茶树适应在漫射光多的条件下生长；三是喜温怕寒，茶树的最适温度在20℃~30℃，大叶种最低温度为-6℃，中小叶种最低温度为-12℃~-16℃；四是喜湿怕涝，土壤相对含水量以80%为最好，空气相对湿度以大于80%为好，茶树生长最适宜的年降雨量约为1500毫米，生长期间月降雨量为100毫米。我国西南部是茶树的起源中心，世界上有60个国家引种了茶树。在热带地区也有乔木型茶树，高达15~30米，基部树围在1.5米以上，树龄可达数百年至上千年。

图5-1-1 野生茶树

#### 1. 茶的分类

现今，国内外统一接受并广泛运用的分类方式，是安徽农业大学茶学专家陈椽教授提出并建立的六大茶类分类系统，他提出以制茶方法为基础来进行茶类的划分。茶的分类以加工工艺和产品特性为主，结合鲜叶原料、品种、生产地域，可分为绿茶、红茶、青茶、白茶、黄茶、黑茶。

（1）绿茶。绿茶（如图5-1-2所示）是不经过发酵的茶，即将鲜叶经过摊晾后直接放到100℃~200℃的热锅里炒制，以保持其绿色。

图5-1-2 绿茶

绿茶的名贵品种有龙井茶、碧螺春茶、黄山毛峰茶、庐山云雾、六安瓜片、君山银针茶、顾渚紫笋茶、信阳毛尖茶、平水珠茶、西山茶、雁荡毛峰茶、华顶云雾茶、涌溪火青茶、敬亭绿雪茶、峨眉峨蕊茶、都匀毛尖茶、恩施玉露茶、婺源茗眉茶、雨花茶、莫干黄芽茶、五山盖米茶、普陀佛茶。

绿茶是我国产量最多的一类茶叶，其花色品种之多居世界首位。绿茶具有香高、味醇、形美、耐冲泡等特点。其制作工艺都经过杀青—揉捻—干燥的过程。由于加工时干燥的方法不同，绿茶又可分为炒青绿茶、烘青绿茶、蒸青绿茶和晒青绿茶。

全国18个产茶省（自治区）都生产绿茶，每年出口数万吨，占世界茶叶市场绿茶贸易总量的70%左右。我国传统绿茶——眉茶和珠茶，深受国内外消费者的欢迎。

（2）红茶。红茶（如图5-1-3所示）与绿茶恰恰相反，是一种全发酵茶（发酵程度大于80%）。红茶的名字因其汤色呈红色而得来。红茶的名贵品种有祁红、滇红、英红。

图5-1-3 红茶

红茶与绿茶的区别，在于加工方法不同。红茶加工时不经杀青，而是经过萎凋，使鲜叶失去一部分水分，再揉捻（揉搓成条或切成颗粒），再发酵，使所含的茶多酚氧化，变成红色的化合物。这种化合物一部分溶于水，另一部分不溶于水而积累在叶片中，从而形成红汤、红叶。红茶主要有小种红茶、功夫红茶和红碎茶三大类。

（3）黑茶。黑茶（如图5-1-4所示）的原料粗老，加工时堆积发酵时间较长，使叶色呈暗褐色。黑茶是藏、蒙古、维吾尔等民族的日常必需品。名贵品种有湖南黑茶、湖北老青茶、广西六堡茶，四川的西路边茶、南路边茶，云南的紧茶、扁茶、方茶和圆茶。

黑茶原来主要销往边远地区，像云南的普洱茶就是其中一种。普洱茶是在已经制好的绿茶上浇上水，再经过发酵制成的。普洱茶具有降脂、减肥和降血压的功效，在东南亚和日本很普及。但真要说到减肥，效果最显著的还是乌龙茶。

图5-1-4　黑茶

（4）乌龙茶。乌龙茶（如图5-1-5所示）也就是青茶，属半发酵茶，即制作时适当发酵，使叶片稍有红变，是介于绿茶与红茶之间的一种茶类。它既有绿茶的鲜浓，又有红茶的甜醇。因其叶片中间为绿色，叶缘呈红色，故有"绿叶红镶边"之称。乌龙茶在六大类茶中工艺最复杂、最为费时，泡法也最讲究，所以喝乌龙茶也被人称为喝工夫茶。

图5-1-5　乌龙茶

乌龙茶的名贵品种有武夷岩茶、铁观音、凤凰单丛、台湾乌龙茶。

（5）黄茶。黄茶的制法有点像绿茶，不过中间需要闷黄三天，经过闷堆渥黄，因而形成黄叶、黄汤。黄茶分黄芽茶（包括湖南洞庭湖君山银芽，四川雅安、名山区的蒙顶黄芽，安徽霍山的霍内芽）、黄小茶（包括湖南岳阳的北港毛央、湖南宁乡的沩山毛尖、浙江平阳的平阳黄汤、湖北远安的鹿苑）、黄大茶（包括广东的大叶青、安徽的霍山黄大茶）三类。

（6）白茶。白茶（如图5-1-6所示）基本上就是靠日晒制成的。它加工时不炒不揉，只将细嫩、叶背满茸毛的茶叶晒干或用文火烘干，而使白色茸毛完整地保留下来。白茶和黄茶的外形、香气和滋味都是非常好的。白茶是我国的特产，主要产于福建的福鼎、政和、松溪和建阳等县，有白毫银针、白牡丹、贡眉、寿眉几种。

图5-1-6　白茶

（7）再加工茶。以各种毛茶或精制茶再加工而成的称为再加工茶，包括花茶、紧压茶、液体茶、速溶茶及药茶等。

① 药用茶：是将药物与茶叶配伍，以发挥和加强药物的功效，有利于药物的溶解，增加香气，调和药味。这种茶的种类很多，如午时茶、姜茶散、益寿茶、减肥茶等。

② 花茶：是一种比较稀有的茶叶花色品种，它用花香增加茶香，在我国很受欢迎。它一般是用绿茶做茶坯，少数也有用红茶或乌龙茶做茶坯的。它根据茶叶容易吸收异味的特点，将香花和新茶一起窨制而成。常用的香花品种有茉莉花、桂花等，以茉莉花最多。

### 2. 茶的成分及功效

（1）儿茶素类。儿茶素俗称茶单宁，是茶叶特有的成分，具有苦、涩味及收敛的特性。在茶汤中儿茶素可与咖啡因相结合而缓和咖啡因对人体的生理作用。儿茶素具有抗氧化、抗突然异变、抗肿瘤、降低血液中胆固醇、抑制血压上升、抑制血小板凝集、抗菌、抗产物过敏等功效。

（2）咖啡因。咖啡因带有苦味，是构成茶汤滋味的重要成分。红茶茶汤中，咖啡因与多酚类结合成为复合物，茶汤冷后形成乳化现象。茶中特有的儿茶素类及其氧化缩合物可使茶中咖啡因的兴奋作用减缓并不断持续，故喝茶可使长途开车的人保持头脑清醒及较有耐力。

（3）矿物质。茶中含有丰富的钾、钙、镁、锰等11种矿物质，茶汤中阳离子含量较多而阴离子较少，属于碱性食品，可帮助体液维持碱性，保持健康。

① 钾：促进血钠排除。血钠含量高，是引起高血压的原因之一，多饮茶可防止高血压。

② 氟：具有防止蛀牙的功效。

③ 锰：具有抗氧化及防止老化之功效，增强免疫功能，并有助于钙的利用。因锰不溶于热水，所以可磨成茶粉食用。

④ 维生素：B群维生素及维生素C为水溶性，可在饮茶中获取。

⑤ 吡咯喹啉醌：具有延缓衰老、延长寿命的功效。

（4）其他机能成分：

① 黄酮醇类：具有增强微血管壁、消除口臭的功效。

② 皂素：具有抗癌、抗炎症的功效。

③ 氨基酪酸：因制茶过程中强迫茶叶进行无氧呼吸而产生，称佳叶龙茶，可以防高血压。

## （二）茶艺

"茶艺"这个说法最早是在20世纪90年代出现的，古代统称为"茶道"，"茶道"第一次出现是在唐代封演的《封氏闻见记》里："茶道大行，王公朝士无不饮者。"

1999年国家劳动部正式将"茶艺师"列入《中华人民共和国职业分类大典》1 800种职业之一，并制定了《茶艺师国家职业标准》。2008年6月7日，茶艺经国务院批准被列入第二批国家级非物质文化遗产名录。

发展至今，茶艺广泛吸收和借鉴了众多艺术形式，并扩展到文学、艺术等领域，形成了具有浓厚民族特色的茶文化。茶艺包括茶叶品评技法、艺术表演以及品茶环境的熏染烘托等，达成了体现形式和精神的相互统一。一场成功的茶艺表演（如图5-1-7所示），不仅需要选择一款高品质契合表演活动主题的茶，也需要茶艺师在表演中完美地演绎主题涉及的情感。同时，现场周遭的环境，如茶席、布景、音乐、灯光等构成的舞台要有足够的观赏性，让观众能沉浸其中，一起感受茶及其表现形式的魅力，从而达到情感共鸣。

图5-1-7　茶艺表演

### 1. 茶叶鉴别

茶艺冲泡主要在于茶叶的品质和茶艺冲泡手法，因此，对茶叶的鉴别十分重要。

鉴别时主要从茶叶的叶形、茶汤的颜色、茶汤的香味以及口感四个方面进行。有"一形、二色、三香、四味"的说法。

### 2. 茶器

（1）功夫茶茶器。功夫茶冲泡分为干泡和湿泡，区别在于茶盘是否可以浇淋茶汤。功夫茶所用到的茶器主要有盖碗、茶荷、茶壶、公道杯、茶漏、茶洗、盖置、闻香杯、茶杯等，如图5-1-8所示。

（2）生活茶茶器：

① 茶杯：用透明高玻璃杯可以实现简易泡茶，有下投、中投和上投三种冲泡手法。

② 快客杯：外出旅行或三人内的简易喝茶环境下，可以使用快客杯进行冲泡，根据喝茶人数配置杯子。快客杯将盖碗、茶壶、公道杯的功能集于一体，并将器型简化缩小，适合在任何简

**图 5-1-8　功夫茶茶器**

单环境下喝茶。

（3）茶器的主要产区和特点。在明朝以前，全球生产茶器的国家基本就是中国以及相邻国家。明朝以后，茶文化、茶器制作工艺交流频繁，到 21 世纪，德国、日本、英国、芬兰、韩国、法国、美国、中东国家、非洲国家等，大都具备完整的茶器制作产业，且在工艺层面可与中国的鼎盛工艺时期相媲美。

国内主要的茶器产区有江苏宜兴、江西景德镇、福建德化、广东佛山以及潮汕地区、台湾省、河北唐山、湖南醴陵。近些年，部分省市的传统窑口也呈现出萌芽之势，如浙江龙泉、云南建水、山东淄博、江西吉安、陕西铜川、广西钦州、湖北汉川。

### 3. 茶艺与水

（1）水与茶：泡茶水选取上等的山泉水为宜，不同的水泡出的茶的口感差别较大，目前普遍使用的矿物质简易桶装水并不能充分发挥出茶的口感。

（2）水与器：好的泡茶水，会在与器的长期接触下，产生一系列的反应。因此，小分子水更适合泡茶；而器，选取透气性强的较好，尤其是不施釉的器皿。

### 4. 茶艺冲泡流程

（1）取茶。取茶一般用到茶匙与茶荷两个器具。将茶罐微倾，用茶匙分次取出茶叶，置于茶荷之上，一泡的茶量控制在 5~8 克，如图 5-1-9 所示。

（2）温器。将泡茶水煮沸，分别倒入盖碗、茶杯，稍后将热水倒入茶洗中。

（3）投茶。将茶荷上备好的茶叶，用茶针轻拨入盖碗中，盖上盖碗，轻摇几下。

（4）洗茶。冲泡前，最重要的工序是调节水温。绿茶冲泡的水温在 80 ℃ ~ 85 ℃，红茶冲泡的水温在 90 ℃，白茶冲泡的水温在 95 ℃ ~ 100 ℃，青茶类水温在 100 ℃，黄茶的水温在 90 ℃，黑茶的水温在 100 ℃。具体的泡茶水温因为茶叶的年份、产区有些微区别，也需结合实践经验来调整。

第一泡要快进快出，将茶叶中的微量灰尘以及制作过程中的些许杂物清洗掉，一般茶叶洗一次，黑茶建议洗两次，如图 5-1-10 所示。

图 5-1-9　取茶

图 5-1-10　洗茶

（5）冲泡。冲泡手法根据茶叶的不同，也有不同的要求。比较常用的手法是保持水柱细且连续，沿盖碗一侧杯壁进行冲泡。

（6）分茶。分茶需要用到公道杯，公道杯的容量与盖碗的容量、配套的茶杯的容量保持协调一致。分茶一般按照从右往左或从左往右的顺序，若喝茶的茶客有长幼之分、男女之分，也可按照实际情况，先给长者、女士分茶，每个茶杯分到的茶量要保持一致，且需要全部分到。

分茶时茶杯不能续满，一般茶杯中的茶量不能超过三分之二，建议以二分之一为宜。

（7）续茶。茶艺冲泡时，实时关注茶客杯中的茶量，及时补充。

**5. 茶艺与其他传统文化艺术**

（1）茶艺与音乐。明人许次舒在《茶端》中提出"听歌拍板、鼓琴看画、茂林修竹、清幽寺观"等适宜饮茶的幽雅环境。

"茶宜净室，宜古曲"，如图 5-1-11 所示，喝茶的环境讲究静谧、幽雅、洁净、舒适。喝茶时静静聆听音乐，感受每一个音符在浮沉的茶叶上起伏，使人心神宁静。"品茗是在品味人生"，茶之苦、之涩、之甘，犹如人的一生。音乐与人生交织，曲调里的平缓、激昂、舒缓、曲折恰似我们的生活。

（2）茶艺与插花艺术。在宋代，插花已经和茶、画、香一起，被人们视为生活的"四艺"同时摆于茶席之中。茶席中的插花，不同于一般的宫廷插花、宗教插花、文人插花和民间生活插

图 5-1-11　茶宜古曲

花，更加注重崇尚自然、简洁淡雅、小巧精致的风格。往往两三枝丫，便能勾勒出线条构图的美和变化，以达到朴素大方、清雅绝俗的艺术效果。

① 茶席插花的要素：

a. 茶席插花的形式，一般可分为直立式、倾斜式、悬挂式和平卧式四种。直立式是指鲜花的主枝干基本呈直立状，其他插入的花卉，也都呈自然向上的势头；悬挂式是指以第一主枝在花器上悬挂而下为造型特征的插花样式；平卧式是指全部的花卉在一个平面上的插花样式。平卧式不常用，但在某些特定的茶席布局中，平卧式插花可使整体茶席的点线结构得到较为鲜明的体现。

b. 茶席插花的意境创造，分为具象表现和抽象表现两种表现方法。具象表现一般讲求实在，不矫揉造作，营造清晰朴实的意境；抽象表现则注重内涵深邃，意味深远，并带有强烈主观意识，比如用抽象的数学和几何方法进行构图设计，以人工美取胜，具有一种对称、均衡的图案美，注重量感、质感和色彩。

c. 茶席插花花器造型的结构和变化，在很大程度上得益于花器的型与色。花器的型分为瓶、盆、缸、筒、碗、篮和自由式花器。在花器的质地上，一般以竹、木、草编、藤编和陶瓷为主，以体现原始、自然、朴实之美。

② 茶席插花的选材。茶席插花常采用中国传统插花艺术，作品强调其自然美、线条美和意境美。常选用松、竹、梅、蜡梅、银柳、桃花、南天竹、红叶、菊花、百合、荷花、紫藤等传统花材和枯枝、根材、藤条等，如图 5-1-12 所示。

③ 茶席插花的立意与特点。插花之前，首先根据茶艺主题进行艺术构思，古人讲"意奇则奇、意高则高、意远则远"。茶席插花创作时首先应力求立意奇巧高远，然后再根据立意去选择最适当的花草，使茶席插花作品能融自然之美于茶事活动之中。

（3）茶艺与香道艺术。香道，就是品赏香的美感之道，与茶道、花道、琴道、书道并称为中国传统之魂，即"五道文化"。香道尤以静心为重，定则静，静生思，思而悟，悟则通。

香道在中国已经有了三千多年的历史。早在远古时期，先民就有了一种祭祀仪式，叫"燔木升烟，告祭天地。"以此来看，香被当作祭祀用品，可见其高贵地位。

关于香，还有一个传说：上古时期的一位孝女，因为父亲不喜欢喝汤药，于是想到将药进行熏烤，让药性散发在空气中，没想到父亲的病竟慢慢好起来，所以，香最初也是药物。

古人在品茶的时候常以上等的香品来熏焚，以美化环境，营造宁静、和谐的气氛。像沉香、

图 5-1-12　茶席插花

檀香这样的高品质香品在熏焚的时候，产生出来的香气清醇、幽雅、沁人心脾，具有舒缓情绪、镇定心神的作用。传统熏香，以馨悦的香气为使者，适时熏燃，能够改善空气、防疫、安神养心，从而有陶冶情操、去除杂念的作用。

如图 5-1-13 所示，泡上茶，焚上香，蒸汽冉冉而上，茶香四溢，馨香幽淡，沁人心脾，慢啜细饮，但觉齿颊留芳，妙趣横生；而香烟袅袅，缭绕周周，细柔悠长，此情此景胜绝。

图 5-1-13　泡茶焚香

【拓展阅读】

茶艺

一、茶艺的概念

茶艺是指在具体的茶事中，总结、提炼、升华的与中国传统文化共振的艺术形式，源于茶，会于心，是包括茶叶品评技法和艺术操作手段的鉴赏以及品茗美好环境的领略等整个品茶过程的美好意境，其过程体现形式和精神的相互统一，是饮茶活动过程中形成的文化现象。茶艺包括选茗、择水、烹茶技术、茶具艺术、环境的选择创造等一系列内容。

## 二、茶艺表演

### 1. 流程说明

茶艺表演通过沏茶、赏茶、闻茶、饮茶这一过程让人领略传统美德，是十分有益的一种和美仪式。茶艺表演基本有十六个步骤。

神入茶境：茶者在沏茶前用清水净手，保持端正仪容，可借用古筝、古琴、箫笛等中华传统乐器，以平静、愉悦的心情进入茶境，同时备好茶具。

茶具展示：茶具的种类有茶盘、茶荷、紫砂壶、茶则、茶匙、烧水器、茶针、茶巾、茶漏、茶夹、公道杯、茶导、茶宠、品茗杯、闻香杯、盖碗、茶洗等。茶具根据材质的不同分为瓷器、竹器、紫砂器、木器等。常展示的茶具为公道杯、盖碗、品茗杯、茶盘。

烹煮泉水：根据不同种类的茶叶选择适度的水温，方能体现茶叶独特的香韵。

热壶烫杯：即先洗茶壶，再洗茶杯，一则当面清洁，展示礼仪；二可去除异味，避免影响茶味，三能提升温度，泡出更好的口感。

观音入宫：右手拿起茶斗把茶叶装入，左手拿起茶匙把名茶装入茶具。

悬壶高冲：提起水壶，先低后高冲入茶壶或盖瓯，使茶叶随着水流旋转而充分舒展。

春风拂面：左手提起瓯盖，用壶盖或瓯盖轻轻刮去漂浮的泡沫，使其看上去清新洁净。

瓯里酝香：茶叶下瓯冲泡，须等待一至两分钟才能充分地释放出独特的香韵。

三龙护鼎：斟茶时，用右手的拇指、中指夹住瓯杯的边沿，食指按在壶盖或瓯盖的顶端，提起将茶水倒出，三个指称为三条龙，盖瓯称为鼎，称"三龙护鼎"。

行云流水：提起壶盖或盖瓯，沿托盘上边绕一圈，把瓯底的水刮掉，防止瓯外的水滴入杯中。

观音出海：俗称"关公巡城"，把茶水依次巡回均匀地斟入各茶杯里，斟茶时应低行。

点水流香：俗称"韩信点兵"，就是斟茶斟到最后，瓯底最浓部分要均匀地一点一点地滴到各茶杯里，达到浓淡均匀、香醇一致。

敬奉香茗：双手端起茶盘彬彬有礼地向各位嘉宾、茶友敬奉香茗。

鉴赏汤色：品饮茶汤，先要观赏茶汤的颜色。

细闻幽香：先嗅其香，那天然的茶香，清气四溢，使人心旷神怡，如图5-1-14所示。

图5-1-14 细闻幽香

品啜甘霖：品茶味，浅斟细饮，有喉底回甘、心旷神怡之感，如图5-1-15所示。

图 5-1-15　品啜甘霖

### 2. 茶艺传达的价值观

茶艺是包括茶叶品评技法和艺术操作手段的鉴赏以及品茗美好环境的领略等整个品茶过程的美好意境，其过程体现形式和精神的相互统一。总之，茶艺是形式和精神的完美结合，其中包含着美学观点和人的精神寄托。

传统的茶艺，是用辩证统一的自然观和人的自身体验，从灵与肉的交互感受中来辨别有关问题，所以在技艺当中，既包含着中国古代朴素的辩证唯物主义思想，也包含了人们主观的审美情趣和精神寄托。

第一，茶艺是"茶"和"艺"的有机结合。茶艺是茶人把日常饮茶的习惯，根据茶道规则，通过艺术加工，向饮茶人和宾客展现茶的冲、泡、饮的技巧，把日常的饮茶引向艺术化，提升了品饮的境界，赋予茶更强的灵性和美感。

第二，茶艺是一种生活艺术。茶艺多姿多彩，充满生活情趣，丰富大众生活，提升了我们的生活品位，更是我们对健康和高品质生活的积极实践。

第三，茶艺是一种表演艺术。要展现茶艺的魅力，需要借助于表演者、道具、舞台、灯光、音响、装饰等要素的密切配合，给人以视觉上高尚、美好的享受。

第四，茶艺是一种人生艺术。人生如茶，在紧张繁忙之中，泡一壶好茶，慢斟慢酌，通过品茶提升内心的修养。

第五，茶艺是一种融合艺术。其在融合中华民族优秀文化的基础上又广泛吸收和借鉴了其他艺术形式，并扩展到文学、艺术等领域，形成了具有浓厚民族特色的中国茶文化。

## （三）茶文化

### 1. 茶文化的定义

中国是茶的故乡，也是茶文化的起源地。中国饮茶始于4 700多年前的神农时代，发展至今，茶文化的含义已经包括茶道、茶精神、茶联、茶书、茶具、茶谱、茶诗、茶画、茶学、茶艺等具有文化特征的一系列与茶相关的活动。

刘勤晋主编的《茶文化学》中对茶文化的定义是："茶文化，就是人类在发展生产、利用茶的过程中以茶为载体表达人与自然以及人与人之间各种理念、信仰、思想情感的各种文化形成的总称。"2000年出版的《中国茶叶大辞典》中解释："茶文化，是人类在历史发展过程中所创造的有关茶的物质财富和精神财富的总和。它以物质为载体，反映出明确的精神内容，是物质文明与精神文明高度和谐统一的产物，属'中介文化'。茶文化内容包括茶的历史发展、茶区人文环境、茶业科技、千姿百态的茶类和茶具、饮茶习俗和茶道、茶艺、茶书茶画茶诗词等文化艺术形式，以及茶道精神与茶德、茶对社会生活的影响等诸多方面。"

可以说，"茶文化"的定义是没有统一的标准的，但茶文化以茶为载体，表现了人们在生产、制作、品饮茶过程中凝聚的文化个性和创造精神，表现了不同的民俗、审美、道德和价值观等含义。全世界各国茶文化各不相同，各有千秋；中国茶文化反映出中华民族悠久的文明和礼仪。

### 2. 茶文化的历史

对于茶文化的具体起源时间目前没有确切的定论，但茶文化在中国的发展历史是极为悠久、极为古老的。

当今历史上记载的茶文化始于魏晋时期。在魏晋南北朝时，门阀制度成形，不但帝王、贵族聚敛成风，就连官吏乃至士人都以夸豪斗富为荣。因此，一些有识之士提出"养廉"的建议。于是，便有了陆纳、桓温用茶代酒之举。南齐世祖武皇帝是个开明的帝王，他不喜欢游宴，曾在临死前下诏，表示他死后一切从俭，不用三牲作为祭祀，只需些干饭、果饼和茶饭即可，并要"天下贵贱，咸同此制"。在陆纳、桓温、齐武帝那里，饮茶不但能够提神解渴，而且具有社会功能，日常中以茶待客并用茶祭祀。饮茶不仅仅作为生活中的常见饮品，而且进入了精神层面，具有显著的社会、文化价值，中国茶文化获得初步发展。

唐代是中国历史上非常强盛的朝代，唐代茶文化的形成与禅教的兴起有着非常直接的关系。据《封氏闻见记》记载："开元中，泰山灵岩寺有降魔禅师，大兴禅教。学禅师务于不寐，又不夕食，皆许其饮茶，人自怀挟，到处煮饮。从此转相仿效，遂成风俗。"因茶具备提神益思、生津止渴的功效，故寺庙推崇饮茶，还在寺院周边种植茶树、制定茶礼、设置茶堂、挑选茶头，从事茶事活动。茶圣陆羽及其同时代的一批文人，都非常重视饮茶获得的精神愉悦和道德礼仪规范，而且对于饮茶用具和煮茶的艺术非常讲究，中国的茶艺由此产生。陆羽的《茶经》系统总结了唐代及其前的茶叶生产、饮用情况，提出了精行俭德的茶道精神，概括了茶的自然和人文科学双重内容，探讨了饮茶的艺术，把儒、道、佛三教融入饮茶中，首创中国茶道精神。可以说公元780年陆羽著的《茶经》（如图5-1-16所示），是唐代茶文化形成的标志。以后又出现大量的茶书、茶诗，其代表作有《茶述》《煎茶水记》《采茶记》《十六汤品》等。在唐代形成的中国茶道又分宫廷茶道、寺院茶礼、文人茶道。从当时家家皆饮的民间茶俗到奢华隆重的皇室宫廷茶宴，以及文人的茶诗词与茶书画，集中表现了茶文化的形成与发展。

宋代茶业的快速发展推动了茶文化的发展。宫廷用茶已分等级，茶仪已成礼制，赐茶成了皇帝笼络大臣、眷怀亲族的一种重要手段，茶叶还被当作本国特产赐予国外使节。至于下层社会，茶文化更是勃勃生机。有人迁徙，邻里要"献茶"；有客来，要敬"元宝茶"；订婚时要"下茶"；结婚时要"定茶"；同房时要"合茶"。民间斗茶成风，带来了采制烹点的种种变化。在文人中很快就有了专业的品茶社团，有官员组成的"汤社"、佛教徒组成的"千人社"等。皇帝对茶事的兴趣也很高，宋太祖赵匡胤就是位嗜茶之士，他在宫廷中设有专门的茶事机关。宋徽宗赵佶还亲著《大观茶论》，成为中国历史上唯一一位亲自写茶书的皇帝。宋人更是拓展了茶文化的社会层面和文化形式，使茶文化十分兴盛，但茶艺却日渐繁复、琐碎、奢侈。在朝廷、贵族、文人那里，喝茶成了"喝礼儿""喝气派""玩茶"。过于细致的茶艺淹没了茶文化的精神，失去

了唐代茶文化深刻的思想内涵和高洁深邃的本质。

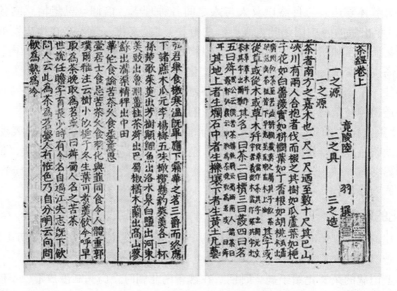

图 5-1-16　茶圣陆羽所著《茶经》

　　元代蒙古人入主中原，加快中华各民族文化全面融合的步伐。一方面，北方少数民族虽喜欢茶，但由于生活、生理上的原因，从文化上一直对品茗之事兴趣不大；另一方面，汉族文人面对故国破碎、异族压迫的现状，再无心以茶事来表现自己的风流，而希望通过饮茶表现自己高尚的情操，磨砺自己不屈的意志。这两股不同的思潮，在茶文化中相互契合后，促进了茶文化向简约的方向发展。

　　明清时期茶迅速发展，茶的品种日益丰富，饮茶方法也从点茶发展成泡茶。此时已出现蒸青、炒青、烘青等各类饮茶方法，泡茶的用具也越来越讲究，工艺精巧的紫砂壶、盖碗瓷器等茶具也应运而生。客来敬茶、以茶待客风气更为普及，都市茶馆林立，茶文化教育得到发展。明代不少文人雅士留有茶书画的传世之作，如唐伯虎的《烹茶画卷》《品茶图》、文徵明的《惠山茶会记》《陆羽烹茶图》《品茶图》等。清朝时期茶叶出口已成为当时一种正式行业，茶书、茶事、茶诗不计其数。

　　到了 20 世纪，随着海上贸易的发展，印度、斯里兰卡、印度尼西亚等国纷纷从中国引进优质茶种，聘请有经验的中国茶工指导生产与种植，其本族语中的"茶"字也源于对汉语茶字的音译。

　　中华人民共和国成立后，中国茶叶产量飞速增长，从 1949 年的年产 7 500 吨发展到 1998 年的年产 60 余万吨。茶业财富的大量增加为中国茶文化的发展提供了坚实的基础。1982 年，在杭州成立了第一个以弘扬茶文化为宗旨的社会团体——"茶人之家"；1983 年，在湖北成立了"陆羽茶文化研究会"；1990 年，"中国茶人联谊会"在北京成立；1993 年，在湖州成立了"中国国际茶文化研究会"；1998 年，中国国际和平茶文化交流馆建成。随着茶文化的兴起，各地茶艺馆越办越多。"国际茶文化研讨会"已开到第五届，吸引了日、韩、美、斯等国家和我国港澳台地区纷纷参加。各省各市及主要产茶县纷纷举办"茶叶节"，如福建武夷市的岩茶节、云南的普洱茶节，浙江新昌、泰顺、湖北英山、河南信阳的"茶叶节"等不胜枚举。它们都以茶为载体，促进经济贸易和茶文化的全面发展。

　　3. 茶文化与生活

　　修心，人们在品茶、饮茶中参禅悟道，修炼身心，通晓哲理，提升人生的境界。

习茶，或可用有机平实的方式消融烦恼，体现文化满盈能量。

品味生活，在现代人的快节奏生活中，能够在忙碌之余，远离浮躁，喝一杯淡茶，以平常心漫步人生路，不也是一件快事吗？

（1）家场景的茶事特点：

① 简易的饮茶环境：家庭喝茶更为随意，聊聊天、谈谈心，喝茶环境简约、舒适、合乎自然。

② 功能性饮用需求：现如今人们对喝茶的功效有更多关注。

③ 冲泡的复杂环境：不同种类的茶，存放时间、环境的差异，不同的泡茶器具、泡茶方法都会影响茶味。

（2）家场景下的茶艺技能：杯泡、快客冲泡、煮茶。

（3）茶事对家文化的作用：

① 茶香，不仅是闻起来的一股清香，冲泡了很多次之后，茶的那种清香依旧还是存留的。

② 茶静，喝茶应处于清净的环境，同时给人以心情的宁静。

③ 茶和，喝茶之人与自己和解，与他人和睦，与社会和谐。

## 五、插花技巧

（1）插花应该根据季节的变化，来选择不同的花材和色彩。如果是春季的话，可以选择热烈奔放、生机盎然的花卉；如果是秋季的话，建议选择满目金黄的花卉，可以让人有硕果累累的丰收喜悦之感。

（2）插花时，宾主要分清，大花适当配小花。主花和宾花不能是形态相似、大小接近的花，不然就会宾主不分了。

（3）花卉深浅颜色要搭配得宜。宾花比主花的颜色还要深，就会给人一种喧宾夺主的感觉。

（4）不论花器是盆、瓶，还是碗，都要让插出来的花和叶有一种带斜的姿态，而不是完全直立的。

（5）花卉的颜色一般是不能跟花瓶、花盆等这类花器的颜色相同的，要形成对比才有层次感。

（6）在花材的选择上，主花和宾花必须要选耐久性差不多的。

（7）不管是花朵的大小和数量等，都应当尽量做到花朵分布匀称，完美展现插花的构图美。

## 六、咖啡文化

### （一）咖啡礼节

#### 1. 怎样拿咖啡杯

在餐后饮用的咖啡，一般是用袖珍型的杯子盛。这种杯子的杯耳较小，手指无法穿过去。但即使用较大的杯子，也不要用手指穿过杯耳再端杯子。咖啡杯的正确拿法应是拇指和食指捏住杯耳，再将杯子端起。

#### 2. 怎样给咖啡加糖

给咖啡加糖时，可用咖啡匙舀取砂糖，直接加入杯内；也可先用糖夹子把方糖夹在咖啡碟的近身一侧，再用咖啡匙把方糖放在杯子里。如果直接用糖夹子或手把方糖放入杯内，有时可能会使咖啡溅出，从而弄脏衣服或台布。

### 3. 怎样用咖啡匙

咖啡匙是专门用来搅咖啡的，饮用咖啡时应当把它取出来。不要用咖啡匙舀着咖啡一匙一匙地慢慢喝，也不要用咖啡匙来捣碎杯中的方糖。

### 4. 咖啡太热怎么办

刚刚煮好的咖啡太热，可以用咖啡匙在杯中轻轻搅拌使之冷却，或者等待其自然冷却，然后再饮用。用嘴试图去把咖啡吹凉，是很不文雅的动作。

### 5. 杯碟的使用

盛放咖啡的杯碟都是特制的。它们应当放在饮用者的正面或者右侧，杯耳应指向右方。饮咖啡时，可以用右手拿着咖啡的杯耳，左手轻轻托着咖啡碟，慢慢地移向嘴边轻啜。不宜满手握杯、大口吞咽，也不宜俯首去就咖啡杯喝咖啡。喝咖啡时，不要发出声响。添加咖啡时，不要把咖啡杯从咖啡碟中拿起来。

### 6. 喝咖啡与吃点心

有时饮咖啡可以吃一些点心。但不要一手端着咖啡杯，一手拿着点心，吃一口喝一口地交替进行；饮咖啡时应当放下点心，吃点心时则放下咖啡杯。

## （二）咖啡术语

（1）风味（Flavor）：是香气、酸度、苦度、甜度和醇度的整体印象，可以用来形容对此咖啡的整体感觉。

（2）酸度（Acidity）：是所有生长在高原的咖啡所具有的酸辛、强烈的特质。此处所指的酸辛与苦味或发酸（Sour）不同，也无关酸碱值，而是促使咖啡发挥提振心神与涤清味觉等功能的一种清新、活泼的特质。

（3）醇度（Body）：是调理完成的咖啡饮用后，舌头对咖啡留有的口感。醇度的变化可分为清淡如水到淡薄、中等、高等、脂状，甚至某些印尼的咖啡如糖浆般浓稠。

（4）气味（Aroma）：是指调理完成后，咖啡所散发出来的气息与香味。Bouquet 是比较不常用的词，专指研磨咖啡粉的味道。气味通常具有特异性、综合性。用来形容气味的词包括焦糖味、炭烤味、巧克力味、果香味、草味、麦芽味、浓郁、丰富、香辛等。

（5）苦味（Bitter）：是一种基本味觉，感觉区分布在舌根部分。深色烘焙法的苦味是刻意营造出来的，但最常见的苦味发生原因，是咖啡粉用量过多，而水太少。

（6）清淡（Bland）：是指生长在低地的咖啡，口感通常相当清淡、无味。咖啡粉分量不足而水太多的咖啡，也会造成同样的清淡效果。

（7）咸味（Briny）：是指咖啡冲泡后，若是加热过度，将会产生一种含盐的味道。有些咖啡店的咖啡属于这种味道。

## （三）咖啡的故事

咖啡有着比较久远的历史，在发展和传播的过程中，产生了许多有趣的小故事，可以分享给他人。

### 1. 牧羊人的故事

关于咖啡由来的传说有好几种，其中较为人熟知的是牧羊人的故事。根据罗马语言学家罗士德·奈洛伊（1613—1707）的记载：大约6世纪时，有位阿拉伯牧羊人卡尔代，某日赶羊到伊索比亚草原放牧时，看到每只山羊都显得无比兴奋，雀跃不已，他觉得很奇怪。后来经过细心观察发现，这些羊群是吃了某种红色果实才会兴奋不已，卡尔代好奇地尝了一些，发觉这些果实非常香甜美味，食后自己也觉得精神非常抖擞，从此他就时常赶着羊群一同去吃这种美味果实。后来，一位穆斯林经过这里，便顺手将这种不可思议的红色果实摘些带回家，并分给其他教友吃，所以其神奇效力也就因此流传开来了。

### 2. 雪克·欧玛的故事

阿拉伯半岛上（即指北叶门）的守护圣徒雪克·卡尔第之弟子雪克·欧玛，在摩卡是很受人民尊敬及爱戴的酋长，但因犯罪而被族人驱逐。雪克·欧玛被流放到该国的俄萨姆，在这里偶然发现了咖啡的果实。一日，欧玛饥肠辘辘地在山林中走着，看见枝头上停立着羽毛奇特的小鸟在啄食了树上的果实后，发出极为悦耳婉转的啼叫声。他将此果实带回并加水熬煮，不料竟发出浓郁诱人的香味，饮用后原本疲惫的感觉也随之消除。欧玛便采集了许多这种神奇的果实，遇见有人生病时，就将果实做成汤汁给他们饮用，使他们恢复了精神。由于他四处行善，受到信徒的喜爱，不久他的罪得以被赦。回到摩卡的他，因发现这种果实而受到礼赞，人们推崇他为圣者。而当时神奇的治病良药，据说就是咖啡。

### 3. 加布里埃尔·马蒂厄·德·克利的故事

这是一个浪漫的故事。大约在 1720 年，在马提尼克岛任职的一个法国海军军官加布里埃尔·马蒂厄·德·克利即将离开巴黎的时候，设法弄到了一些咖啡树，并决定把它们带回马提尼克岛。他一直精心护理着树苗，把它保存在甲板上的一个玻璃箱里。加布里埃尔·马蒂厄·德·克利在旅途中遭受了海盗的威胁，经历了暴风雨的袭击，还有同船人的嫉妒和破坏，在食水短缺的时候，他甚至用自己的生命来保护这棵树苗。

咖啡树终于在马提尼克落地生根，并于 1726 年获得首次丰收，加布里埃尔·马蒂厄·德·克利功不可没。加布里埃尔·马蒂厄·德·克利于 1724 年 11 月 30 日在巴黎逝世。1918 年，人们在马提尼克的法国福特植物园为他建了一座纪念碑。

## 七、雪茄的常识

### （一）纯手工雪茄的特点

雪茄的主要生产国是巴西、喀麦隆、古巴、多米尼加、洪都拉斯、印尼、墨西哥、尼加拉瓜和美国，其中古巴生产的雪茄普遍被认为是雪茄中的极品。

第一等雪茄全靠手工制作成型，用全叶卷出的雪茄，外包皮筋明显，每支烟外观区别较大，粗细也有一定的差别。烟芯是靠人工将烟叶撕成 8~15 毫米大小的片状。

第二等雪茄在吸食过程中抽不出任何的人工香气和怪味，只有纯天然的烟叶产生的雪茄烟醇厚丰满的香气。气味苦中有甜，苦在前，甜在后，恰到好处，苦和甜融合在它醇厚丰满的香气和长久舒适的余味之中。

第三等雪茄吸后不生痰，而且还有止咳清痰的作用。不吸就不燃烧，并在数秒钟之内停止散发烟气，三至五分钟就熄火，再次吸用时必须重新点燃。

雪茄含糖量也比其他烟叶低，所以烟气当中的有害成分远比其他烟低。

### （二）机械雪茄

机器卷制的全叶卷雪茄，外观平整、光滑、粗细均匀一致，外包皮较薄，总体上比全手工卷制的雪茄整洁、美观。

### （三）雪茄储存常识

（1）雪茄需要保存在相对湿度 70% 左右、温度 20 ℃左右的环境下。一般使用蒸馏水保湿，每个星期把雪茄盒打开一次，让新鲜空气进去，控制它的温度与湿度。远离热源，将其放在家中最凉爽的地方。雪茄柜内在摆放雪茄时，应注意背部与顶部要保留部分空间，不要贴近。通常雪茄至少要养上4~5年才抽。

（2）新一代雪茄柜中有专业的恒湿系统，能自动收集空气中的水分子，无须加水，通过水分子蒸发器蒸发实现加湿功能；当湿度超过设定值时启动除湿系统除掉柜中的湿度。整个系统在除湿加湿过程受到温度的影响很小，达到精准要求。

（3）如果旅行时需要携带雪茄，那么雪茄必须存放在密封的环境中，以保持其湿度。除了用烟草行中常见的旅行用保湿箱，还可以用各种密封保湿袋。雪茄是比较怕高温和潮气的，特别是在长途的飞行中，更要注意。

（4）一支保存良好的雪茄会发出光亮和一点油脂。有时雪茄还会有一层非常薄的白色灰尘，这就是人们常说的旺盛的雪茄。检查一支雪茄的保存是否完好，可以轻轻地用手指挤压一下雪茄，看看有没有压碎和干燥感；但同时也不能有太重的潮气感，更不能有水汽感，也不能太软了。否则，必须调整雪茄的保存方法。

## 八、宴请礼仪

安排宴会最重要的三点是选择菜品、用餐形式、安排座次。此外，还需要跟宴会举办者详细沟通清楚宴会时间、场地、规格、嘉宾名单、就餐形式、座次安排等一系列细节问题。

宴请也分中式宴请、西式宴请。本章简述中式宴请中的礼仪，有关西式宴请将在第八章国际管家中详细讲述。

### （一）选择菜品

菜品要体现当地或民族特色、地方风味、时令鲜蔬、拿手佳肴和客人喜爱的菜肴，少上昂贵菜肴，不上禁忌菜。

### （二）用餐形式

根据参加人数的多少、参会人员的层次、会议或聚会的特点，选择不同的就餐形式，如桌席式的宴会、自选菜品的自助餐或站立式的茶（酒）会。

### （三）安排座次

（1）主桌位置：圆厅以居中为上，横排以右为上，纵排以远为上，有讲台时临台为上。其他桌的位置，以离主桌位置远近而定，近高远低，右高左低。桌数较多时，要摆桌次牌。

（2）正式宴会座位的排列：通常安排每桌10人，来宾的位置以离主人座位的远近而定。我国习惯按个人本身职务排列，以便于谈话。当只有一位主人时，1号来宾坐在主人右手的一侧，2号来宾坐主人左手的一侧，3、4、5、6、7、8、9号等来宾依次分别坐在两侧。当有两位主人时，即有第一主人和第二主人时，1号来宾坐在第一主人右手的一侧，2号来宾坐在第一主人左手的一侧，3号来宾坐在第二主人右手的一侧，4号来宾坐在第二主人左手的一侧，5、6号来宾分别坐在1、2号来宾的两侧，7、8号来宾分别坐在3、4号来宾的两侧，其他来宾依次排座。

### （四）餐桌礼仪

（1）入座的礼仪。先请客人入座上席，再请长者入座客人旁。入座时要从椅子左边进入，入座后不要动筷子，更不要弄出什么响声，也不要起身走动。如果有什么事要向主人打招呼。

（2）进餐时先请客人、长者动筷子。夹菜时每次少夹一些，离自己远的菜就少吃一些。吃饭时不要发出声音，喝汤时也不要发出声响。喝汤用汤匙一小口一小口地喝，不宜把碗端到嘴边喝，汤太热时等凉了以后再喝，不要一边吹一边喝。有的人吃饭喜欢咀嚼食物，特别是使劲咀嚼脆食物发出很清晰的声音，这种做法是不合礼仪要求的。尤其是和众人一起进餐时，要尽量防止出现这种现象。

（3）进餐时不要打嗝，也不要出现其他声音。如果出现打喷嚏、肠鸣等不由自主的声响时，就要说一声"真不好意思""对不起""请原谅"之类的话以示歉意。

（4）如果要给客人或长辈布菜，最好用公筷，也可以把离客人或长辈远的菜肴送到他们跟前。按我国的习惯，菜是一个一个往上端的，如果同桌有领导、老人、客人的话，每当上来一个新菜时就请他们先动筷子，或者轮流请他们先动筷子，以表示对他们的尊重。

（5）吃到鱼头、鱼刺、骨头等物时，不要往外面吐，也不要往地上扔，要慢慢用手拿到自己的碟子里，或放在自己的餐具边，或放在事先准备好的纸上。

（6）要适时地抽空和左右的人聊几句风趣的话以调节气氛。不要低着头吃饭不管别人，也不要狼吞虎咽地大吃一顿，更不要贪杯。

（7）最好不要在餐桌上剔牙；如果要剔牙时，就要用餐巾或手挡住自己的嘴巴。

（8）要明确此次进餐的主要任务是以谈生意为主，还是以联络感情为主，或是以吃饭为主。如果是前者，在安排座位时就要注意，把主要谈判人的座位相互靠近便于交谈或沟通情感。如果是后者，只需要注意一下常识性的礼节就行了，把重点放在欣赏菜肴上。

（9）最后离席时，必须向主人表示感谢，或者就此邀请主人以后到自己家做客以示回敬。

## （五）斟酒礼仪

上酒在餐桌礼仪中，是非常有讲究的。上酒的顺序应按先轻后重、先干后甜、先白后红安排。在品质上，则一般遵循越饮越高档的规律，先上普通酒，最高级酒在最后品尝。需要注意的是，在更换酒的品种时，一定要更换杯具，否则会被认为是服务的严重缺陷。

我国的葡萄酒礼仪大体上按照国际上的做法，只是在服务顺序上有所区别。斟酒等服务行走方向为逆时针方向，顺序一般为主宾、主人、陪客、其他人员。在家宴中则先为长辈、后为小辈或先为客人、后为主人斟酒。而国际上比较流行的服务顺序是：先女宾后主人，先女士后先生，先长辈后幼者。妇女处于绝对的领先地位。另外，我国在酒宴上常有劝酒的习惯，而世界上不少国家却以此为忌，对此，我们应酌情处理。每次倒完酒，要略旋转酒瓶，以免滴到桌面，并以白布擦拭酒瓶口。

当在家同客人一起赏酒，拿出酒后应先将酒瓶擦拭干净，将酒的标签朝着客人，向客人展示一下准备的佳酿，适当介绍酒的来历及特色，会增加酒的价值感。一瓶好酒足以增加主人的颜面，并可促进情谊。先倒一些（约30毫升）由客人试酒，再倒一些给客人，等客人确定了酒质后，再正式倒酒。

## （六）银质餐具

银质餐具是以纯银为原材料经手工精心打制而成的，外观精美，集文化价值、工艺价值、艺术价值、贵金属价值于一身。据医学科学研究，银是天然抗生素，可以杀灭650余种细菌和病毒，而普通的抗生素仅能杀死6种左右的病原体；在所有的金属中，银的杀菌性是最强的。银筷子、银碗含有银离子，可吸附细菌，起到抑制细菌、杀菌的作用，对健康是有好处的。收藏一套纯银餐具需用心，只有懂得如何保养，才能常用常新。银质餐具清洗时，应使用温水加少量洗洁精。所有银质餐具都不能用漂白水、强酸类去污粉等化学剂漂洗。

银质餐具的保管，与清洗一样重要。银质餐具清洗擦干后，要存放在一个干燥通风，没有暖气的地方，尽量减少与潮湿空气、含硫油烟气接触，保持器皿表面的清洁。存放器皿用密封的塑料容器分类存放（不能直接接触木质家具）。银质餐具也不能堆放，要用一些包装盒分别存放，避免与硬物碰触，防止表面擦损。不经常使用的金银器为了避免与空气接触后氧化发黑及碰撞划痕，可以用保鲜膜包起来。

## 九、食品的储藏常识

### （一）水果保存小常识

（1）新鲜的桂圆去皮晒干。桂圆的自由水被蒸发后，只剩下结晶水，这种办法既能更长久保存桂圆，又能让桂圆变得更甜！

（2）柿子放到塑料袋里，密封 2 天即可脱涩。

（3）要保证猕猴桃长时间不变质，首先要保证果蒂部位没有受到真菌感染。只要储存环境温度控制在 $-1\ ℃ \sim 1\ ℃$，湿度在 $90\% \sim 95\%$，再结合防腐剂、保鲜剂等的辅助作用，猕猴桃即可保存 5 个月左右。

（4）把柑橘放入小坛里，放在阴凉通风处。1 周后封口，每隔 $4 \sim 5$ 天打开口透气 1 次。如果发现坛子内壁有水珠，可以用干燥的布抹掉。此法可使柑橘保鲜 $5 \sim 6$ 个月。

（5）把香蕉放在不透气的食品塑料袋里，封好袋口，即可以存放 7 天以上。香蕉属于热带水果，怕冷，不宜置于冰箱冷藏室，否则会冻坏变黑。

（6）不同品种的葡萄，储存的方法也有所不同。对于巨峰类葡萄的储存，可以先在纸箱内垫 $2 \sim 3$ 层纸，然后把葡萄串横卧在纸上，一排排紧密相接，再置于阴凉处，保证储存温度在 $0\ ℃$ 左右，即可保鲜 $1 \sim 2$ 个月。对于玫瑰香或者其他品种的葡萄，可先把亚硝酸钠和硅胶按 $1 : 2$ 的比例配成保鲜剂，然后以每 13 克一份装入纸袋；将葡萄装入容器，每 5 千克葡萄放入 3 个保鲜剂纸袋，把容器密封好，放入冰箱，1 个月换 1 次保鲜剂纸袋。此法可以大大延长葡萄寿命，尤其是"玫瑰香"葡萄，从秋收季节保存到次年春节也没问题。

（7）如果想要把西瓜储存一段时间，那么在买瓜时就要选择硬皮硬瓤、八成熟、带蒂柄的。储量较少的话，可以直接把西瓜装入塑料袋中，再将袋口封好，然后置于阴凉处。储量较多的话，可以将西瓜放入地下室或菜窖，此法能让西瓜保存 15 天左右。在储存过程中，要不时地检查西瓜的保存情况，若发现有变质的西瓜，要及时移除，以免其他西瓜受其污染。

（8）鲜荔枝的存放环境温度若低于 $0\ ℃$，24 小时后就会变黑、变味。

（9）有些水果（如樱桃、杏子等）放入冰箱冷藏会容易变黑，可以在水果放入冰箱之前，喷上一些柠檬汁，这样水果冷藏时就不会变黑了。

### （二）如何存放切开的水果

（1）凉开水浸泡。把切开或去皮的水果浸泡在凉开水中，水果既不易变色，还会变得更爽甜。

（2）醋水浸泡。用凉开水把醋兑成醋水，再将水果放入其中。此法保存的水果，两天内也颜色如初。要吃的时候，用凉开水把水果冲洗一下，以免酸味把水果味盖住。

（3）淡盐水浸泡。在凉开水中加入盐，然后把水果泡在其中。要吃的时候，用凉开水把水果冲洗一下，以免咸味把水果味盖住。

#### （三）蔬菜保存小常识

（1）将土豆放入草袋、麻袋或者垫了纸的筐里，上面撒一层干燥的沙子，置于阴凉干燥处存放。将土豆和苹果一同放入纸箱中保存，苹果散发出的乙烯气体有利于土豆保鲜。将土豆保存在地窖里，只要湿度和温度适宜，土豆甚至可以保存至少 3 个月。

（2）将新鲜冬笋装入不透气的塑料袋内，扎紧袋口（使空气不易进入），置于阴凉通风处。这种方法可以让冬笋保鲜 20~30 天。

（3）把洗净的鲜藕放入盛满清水的盆里或水桶中，用竹算压住鲜藕，让每一根鲜藕都浸没在水中，每隔 1~2 天换一次水，注意冬季要保证水不结冰。用此法可以让鲜藕保鲜 1~2 个月。

（4）在阴凉通风的干燥地方铺草垫或木板，然后把表皮完好、瓜上带有一层完整白霜的冬瓜放在草垫或木板上。用这种方法保存冬瓜可以放 4~5 个月不坏。

（5）取 1 张与冬瓜的剖切面大小相当的干净白纸贴紧切面，这样切开的冬瓜可以放几天也不变坏。还可以贴上保鲜膜，这样存放的时间会更长。值得一提的是，这些保存方法除了冬瓜适用，其他瓜切开后也同样适用。

（6）把鲜韭菜装入塑料袋置于阴凉的地方，此法可保鲜 3~4 天，冬天更可保鲜 7 天左右。

（7）把香菜捆成小捆，然后包上一层报纸，再在菜根部捆扎（留出一定空隙）塑料袋以防根部腐烂，最后根部朝下，置于阴凉处。此法可以让香菜 1 周内鲜嫩如初。

（8）可以把洗净晾干的生姜埋入盐罐或盐缸。还可以取一个盆，在其底部垫上一层沙子，上面放生姜，再用沙子把生姜埋好；还要经常往沙子上洒一些水，以防生姜干掉，但不能太湿，以免生姜发芽。这种沙藏法可以让生姜保存半年以上。

（9）把香菇和木耳放入微波炉内加热至温热后取出，冷却后把香菇和木耳装在塑料袋内密封保存。

（10）可以将大蒜浸泡在石蜡液中，使大蒜表面形成一层可与空气隔绝的薄膜，以防水分散失，1~2 分钟后取出大蒜放进篮子或网兜，并挂在通风处。

（11）黄瓜存放环境温度若低于 0 ℃，3 天后黄瓜的表皮会呈水浸状，失去风味。

（12）西红柿一经冷冻便会呈现水浸状软烂，表皮出现褐色圆斑。

（13）青椒在冰箱中存放过久，就容易出现变黑、变软的"冻伤"现象，味道和营养也大减。

## 十、玉石文化

玉，在我国是美石的同义语。古人视玉为宝，今人又把珍贵的玉石称为宝玉。我国是一个玉石之国，但目前国内的珠宝界、考古界和地质界对玉、玉石和宝石的定义是有区别的。目前国际上统称的玉专指软玉和硬玉（翡翠），其他玉雕石料统称为玉石。宝石是由一种或多种矿物组成的具有特殊光学效应的集合体，绝大多数是某种矿物的单晶体，如钻石、红宝石、蓝宝石、祖母绿、猫眼石、碧玺、紫牙乌等。

#### （一）玉的分类

##### 1. 按颜色分类

和田玉玉质按颜色不同，可分为白玉、黄玉、青玉、墨玉四类，记载中有红玉一说，但至今未见。

（1）白玉：颜色由白到青白，叫法上也多种多样，且比喻得也很形象，有季花白、石蜡白、鱼肚白、梨花白、月白等。白玉是和田玉中的高档玉石，块度一般不大。白玉子是白玉中的上等材料，质量最佳。有的白玉子经氧化后其表面又带有一定颜色，秋梨色叫"秋梨子"，虎皮色叫"虎皮子"，枣色叫"枣皮子"，都是和田玉名贵品种。通过皮子可以评定玉是否是子玉。

白玉按颜色还可分为羊脂玉和青白玉。

① 羊脂玉：因色似羊脂，故名（如图5-1-17所示）。其质地细腻，"白如截脂"，给人一种刚中见柔的感觉。这是白玉子玉中最好的品种，当前世界上仅新疆有此品种，产出十分稀少，极其名贵。

② 青白玉：以白色为基调，在白玉中隐隐闪绿、闪青、闪灰等，常见有葱白、粉青、灰白等，属于白玉与青玉的过渡品种，和田玉中较为常见。

（2）黄玉：颜色由淡黄到深黄色，有栗黄、秋葵黄、黄花黄、鸡蛋黄、虎皮黄等色。黄玉十分罕见，在几千年探玉史上，仅偶尔见到，质优者同等于羊脂玉。

（3）青玉：种类很多，其颜色深浅不同，有淡青、深青、碧青、灰青、深灰青、翠青等。和田玉中青玉最多，这两年肉质细腻的青玉的价值也不断攀升。

（4）墨玉：颜色由墨色到淡黑色，其墨色多为云雾状、条带状等，有乌云片、淡墨光、金貂须、美人须等。在整块料中，墨的程度强弱不同，深淡分布不均，多见于与青玉、白玉过渡。一般有全墨、聚墨、点墨之分。聚墨指青

**图5-1-17　羊脂玉原石**

玉或白玉中墨较聚集，可用作俏色。点墨则分散成点，影响使用。墨玉大都是小块的，其黑色皆因含较多的细微石墨鳞片所致。

### 2. 按质地分类

（1）硬玉：我国俗称"翡翠"，是我国传统玉石中的后起之秀，又是近代所有玉石中的上品。

翡翠不管是"山料"（原生矿石，如图5-1-18所示）还是"子料"（次生矿石），都主要是由硬玉矿物组成的致密块体。在显微镜下观察，组成翡翠的硬玉矿物紧密地交织在一起，形成翡翠的纤维状结构。这种紧密的纤维状结构，使翡翠具有细腻和坚韧的特点。

常见的翡翠颜色有白、灰、粉、淡褐、绿、翠绿、黄绿、紫红等，多数不透明，个别半透明，有玻璃光泽。按颜色和质地分，有宝石绿、艳绿、黄阳绿、阳俏绿、玻璃绿、鹦哥绿、菠菜绿、浅水绿、浅阳绿、蛙绿、瓜皮绿、梅花绿、蓝绿、灰绿、油绿，以及紫罗兰和藕粉地等二十多个品种。

（2）软玉：在我国有白玉、青玉、碧玉、黄玉和墨玉等品种。它们与硬玉不同，是由角闪石族矿物中透闪石、阳起石（以透闪石为主）组成的致密块体。在显微镜下观察，软玉同硬玉一样也呈纤维状结构，这种纤维状结构是软玉具有细腻和坚韧性质的主要原因。

**图5-1-18　翡翠原石**

软玉常见颜色有白、灰白、绿、暗绿、黄、黑等，多数不透明，个别半透明，有玻璃光泽。软玉的品种主要是按颜色不同来划分的。白玉中最佳者白如羊脂，称"羊脂玉"。青玉呈灰白至青白色，目前有人将灰白色的青玉称为"青白玉"。碧玉

呈绿至暗绿色，有时可见黑色脏点，是含杂质如铬尖晶石矿物等所致。当含杂质多而呈黑色时，即为珍贵的墨玉。黄玉也是一种较珍贵的品种。青玉中有糖水黄色皮壳的被称为"糖玉"，白色略带粉红色的被称为"粉玉"，虎皮色的被称为"虎皮玉"。

### （二）玉石的保健

古人以佩玉为美，黄金有价玉无价。玉埋藏在地下几千年或者上亿年，其中含有大量矿物元素，会慢慢被人体吸收，正所谓"人养玉三年，玉养人一生"。古医书称"玉乃石之美者，味甘性平无毒"，并称玉是人体蓄养元气最充沛的物质。

**1. 佩戴玉石的保健作用**

（1）据《本草纲目》记载："玉屑是以玉石为屑，气味甘平无毒，主治除胃中热，喘息烦满，止渴，屑如麻豆服之，久服轻身长年。能润心肺，助声喉，滋毛发。滋养五脏，止烦躁，宜共金银、麦门冬等同煎服，有益。"由此可见，玉石在古代不仅仅被用于观赏，在医用、养生方面，它也具有很好的疗疾和保健作用。

（2）据现代科学证实，玉石中不仅含有多种对人体有益的微量元素，如钙、硒、锡、锌、铜、铁、锰、镁、钴、铬、镍、锂、钾、钠、钛等，还可以产生特殊的光电效应，形成特殊的电磁场，与人体自身的生物磁场谐振，从而提升人体的新陈代谢，提高人体的各项生理功能。另外玉石本身含有多种微量元素，通过长期佩戴玉器，能通过皮肤让人吸入，从而平衡人体的各项功能，达到祛病保健的功效。

（3）如果佩戴在穴位，玉石的电磁场还能刺激经络，达到疏通经络、蓄元、养精的功效。

**2. 不同玉石的功效**

（1）白玉：有镇静，安神之功。

（2）青玉：避邪恶，使人精力旺盛。

（3）岫岩玉：对男性阳痿患者很有效，能提高人的生育能力。

（4）翡翠：能缓解呼吸道系统的病痛，能帮助人克服抑郁。

（5）独玉：润心肺，清胃火，明目养颜。

（6）玛瑙：清热明目。

（7）老玉：解毒，清黄水，解鼠疮，滋阴乌须，治痰迷惊，疳疮。

**3. 玉石的其他用处**

玉石不但能美化人们的生活，陶冶性情，而且祛病保平安。其产品直接用于健身保健的有玉枕、玉垫、健身球、按摩器、手杖、玉梳，对人体具有养颜、镇静、安神之疗效，长期使用，使人精神焕发、延年益寿。

### （三）玉石的护理

玉石忌碰撞，碰撞后容易形成暗裂纹，不仅影响玉石的美观度，其价值也会大打折扣。为此，在对玉石进行日常护理时应注意以下几方面：

（1）避免暴晒，会影响到玉的质地和色泽。

（2）玉石最怕化学剂，例如各种洗洁剂、肥皂、杀虫剂、化妆品、香水、美发剂等。如不慎沾上，应及时抹除后清洗，避免玉石表面受损。

（3）新购玉件一般应在清水中浸泡几小时后，用软毛刷（牙刷）清洁，然后用干净的棉布擦干再佩戴。

（4）玉佩等悬吊饰物，应经常检查系绳，防止丢失或损伤心爱的宝物。

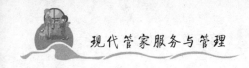
## 十一、翻译技术

技术翻译是专业翻译的一种类型，包括由技术材料撰稿者撰写的文档（用户手册、用户指南、操作手册、使用说明书等）的翻译，或者特指与技术专业领域相关的文件和材料的翻译，或与科学技术信息实际应用相关的文本的翻译。

在日常生活、工作中经常会遇见多种语言文字的操作说明或应用说明，更重要的是还有可能会出现涉外的商务文件，因此，管家掌握几门翻译技术也是非常有必要的。信息化时代的译者，不但要拥有传统的翻译能力，还应具备娴熟的翻译技术能力。

### （一）翻译的类别

（1）文字翻译：打开翻译软件，选择"文字翻译"，把要翻译的内容复制在左侧的翻译区，系统会自动识别语种，只要选择需要翻译的语种，最后点击"翻译"即可，右边就会快速出现译文。

（2）图片翻译：和上面的文字翻译在一个模块，可以选择粘贴图片或者点击左下角"上传图片"，点击"翻译"将自动识别出图片里的文字，并翻译成想要的语种。

（3）文档翻译：文档翻译和文字翻译不属于一个模块，点击"文档翻译"—"上传"，把需要翻译的文件上传，然后进入翻译页面，根据自己的需求，选择相应的模块完成翻译。

（4）专业翻译：即人工翻译，翻译方式可分为口译和笔译。

### （二）人工翻译和机器翻译的差异

#### 1. 从翻译准确程度来看

人工翻译准确率可趋近于 99%，但也取决于译者水平、原文表达水平、行业领域、交稿时间等因素；机器翻译的准确率取决于语种、行业领域、原文质量、训练语料、训练模型等因素。

#### 2. 从翻译的流畅度来看

人工翻译讲究"信达雅"，但在实际商业翻译中不会完全体现。准确性和时效性以及价格是客户考虑的重点。机器翻译近年来都采用了神经网络算法，相比之前的统计型机器翻译，在流畅度上有了质的提升，即便某些词翻译不准，但语法结构往往很清晰。

#### 3. 从翻译的效率来看

纯人工翻译的效率是很低的，按照语种、语言方向、行业领域的不同，人工翻译 8 小时的效率一般不会超过 5 000~8 000 字；机器翻译可以达到毫秒级的翻译时间。

### （三）常用的翻译软件

机器翻译在信息化时代的语言服务行业中具有强大的应用潜力，与翻译记忆软件呈现出融合的发展态势，几乎所有主流的 CAT 工具都可加载 MT 引擎。智能化的机译系统可帮助译者从繁重的文字转换过程中解放出来，工作模式转为译后编辑。

金舟文档翻译软件能翻译文档、图片、语音、短句，支持多种格式翻译。在学习的时候，如果遇到了什么难翻译的英语作文，可以用它快速翻译出来。

日常遇到的翻译问题，基本上该软件都能解决，但如果涉及特别专业的内容，比如说医学、会计与银行业务、国际经济贸易、扑克术语等词汇，就要请专业的翻译人员或使用更加专业的翻译软件了。

## 十二、现代通信技术

通信技术是电子技术重要的组成部分，指将信息从一个地点传送到另一个地点所采取的方法和措施。

通信技术是随社会的发展和人类的需求而发展起来的，被社会公认为国民经济发展的"加速器"，是国家和现代社会的神经系统。现代通信技术是改变人们生活的"催化剂"，是信息时代和信息社会的生命线。

### （一）通信技术的作用

（1）通信技术对交通、能源、航空、水利、金融、媒体等发展有着重要的促进作用。

（2）通信技术的发展能缩短时间和空间的跨度，加快资金周转。

（3）通信技术可实现数据库等资源共享。

（4）通信技术可促进劳动生产率和工种效率的提高。

（5）通信技术正在改变人类以往的生活方式。

（6）通信技术为现代化政府、企业提供高效、灵活便捷的工作平台。

### （二）通信技术在日常生活中的应用

随着电脑网络通信和人工智能技术的发展，将来，我们的单位和家庭，只要有一台连接上网络的电脑，不必每天挤公共汽车、地铁或乘出租汽车去上班，就能获得各种信息，完成种种日常工作，如签订合同、自动查阅我们所需要的资料等。这样一来，还可以减轻城市交通的压力，改善大气环境。

在日常生活中，上学、购物、看病及各种娱乐活动，也能借助电脑网络完成。例如，看影碟不必一张张地买，直接就能从网络上观看；可以不必订阅报纸，打开电脑，就能随时随地获得最近的新闻。

## 十三、人工智能应用技术

人工智能（Artificial Intelligence，AI），是研究、开发用于模拟、延伸和扩展人的智能理念、方法、技术及应用系统的一门新的技术科学。

### （一）人工智能技术

人工智能技术包括大数据、计算机视觉、语音识别技术、自然语言处理、机器学习。

大数据，或者称为巨量资料，指的是需要全新的处理模式才能具有更强的决策力、洞察力和流程优化能力的海量、高增长率和多样化的信息资产。

计算机视觉是指用摄像机和电脑代替人眼对目标进行识别、跟踪和测量，并进一步做图形处理，使电脑处理成为更适合人眼观察或传送给仪器检测的图像。

语音识别技术是让机器通过识别和理解过程把语音信号转变为相应的文本或命令的高新技术。语音识别技术主要包括特征提取技术、模式匹配准则及模型训练技术三个方面。语音识别是人机交互的基础，主要解决让机器听清楚人说什么的难题。人工智能目前落地最成功的就是语音识别技术。

自然语言处理大体包括了自然语言理解和自然语言生成两个部分，实现人机间自然语言通信意味着要使计算机既能理解自然语言文本的意义，也能以自然语言文本来表达给定的意图、思想等，前者称为自然语言理解，后者称为自然语言生成。自然语言处理是计算机科学领域与人工智能领域中的一个重要方向。

机器学习就是让机器像人一样具备学习的能力，专门研究计算机怎样模拟或实现人类的学习行为，以获取新的知识或技能，重新组织已有的知识结构使之不断改善自身的性能，它是人工智能的核心。

### （二）智能家居技术的具体应用

（1）连接技术：主要以 Wi-Fi、蓝牙为主，部分有 ZigBee（一种短距离、低功耗的无线通信技术）和其他一些无线连接和有线连接技术。

（2）架构：分为直接连接云平台和集中主机式。直接连接云平台就是家电直接连接云平台，集中主机式会有一个主机盒子和家庭的智能家居连接，通过这个盒子再连接云平台。

（3）云平台：现在国内的智能家居云平台已经非常多了，有的是专有的智能家居云平台，有的是包罗万象的云平台，智能家居只是其中一个功能。这些云平台基本上不会兼容。如果设备选了一个云平台，再换平台代价是非常大的。2017 年年底中国家用电器协会《智能家电云云互联互通标准》发布，但不知道能否对行业产生影响，希望能够对云平台的协议进行统一，否则智能家居之间仍然是信息的孤岛。

## 十四、汽车驾驶技术

随着社会的不断发展，生活节奏和工作强度的增加，学会汽车驾驶已经成为一项必不可少的基本技能。

掌握汽车驾驶与维护知识的好处及作用主要表现在以下几个方面：

（1）工作方面：汽车驾驶已经成为一种基本的技能，不管是在择业、就业中都起着很大的作用。学会驾驶，有利于拓宽知识面，还可以对工作起到很大的帮助。

（2）生活方面：学会汽车驾驶，不仅对工作有很大的帮助，对家庭生活的管理作用也是很大的，可以接送孩子、方便出行，更可以在合适的时候一家人自驾出游，有利于家庭的团结和睦。

（3）提高效率：驾驶汽车出行，已经成了现今的一种工作方式，学会汽车驾驶，可以提高工作效率，利用最短的时间处理更多的问题。

（4）在一些特殊的情况下，可以帮助有需要的人，如急救送医、朋友婚礼接送、接送醉酒同事或朋友回家等。

## 十五、遇到灾难如何自救

### （一）遇到龙卷风如何自救

（1）在野外遭遇龙卷风时，记住要快跑，但不要乱跑，应以最快的速度朝与龙卷风前进路线相反或垂直的方向逃离。来不及逃离的，要迅速找一个低洼地趴下。但要远离大树、电杆，以免被砸、被压或触电。正确的姿势是：脸朝下，闭上嘴巴和眼睛，用双手、双臂保护住头部。

（2）在家时，务必远离门、窗和房屋的外围墙壁，躲到与龙卷风方向相反的墙壁或小房间内抱头蹲下。同时，用厚实的床垫或毯子罩在身上，以防被掉落的东西砸伤。

（3）躲避龙卷风最安全的地方是混凝土建筑的地下室或半地下室，简易住房很不安全。注意千万不要待在楼顶上。

（4）在电杆倒下、房屋倒塌的紧急情况下，应及时切断电源，以防止电击人体或引起火灾。

（5）汽车外出遇到龙卷风时，千万不能开车躲避，也不要在汽车中躲避。因为汽车对龙卷风几乎没有防御能力，应立即离开汽车，到低洼地躲避。

## （二）遇到地震如何自救

### 1. 地震时在家中如何自救

（1）当感到地面或建筑物晃动时，切记最大的危害来自掉下来的碎片，此刻要动作敏捷地躲避。

（2）在房屋里，赶快躲到安全的地方，如书桌、工作台、床底下。在单元楼内，可选择面积小的卫生间、墙角，减少伤亡。对于户外开阔、住平房的居民，震时可头顶被子、枕头或安全帽逃到户外，来不及时最好在室内避震，要注意远离窗户，趴下时头靠墙，枕在横着的双臂上面，闭上眼和嘴，待地震结束再沉着离开。

（3）地震时，门框会因变形而打不开，所以，在防震期间最好不要关门。

（4）地震时，如已被砸伤或埋在倒塌物下面，应先观察周围环境，寻找通道想办法出去。若无通道，则要保存体力，静听外面的动静，可敲击铁管或墙壁使声音传出去，以便获救。

### 2. 地震时在室外如何自救

（1）地震时在户外的人，千万不能冒着大地的震动进屋去救亲人，只能等地震过后，再对他们及时抢救。

（2）如果正行走在高楼旁的人行道上，要迅速躲到高楼的门口处，以防碎片掉下来砸伤。

（3）汽车司机要就地刹车。

（4）如果在山坡上感到地震发生，千万不要跟着滚石往山下跑，应躲在山坡上隆起的小山包背后，同时要远离陡崖峭壁，以免受到崩塌、滑坡和泥石流的威胁。

（5）在海边，如发现海水突然后退，比退潮更快、更低，就要注意海啸的突然袭击，尽快向高处转移。

### 3. 地震时在公共场所如何自救

（1）如果在影剧院、体育馆等处遇到地震，要沉着冷静，特别是断电时，应就地蹲下或躲在排椅下，注意避开吊灯、电扇等悬挂物，用皮包等物保护头部。

（2）地震时，如果正在商场、书店、展览馆等处，应选择结实的柜台、商品或柱子边，以及内墙角处就地蹲下，用手或其他东西护头，避开玻璃门窗和玻璃橱窗。

## （三）遇到洪水如何自救

（1）一定要保持冷静，迅速判断周边环境，尽快向山上或较高地方转移。如一时躲避不了，应选择一个相对安全的地方避洪。

（2）不要沿着洪水行进方向跑，而要向两侧快速躲避。

（3）千万不要涉水过河。

（4）如果来不及转移，也不必惊慌，可向高处（如结实的楼房顶、大树上）转移，等候救援人员营救。同时尽量利用一些不怕洪水冲走的材料，如沙袋、石堆等堵住房屋门槛的缝隙，减少水的漫入，或者躲到屋顶避水。房屋不够坚固的，要自制木（竹）筏逃生，或者攀上大树避难。离开房屋前，尽量带上一些食品和衣物。

（5）如果不小心被水冲走或落入水中，首先要保持镇定，尽量抓住水中漂流的木板、箱子、衣柜等物。如果离岸较远，周围又没有其他人或船舶，就不要盲目游动，以免体力消耗殆尽。

（6）如果水灾严重，水位不断上涨，就必须自制木筏逃生。任何入水能浮的东西，如床板、箱子及衣柜、门板等，都可用来制作木筏。

（7）在爬上木筏之前，一定要试试木筏能否漂浮，收集食品、发信号用具（如哨子、手电筒、旗帜、鲜艳的床单）、划桨等必不可少的物品。在离开房屋漂浮之前，要吃些含热量高的食物，如巧克力、糖、甜糕点等，并喝些热饮料，以增强体力。

（8）如果不幸掉进湍急的河水里，应抱紧或抓紧岸边的石块、树干或藤蔓，设法爬回岸边等候救援。

### （四）遇到火灾如何自救

（1）如果有避难层或疏散楼梯，可先进入避难层或由疏散楼梯撤到安全地点。

（2）如果楼层已着火燃烧，但楼梯尚未烧断，火势并不十分猛烈时，可披上用水浸湿的衣被，从楼上快速冲下。

（3）多层建筑发生火灾，如楼梯已经烧断，或者火势已相当猛烈时，可利用房屋的阳台、落水管或竹竿等逃生。

（4）如各种逃生的路线被切断，应退居室内，关闭门窗。有条件时可向门窗上浇水，以延缓火势蔓延过程。同时，可向室外扔出小东西，在夜晚则可向外打手电光，发出求救信号。

（5）如生命受到严重威胁，又无其他自救办法时，可用绳子或床单撕成条状连接起来，一端紧拴在牢固的门窗格或其他重物上，再顺着绳子或布条滑下。

（6）如无条件采取上述自救办法，而时间又十分紧迫，烟火威胁严重，被迫跳楼时，可先向地面抛下一些棉被等物，以增加缓冲，然后手扶窗台往下滑，以缩小跳楼高度，并保证双脚首先落地。

（7）要发扬互助精神，帮助老人、小孩、病人优先疏散。对行动不便者可用被子、毛毯等包扎好，用绳子、布条等将其吊下。

"书到用时方恨少，事非经过不知难。"这句话很好地诠释了知识量储备的重要性。习近平主席说过，"事业发展没止境，学习就没有止境。"这句话适用于任何一个行业。作为一名合格的专业管家，只有不断提高自己、丰富自己，优化知识结构，拓宽眼界，才能赢得主动、赢得优势、赢得未来。

现代管家定义明确要求现代管家需具备深厚人文底蕴，掌握和运用人工智能、大数据科技工具，具备高效能的管理执行力，并把科技知识和专业技能应用于家庭、企业和社会服务与管理。

综上所述，做好一个现代管家应该以"追求完美，注重服务的细节，建立人与人之间关系的最高境界"为宗旨，将管家服务上升为一种艺术形式，平等对待服务的每一位客人并赢得尊重。

# 第二节　早期教育技术

我国早教的"0岁方案"（0~6岁优教工程及实施方案）在改革开放大势的鼓舞下，做了40余年早期教育的实践与理论架构，初步完成了中国早教的理论方法论体系。早期教育与中小学教育的根本区别在于其教育性质的不同：人之初的"早教"是人生和成才的"根系教育"，而学校化的"基础教育"多指系统文化知识传授。当然基础教育也有"培根"大任（做人之根，爱学会学之根），但与0~6岁早期教育比较，整个胎婴幼儿的养育皆为整个人生后续成长，广布深根、催芽壮枝而育，早教绝非基础教育文化知识的系统传授。习近平总书记在2021年春北京"两会"期间，专门与教育界的代表委员座谈时明确指出的"培根铸魂、启智润心"的根教观，为家庭早教和整个教育明确了根系教育抓"根、魂、智、心"的正确方向。

## 一、早期教育（根系教育）

### （一）从0岁始濡染中华民族优秀传统文化，又在后续教育中不断研学

中华民族优秀传统文化，从"布根"开始科学养育下一代并代代相传。为提升人口素质，首先要遵照中华民族优秀传统文化所说的"童蒙养正"开展教育活动。

这正如习近平总书记在十九大报告中所指出的：践行社会主义核心价值观，要化为人们的情感认同和行为习惯，干部带头，全民行动，从家庭做起，从娃娃抓起。

我国早在三千多年前就有"孕教"的详细记载。《列女传·仪传》篇记录了周文王的母亲太任孕育"生而明圣"，也就是长大后的周文王的情况。说她孕育时"目不视恶色""耳不闻淫声""口不出敖言""夜则令瞽诵诗"……太任实为中国孕教的先驱。后来唐代名医孙思邈的《千金方·养胎论》中说"自妇人妊子之时……凡以慎所感，感于善则善，为生子计也"，这个"感"很重要，就是中华文化所说的孕母要通过仁爱情感、优化心境来提升内分泌质量进行"心灵孕育"。

近代著名教育家蔡元培先生也主张养育真善美的下一代要从孕育开始。1922年，他在《美育实施的方法》一文中写道："要做彻底的教育，就要着眼最早的一步……至少也要以胎教为起点。"

中华的"根教"文化非常丰富，五千多年的农耕社会，子子孙孙都受大自然教育的恩赐，因而发展了观察自然、顺应自然规律的"无为而教""大道至简"的体验、领悟学习；在观察大自然奥秘中又产生了"道法自然"的教育哲理，还创造了"有教无类""因材施教"的个性化养育主张等。至于中华根教的体验内容，可阅读的故事多得数不胜数，与领袖人物、天文地理、武术医学、文学艺术、军事运筹、工艺礼仪、节气节日、餐饮服饰、民族英雄、科学大师、历史名家、大国工匠等有关的史书、成语、诗词、谚语、寓言、小说、戏曲……各类文史哲优秀巨著应有尽有，只要加以去粗取精，去伪存真，弘扬创新，均可促进下一代身心茁壮成长，应对人类生存发展面临的诸多难题和百年未遇之大变局。

无疑，在人类进步必须面对的所有难题面前，中华优秀传统文化与外来文化不断创新融合，定将铸造一把解开世界所有难题的万能金钥匙，与人类命运共同体一起维护地球家园的高度繁荣与幸福安宁。

早期教育开辟了教育的"新时代"，也可说是人类文明的伟大觉醒！它不仅是中华民族的，也是全人类的，是跨越国界、跨越民族、跨越宗教、跨越信仰、跨越心理差异的人的生命成长过程新发现，也是实现美丽地球村、走向人类新世纪文明共同价值的伟大工程。

### （二）早期教育要求人类重新认识胎婴幼儿，他们是天生最爱学最善于无意识学习的高手

小宝宝是漫长人生茁壮成长的蓬勃根系，为了适应人类神速进步的生活，他们的脑力生长

也最迅捷,个个都是无意识学习的高手。但有史以来人类对胎婴幼儿的认识还基本停留在原始状态,以为他们只是"小不点",根本谈不上会学习,更无从谈起什么天生"爱学习""会学习",所以他们决不可以受教育,不然便是郑国傻人的揠苗助长而已。但事实恰恰相反:健康的胎婴幼儿个个都是无须打引号的学习真天才!

恩格斯在《自然辩证法》一书中有一段令人非常惊讶的话语,发人深思。恩格斯说:"……母腹内的人体胚胎发展史,仅仅是我们动物祖先从虫豸开始的几百万年的肉体发展史的一个缩影一样,孩童的精神发展,是我们动物祖先、至少是比较近的动物祖先的智力发展的一个缩影。"(见《马克思恩格斯选集》第3卷第517页)

恩格斯的话其意是说:"胎儿是宇宙间迄今为止所发现的最具生命力的小精灵,他从精卵单细胞、连肉眼也看不见的小生命起步,仅仅9个月就成长为宇宙间最高级的脑和躯体完备的人;9个月走完了自然界从单细胞进化为人脑的数十亿年的路程,这是何等伟大的壮举!"

他又说,"从动物祖先(哪怕是比较近的动物祖先)到现代人,自然界也经历了数百万年的进化,但婴儿出生时的智能还不如小动物,他发展到现代人的智能水平却只需五六年,这又是何等伟大的人类壮举!"

## 二、早期教育(根系教育)的方法

关于方法的科学是世上最重要的学问之一,它要根据从业的性质、工作的对象、发展的阶段性和个体的差异性来设定目标,选择方法。所以方法是千变万化的,对根系教育也只能设定基本方法,或者说原则性方法。

### (一)丰富的情感养育法

让每个孩子从出生就获得安全感、快乐感、爱感、美感、新奇感、规则感以及好的自我意象感受,从而使他们身心快乐健康成长。

因此要给孩子提供美好的生活信息(如音乐)、丰富的食品营养、快乐的运动锻炼,使其认知兴趣、语言伴随着群体活动、情感交流而不断发展。同时要认真给他制定必要的生活规则,如按时独自睡觉。这些都是促进脑网络的高速构建和身心健康成长必不可少的身心营养。

父母和照护人的爱还能培养孩子的爱心、胆量、智慧和自信,但要注意:在孩子8个月前多给"温柔爱",例如体肤接触、呢喃细语;8个月至3岁多给"活动爱",例如玩学指导、亲子阅读;3岁后做好孩子的陪伴、玩伴、旅伴、学伴;用不同的表情引导孩子将兴趣活动和严格要求相结合。

爱的养育中语言是抚慰心灵的巧手,家庭要常用7种文明语言:问候语(如"早上好""晚安")、关爱语(如"妈妈,我真爱你!")、答谢语(如"谢谢宝宝!")、赞美语(如"我真为你高兴!")、自责语(如"都怪我不好")、鼓励语(如"你一定能成功!")、批评语(如"记住,大人谈事,不准打扰!")……这些话语在情景中能给孩子耳濡目染的教育。文明社会务必让文明语言进入家庭,家中既要常有欢声笑语,也必须讲究礼貌用语,因为语言是心灵的雕塑师!

### (二)培养良好习惯法

参天林木是由根芽向上生长增粗拔高长成的,美好人生同样需要生命力的节节攀升。"根教"方法最直观地说就是:播下行为的种子,收获习惯;坚持习惯的趋势,铸就性格;定型性格的优劣,决定命运。

那么"根教"最重要的是给孩子播下哪些行为,形成哪些习惯和性格呢?

### 1. 播种快乐活泼的行为习惯

例如，家庭和托育机构的气氛要温馨愉悦，人们说话轻声，常带幽默，每天播放音乐。任何人决不允许与孕妇争吵或在孩子面前大声喊叫。

### 2. 培养安静专注的习惯性格

要多与孩子一对一互动，引导孩子对一个玩具采用多种玩法，对一本书进行多次阅读，对一个故事进行多次复述。要常一对一带孩子去看世界，与孩子互相提问，学会倾听和讨论。养成听音乐、听新闻、看地图、看时钟、看日历、看天气、看温度计等习惯。孩子长到八个月之后要避免"众星捧月"式的宠爱，被宠大的孩子很难有安静、专注地思考、做事、学习的能力。

### 3. 培养规律生活的良好习惯

这包括起居、漱洗、饮食、运动、排便等。要在孩子形成各种不良习惯之前养成良好习惯，不允许的事一开始就不允许，这样孩子的成长就顺利得多。

## （三）讲究表情教育法

早期教育决不靠说教、讲理、埋怨、打骂那一套，对右脑优势发展期的婴幼儿，最有效的是给予"表情教育"。因为此时孩子右脑的感受功能是左脑理性认知的百万倍。孩子对亲人的情绪最敏感，亲人表情的微小变化都牵动他们的心灵，所以对他们要保持和蔼可亲、平静认真的常态，他们也会产生同样的心境。

当孩子会坐以后不可多抱，鼓励他们坐着玩，爬着玩，慢慢地扶着走，以提高孩子的自主行为能力，培养独立上进、克服困难的精神。

教育者要视孩子表现优劣选择不同的表情，如高兴、喜欢、微笑、愉悦、欢乐、狂欢、沉默、皱眉、不满、认真、严肃、冷淡、生气、微怒等。用表情教育控制孩子，比任何说教抱怨都有效百倍，且保护了孩子的自尊和自信心。

要像保持孩子体温一样保持孩子的"最佳情绪线"，孩子情绪低落时可以抱抱、亲亲他；孩子忘乎所以时可以认真严肃走开。使用表情教育时只可偷看孩子的反应，不让他觉察你在用计谋让他"就范"，更不可当着孩子面偷偷笑。孩子的情绪觉察敏感度非常强，他一旦识破你的"表情诡计"，那么表情教育法就不灵了。

愤怒的表情不可常用，偶尔"愤怒"之后，等孩子平静下来就要严肃而平等地交谈、批评、鼓励；狂欢的表情也不可常用，狂欢之后要帮孩子划清平常生活和特殊欢乐的界线。

## （四）树立教育自信法

早期教育者务必要教育自信，任何情况下都不可对孩子流露出无可奈何的泄气、抱怨情绪。

自信是一种信念，更是一种积极能量，父母和养育师的爱和信任会随时随地流入处于右脑敏感期的孩子，他会照单全收，并立刻显示出快乐上进的态势，不知不觉间形成一种上进的正能量性格！

父母和早教师的自信，不在于学历的高低和知识的多寡，因为"早教"不是知识传授，它靠丰富生活、爱心、环境、玩伴和榜样育人。"早教"是一门大学教授不觉浅，不识字的乡村老奶奶不觉深的大学问，只要相信孩子的巨大潜能可供开发，有育儿爱心和严格要求，有养育热情和榜样诱导，有现代脑科学、心理学的支撑，有改革开放四十多年的研究和成功案例……我们还能不自信吗？世上还有比莎莉文小姐养育海伦·凯勒获得巨大成功更困难的教育吗？

养育孩子丝毫不可急躁、祈求、担心、害怕、求全责备，处于右脑敏感期的孩子接收了哪怕一点点消极情绪，就会毁掉他积极进取的宝贵性格。千万记住：孩子的弱点、缺点和错误不是说教改正的，转移他的负面注意，诱导他产生新的兴趣，让他获得新的成功和自信，那么他的弱点、缺点和错误自然会改变。

此外，早教还有伙伴自由玩学法、大自然群体游学法、一对一散步观察谈话法、缓解孩子焦虑的童话法等。世上的事，只要有可行的目标，就一定能想出大道至简的有效方法。在创新、创造面前，方法总比困难多！

早期教育者已把原则性方法编成口诀，以便于记忆和应用：

生活中教、游戏中学；教在有心、学在无意；玩中有学、学中有玩；对牛弹琴，只管耕耘；环境濡染、榜样诱导；积极暗示、赏识鼓励；施教于爱、不可溺爱；讲究爱态、控制情绪；民主平等、宽严并济；培养习惯、形成定式。

## 三、早期教育技术要点

联合国儿童基金会将儿童期定为 0~18 岁。根据我国的生活条件和教育情况，一般把从出生到成人之间（0~18 岁）的发展过程分为新生儿期、婴幼儿期、学龄前期、学龄期、少年期和青年期六个阶段。

0~3 岁也可以统称为婴幼儿期，细分为新生儿期（指 0~1 个月）、乳儿期（指 0~1 岁）、婴幼儿期（指 1~3 岁）。

### （一）婴幼儿生长发育基本规律

这是一个连续的过程，各系统发育不平衡，生长发育存在个体差异。

### （二）婴幼儿生长发育的主要特点

婴幼儿生长发育有一定的顺序和方向。3 个月以肘支起，6~7 个月会坐，7~8 个月会爬，10 个月扶物能走，11 个月会站，12~15 个月会走。

### （三）从自然人到社会人的转变——人脑的发育

人在出生时脑的重量为 300 克，是成人脑重的 25%；6 个月时脑的重量为出生时的 2 倍，是成人脑重的 50%；2~3 岁时脑的重量为出生时的 3 倍，是成人脑重的 75%；6~7 岁时脑的重量为 1 200 克，接近成人脑重的 90%，以后脑的发育速度开始减慢。

从脑的生理机能看，孩子在 2~3 岁时，大脑的各种反射机能已经得到发展，6~7 岁时，大脑半球的神经传导通道几乎已经髓鞘化。

人全身有 1 000 亿神经元，大脑有 140 亿神经元，1 400 万个神经细胞！

### （四）婴幼儿早期发展指导

0~3 岁是人一生中大脑迅速发展的重要时期，也是可塑性最强的时期。科学的婴幼儿早期发展指导，不仅直接影响婴幼儿的身心发展，而且影响人一生的生活质量，因此应该让婴幼儿在认知、语言、动作、情感和社会行为等五大领域全面发展。

八大智能（多元智能）：语言智能、逻辑数学智能、视觉空间智能、肢体运动智能、内省智能、人际交往智能、自然观察智能、音乐智能。

1. 动作

发展大动作，保证婴幼儿每天有一定的户外活动。循序渐进地发展婴幼儿的坐、爬、站、走、跑、跳、平衡等大动作。

上肢下肢同时进行刺激，随时用表情和语言与婴幼儿进行沟通，做到时间短，次数多，循序渐进，动静交替，繁简搭配。

（1）大动作：抬头、翻身、坐、爬、站、走、跑、跳。（口诀：二月抬、四月翻、六月坐、八月爬、十月站、周岁走、两岁跑、三岁单脚跳。）

（2）精细动作：首先，人手可做 27 种动作，活动尽量考虑 27 种动作的全面训练。其次，注重双手的同时训练，使左右手协调配合活动。最后，动手操作中实现做与玩的结合、动手和动口的结合、动手与动脑的结合。

（3）发展精细动作：提供机会让婴幼儿操作适宜的材料，发展精细动作。重视体格锻炼，利用阳光、空气、水等自然因素，选择空气新鲜的绿化场所，开展适合不同发展阶段婴幼儿身心特点的户外游戏和体格锻炼，提高其对自然环境的适应能力。（口诀：三月玩手、五月抓手、七月换手、九月对指、一岁乱画、二岁折纸、三岁搭桥。）

2. 语言：听、说、读、写

婴幼儿的语言发展有 3 个阶段：

（1）准备阶段：从出生到第一个真正意义上的词语产生之前的这一时期。

（2）理解阶段：从 9 个月开始，此时婴儿能够按照成人的言语吩咐去做相应的动作，如再见、谢谢等。

（3）表达阶段：从能说出第一个有特定意义的词语开始，一般是 9~10 个月时。

3. 认知

认知包括知觉、记忆、注意、思维和想象。0~3 岁重点发展感官刺激，通过视觉、听觉、味觉、嗅觉、触觉对事物形成概念，为想象、思维和创造打基础。

例如：从"认人"到"怕生"是婴幼儿认知能力发展过程中重要的变化，说明婴幼儿的感知和记忆能力在发展。

4. 情感和社会性行为

（1）培养良好的生活行为习惯，例如按时吃饭睡觉、不挑食、不一边看电视一边做练习、自己的事情自己做等。

（2）培养良好的个性心理品质，例如文明礼貌、不任性不霸道、有勇气不胆怯、有毅力不退缩等。

（3）培养与人交往的能力，例如谦和、礼貌等。

**生长发育歌**

本能反射生来佳，二三抬头笑认妈，

四五翻身辨亲疏，六七会坐学咿呀，

八九爬行十叫爸，十二开步学短话，

十三、十五试穿衣，十八用勺爱画画，

两岁跑跳学唱歌，三岁能脱鞋和袜，

五岁认字会加减，渐渐长成大娃娃。

## 四、0~3 岁的早教实操指导

### （一）1 个月宝宝的早教指导

（1）与宝宝皮肤早接触，多接触，可以做婴儿抚触操（视觉、听觉、触觉、语言、情感、与人交往）。

（2）和宝宝多说话，多微笑（视觉、听觉、语言、情感、人格培养）。

（3）听一些舒缓的音乐（听觉、艺术感受能力）。

（4）学习俯卧抬头，抬头是宝宝的第一个标志性的大动作。

（5）让宝宝看黑白卡片（视觉、听觉、语言训练），如图5-2-1所示，新生儿阶段是分辨黑白颜色的关键期。

（6）光感的敏感期：需要适应白天和晚上的光线差异，适应自然光，白天拉开窗帘，晚上关灯。

（7）俯卧抬头训练的注意事项：两餐之间，排空大小便；时间从几秒钟慢慢加长，最长不超过2分钟；在宝宝心情愉快的时候练习。

图5-2-1　黑白卡片

## （二）2个月宝宝的早教指导

（1）生活习惯：使宝宝的睡眠时间逐渐形成规律。

（2）视觉训练：与宝宝对视微笑，看彩色卡片、图片墙、移动的玩具等。

（3）听觉：听舒缓的音乐，多和宝宝交流，逗他发音，呼唤宝宝的名字，听柔和的声音，念儿歌讲故事等。

（4）嗅觉：闻母乳的香味、各种蔬菜水果的气味、各个季节的花香等。

（5）味觉：酸、甜、苦、辣、咸都让宝宝尝尝。

（6）触觉：给宝宝做抚触、被动操，勾拉手指，数手指，触摸各种玩具，练习各种抓握等。

（7）大动作：俯卧抬头、竖抱抬头。

**【推荐游戏】**

第一练：抬头找摇铃，锻炼宝宝颈部力量及对头的控制力，并可以刺激前庭发育。

第二练：看自己小手3~5秒，锻炼宝宝手眼协调及上肢控制能力。

第三练：抓握，将物体放入手心，锻炼宝宝手指的抓握能力。

第四练：把彩条、小铃铛等挂在手腕上，增加宝宝对手的注意。

第五练：陪宝宝说话，说"啊、哦、额"等音。

第六练：随声转头，锻炼宝宝的听觉方位感。

第七练：逗宝宝笑，搔痒，锻炼宝宝的交往能力，发展愉悦情绪。

第八练：看闪卡，培养良好的学习能力，锻炼超强的知觉能力等。

## （三）3个月宝宝的早教指导

（1）大动作：俯卧抬头，从45°到90°。练习翻身，翻身是成长路上第二个标志性的大动作。

（2）精细动作：拍、抓。拍打吊球，玩、拍小手，够取玩具，练习手眼协调性。

（3）语言：利用生活护理中的一切机会和宝宝用语言互动。如洗澡、换尿布、做操时，看着宝宝的眼睛和他说话，培养宝宝的语言能力，丰富他的词汇量。

（4）认知：观看四周，抬头张望。给宝宝布置一个色彩物品丰富的环境。触摸各种材质的玩具（触觉），在不同的位置发出声音，练习找声源（听觉）。

（5）情感与社会性：做抚触和被动操（增强亲子关系）。

**【推荐游戏】**

第一练：观看四周，竖直头部，锻炼颈椎的支撑力，开阔眼界。

第二练：抬头张望，俯卧抬头，锻炼颈椎、胸椎、背肌和腹肌。

第三练：手脚牵物，尽早学会自己做游戏，促使四肢发达。

第四练：眼随物动，训练头部转动，刺激视觉集中，发展集中注意力。

第五练：听声寻源，训练宝宝的听觉反应力。

第六练：脚踏音板，锻炼下肢，发展听觉。

第七练：触抓玩具，培养宝宝伸手触摸试抓，发展手眼协调的动作。

第八练：翻动身体，变换体位，为以后学爬做好准备。

第九练：逗引发声，训练发声器官，促进亲子情感交往。

第十练：呼唤名字，培养亲子情感，发展视觉、听觉、触觉。

**【杜曼闪卡】**

杜曼闪卡是杜曼等国际著名右脑潜能开发专家研发的成功教育方法，用闪示的手法向宝宝快速传达信息，使孩子快速提高悟性，培养良好的学习能力，锻炼超强的知觉能力，活化大脑细胞，提高大脑实物想象力、快速运算能力、记忆能力，增强照相记忆功能。通常分为启蒙、数学、阅读、百科四个系列，如图5-2-2所示。

启蒙卡：视觉刺激卡，图形卡

数学卡：圆点卡，卡通点卡，数字卡

阅读卡：

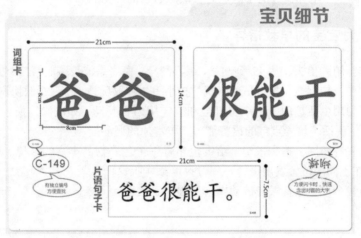

百科卡：

图 5-2-2　杜曼闪卡

**汽车标志卡:**

**世界名画卡（适合1～6岁）:**

图 5-2-2　杜曼闪卡（续）

国旗国徽配对卡：

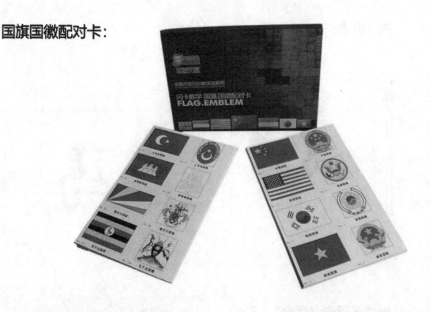

**黑白点卡：第一阶段（0～3个月）：区别明暗、黑白视觉刺激点卡及黑白线条图卡！**

改善视觉机能，促进全脑发育

图5-2-2 杜曼闪卡（续）

启蒙：视觉刺激卡、图形卡。

数学：圆点卡、卡通点卡、数字卡。

百科：汽车标志卡、世界名画卡、国旗国徽配对卡、音符卡、汽车卡等。

**使用方法：**

先从1~7开始。在新生儿阶段，黑点比红点看得更清楚。让卡片距离宝宝25厘米左右，告诉他："这是1。"拿着卡片停一会儿（起初停15秒左右，随着月龄的增长时间逐渐减少）。宝宝会调整自己的视线，等他看清楚了，再清楚地说一遍"1"，让他看1~2秒钟，再拿走。

第一天只让宝宝看"1"，至少看 10 次，每次换好尿布就让宝宝看卡片，这样效果比较好。

第二天，看"2"的卡片，用同样的方法看 10 次。

一周后就看到"7"了，接着再从 1 开始，每天 10 次，一直到"7"。这样重复 3 周。三周后，如果你拿出一张卡片，宝宝兴奋地扭动身体，踢蹬小腿，就说明宝宝不但看到了，而且认识它了，知道内容了，更重要的是宝宝很喜欢这个游戏。

三周后，从 8~14，用同样的方法反复练习，直到宝宝能轻而易举地全部认识卡片上的圆点。此时，宝宝已经可以看清楚妈妈的脸，会对妈妈微笑了。

如图 5-2-3 所示。

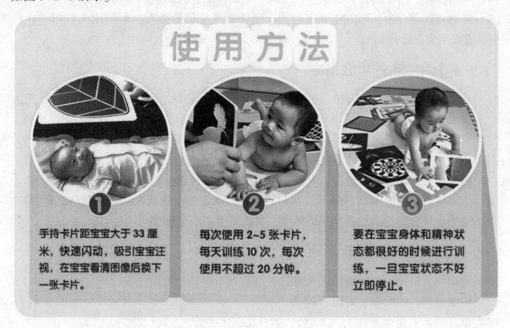

图 5-2-3 杜曼闪卡使用方法

## （四）4 个月宝宝的早教指导

（1）大动作：仰卧拉坐，手支撑、肘支撑，扶腋下蹦跳，练习翻身。

（2）精细动作：伸手抓玩具，追视移动玩具，抓取吊着的小球，双手抱球。

（3）语言能力：模仿大人发音，如妈、爸等；尽快回应宝宝的发音。

（4）认知能力：变换室内布置，给宝宝丰富的感官刺激。

（5）社交能力：做游戏。

（6）音乐的感知能力：听熟悉的音乐，伴随音乐做动作或者起舞。

（7）自理行为：养成规律的睡眠习惯，白天活动，晚上睡觉。

【推荐游戏】

第一练：仰卧拉坐，锻炼宝宝的上肢力量和身体控制力。

第二练：拍打铃铛，锻炼手眼脑协调能力。

第三练：仰卧抬腿，锻炼脚眼协调及下肢。

第四练：击打各个方向的吊球，锻炼手的控制能力，激发活动兴趣。

第五练：追视移动小红球，让小球在桌上滚动，锻炼宝宝的注意力。

第六练：躲猫猫，让宝宝知道暂时没有的东西还会回来。

### （五）5个月宝宝的早教指导

（1）大动作：练习坐。靠垫坐，扶着坐。练习俯卧到仰卧、仰卧到俯卧翻身。

（2）精细动作：让宝宝单手抓玩具，双手抱玩具，抬双腿、撕纸片、自喂饼干等。

（3）语言能力：户外活动教宝宝认识常见的动植物，增强词汇量；念儿歌，讲故事，教宝宝做动作。

（4）认知能力：用手指物，找响铃，照镜子认识自己，认识妈妈找妈妈等。

（5）情感与社会行为：逗宝宝开心地笑，呵痒；多见见陌生人，跟陌生人打招呼；经常拥抱宝宝，锻炼宝宝自己抱奶瓶。

### （六）6个月宝宝的早教指导

（1）大动作：前倾坐，直背坐，举起双手，学会连续翻身。练习俯卧打转，俯卧托胸练习腹爬。

（2）精细动作：练习用手捧杯喝水；练习自己拿着吃；两手同时各拿一物，大把抓，握物对敲；学习传手，将东西从一只手换到另一只手。

（3）语言能力：理解简单语言，经常呼唤宝宝的名字，教会简单语言。

（4）认知能力：认识4~5种物品，叫他用手指向认识的事物或人；追视移动或有声的事物。

（5）情感与社会行为：培养良好的情绪，保持宝宝的心理健康。

### （七）7个月宝宝的早教指导

（1）大动作：坐稳、连续翻滚、练爬。

（2）精细动作：练对捏、对敲、传手。

（3）语言能力：懂"不许"；会手势，如再见、不要等。

（4）认知能力：观察拿走玩具的反应，懂得表扬和批评。

（5）自理能力：大人托杯，宝宝捧杯喝水。

（6）常规早教：手指谣、唱儿歌、讲故事、做游戏、户外活动。

### （八）8个月宝宝的早教指导

（1）大动作：练爬、匍行、打转。

（2）精细动作：抠洞、按键、捏小物。

（3）语言能力：会用3种手势表达语言。

（4）认知能力：认识一个自己的身体部位，看懂表情。

（5）自理能力：用汤勺盛乒乓球。

（6）常规早教：手指谣、唱儿歌、讲故事、做游戏、户外活动。

### （九）9个月宝宝的早教指导

（1）大动作：爬行，扶物站立，扶腋下走路。

（2）精细动作：抠洞、按键、捏小物，投放玩具。

（3）语言能力：会叫妈妈、爸爸、奶奶、爷爷。

（4）认知能力：再认识一个自己的身体部位，会拉绳取物。

（5）自理能力：自己喝水，练习坐便盆。

(6) 常规早教：手指谣、唱儿歌、讲故事、做游戏、户外活动。

## （十）10 个月宝宝的早教指导

(1) 大动作：扶物站立，扶物单手取物，拉手走路。
(2) 精细动作：捏圆球，放球入瓶口。
(3) 语言能力：熟练找出 1~2 张卡片。
(4) 认知能力：认识 3~4 个身体部位，会拉绳取物。
(5) 自理能力：独立喝水，配合穿衣。
(6) 常规早教：手指谣、唱儿歌、讲故事、做游戏、户外活动。

## （十一）11 个月宝宝的早教指导

(1) 大动作：拉手走路、扶物行走。
(2) 精细动作：翻书、看书、涂鸦，瓶中取物。
(3) 语言能力：一问一答，宝宝会用肢体回答。
(4) 认知能力：认识一种颜色。
(5) 自理能力：配合穿衣，会脱鞋和袜。
(6) 常规早教：手指谣、唱儿歌、讲故事、做游戏、户外活动。

**【推荐游戏】**

第一练：上下开洞的小方盒，培养探索能力。
第二练：用套叠玩具培养专注度、注意力。
第三练：扶沙发横着走，拉手走，扶腋下走，锻炼宝宝身体在运动中的平衡及协调能力，促进大脑发育。
第四练：钻爬比自己矮的洞，刺激宝宝前庭及本感觉，促进运动统合能力的发展，锻炼视觉空间感。
第五练：从大瓶中取或倒出糖果，锻炼宝宝手指灵活性及控制能力。
第六练：用手解开食物，用纸包裹食物，教宝宝打开包裹，锻炼双手合作，启发探索能力。
第七练：一问一答或指认，培养宝宝接受语言的能力，培养宝宝的社会性发展。
第八练：放上杯盖，锻炼宝宝的专注力和视觉判断力。
第九练：给宝宝做个图书角，增加宝宝对图书的兴趣，增强宝宝的识认能力。
第十练：一起摇摆，培养宝宝与他人的合作能力，培养宝宝的愉快情绪。
第十一练：配合穿衣服，穿衣服的时候能伸胳膊伸腿，培养自理能力。
第十二练：脱袜子或鞋子，培养宝宝的自理能力。

## （十二）12 个月宝宝的早教指导

(1) 大动作：扶物站稳，不扶物站立，练习走。
(2) 精细动作：能竖起一根手指表示"1"，玩积木。
(3) 语言能力：跟着儿歌做动作。
(4) 认知能力：认识 4~5 个身体部位，按照要求拿 2~3 个东西。
(5) 自理能力：练习自己吃饭。
(6) 常规早教：手指谣、唱儿歌、讲故事、做游戏、户外活动。

**【推荐游戏】**

第一练：练习站立，锻炼宝宝的身体平衡协调能力，发展宝宝的运动统合能力。

第二练：牵手走，推车走，独立走，锻炼宝宝的身体平衡协调能力，发展宝宝的运动企划能力。忌用学步车，宝宝是滑行的。

第三练：玩拖拉玩具（小车、小动物），增加走的兴趣。

第四练：站立踢球，锻炼宝宝的下肢力量及身体平衡协调能力。

第五练：配大小瓶盖，锻炼宝宝的视觉判断能力及手眼脑协调能力。

第六练：画画涂鸦，锻炼宝宝的手指协调性和控制能力，激发宝宝的想象力。

第七练：模仿动物的叫声，如猫、狗等，锻炼宝宝的语言理解及表达能力。

第八练：说声音的名称，如电话声、门铃声、妈妈喊宝宝的声音等，锻炼宝宝的听觉分辨力及记忆力，让宝宝储存语言信息。

第九练：指出身体部位，发展宝宝的自我认知能力。

第十练：把小球藏起来，再让它滚出来，培养宝宝对周围环境的探索能力。

第十一练：跟着儿歌做动作，锻炼宝宝的语言动作能力，发展社会性。

第十二练：玩布偶游戏或娃娃游戏，锻炼宝宝的交往能力，发展社会性。

第十三练：练习用勺子，培养宝宝的自我照顾能力，养成良好的生活习惯。

## （十三）12～24个月宝宝的发展目标

（1）走稳，牵手上台阶。

（2）看图书和认图片，认识更多的事物。

（3）能从瓶中倒出小丸，用手拾起。

（4）能说出10个左右的字音，如抱抱、大大等叠音，能说出动物叫声、名称、称谓，简单应答。

（5）听懂简单的指令，如拿拖鞋、提东西等。

（6）会用表情和手势表达自己的愿望。

（7）培养对周围环境的探索兴趣，如找东西。

（8）自理能力：穿脱鞋袜，吃饭。

（9）运动能力：能踢球、滚球、抛接球等。

**【12～16个月宝宝推荐游戏】**

第一练：走楼梯、练跑步、玩踢球，促进运动统合能力。

第二练：追玩具，提高宝宝的运动积极性。

第三练：搭高楼或排火车，锻炼宝宝双手控制能力，并理解物体之间的相互关系。

第四练：把不同形状的积木放进相应的洞里，锻炼宝宝的视觉空间判断能力。

第五练：说出自己的名字和一些物体的名称。

第六练：描述玩具特点，如好漂亮、黑色的、软软的、好硬啊等。

第七练：看着玩具找出配对的卡片。

第八练：背数，点数，指着玩具数数。

第九练：准确指出身体的部位，可以指自己的，也可以指玩具的。

**【17～20个月宝宝推荐游戏】**

第一练：画长线、为鱼点眼睛、画圆，提高手的控制能力。

第二练：撕纸，尽量有规则地撕纸。

第三练：把撕的纸粘贴在一张纸上，锻炼手眼脑协调能力。

第四练：说出自己的岁数，或用手指头表示出来。

第五练：说出书中或者画中物品的名称，锻炼宝宝语言表达能力和理解能力。

第六练：能认识5种或者更多的交通工具，如汽车、火车、飞机等。

第七练：能说出3种以上颜色的名称。

第八练：让宝宝随意涂鸦，并跟宝宝谈论他的作品。

第九练：替大人拿东西，增强认知能力，锻炼人际交往能力和增加成就感。

第十练：认识照片中的亲人，建立健康的情感依恋关系，辨认面容，增加记忆力。

第十一练：摆放餐具，增加自理能力。

第十二练：自己端杯子喝水，不用吸管杯。

**【2岁宝宝推荐游戏】**

第一练：自己上下楼梯，锻炼宝宝的平衡力和控制力。

第二练：拉手原地跳、拉手从高处跳下来，锻炼宝宝的运动统合能力。

第三练：去儿童乐园，锻炼各种平衡能力。

第四练：随意画、涂颜色、给图形添意义，如给圆形加上几笔变成太阳公公、变成笑脸等，锻炼手的控制能力，培养想象能力。

第五练：口袋里面摸玩具，说出玩具名称或形状。

第六练：记住家里人的名字。

第七练：学唱歌，用肢体语言进行表演。

第八练：能背15~20个数，能数积木等。

第九练：给爸爸妈妈分水果。

第十练：用筷子夹纸团，锻炼宝宝的手指灵活性。

第十一练：藏猫猫，锻炼思维判断能力和方位感，解决问题。

## （十四）25~36个月宝宝的发展目标

（1）大动作：双脚跳，跑，攀爬。

（2）精细动作：添画、点画、印章画，会画直线、横线，会捏橡皮泥、折纸。

（3）语言能力：会唱儿歌、复述故事，会说礼貌用语，认汉字，能回答自己几岁了，分清你我他。

（4）认知能力：了解气候、时间的变化，能分清大小、形状，认识三角形、正方形、圆形，认识数并能点数，能认识几种颜色，能指出事物的相似处、不同处和显著的特征，能按颜色和形状分类。

（5）情感和社会性：与他人互动，乐意玩扮演角色的游戏。

**【推荐游戏】**

大动作：接从对面滚过来的球，锻炼宝宝的视觉判断力、时间空间感觉，手眼脑协调能力。接反跳的球，锻炼宝宝身体平衡能力和本体感，发展运动统合能力。

精细动作：积木搭高楼，垒8~10块积木，锻炼宝宝手的控制能力，视觉空间判断能力；拼图，锻炼宝宝的手眼脑协调能力及视觉空间能力，启发宝宝的想象力；拧螺丝，锻炼宝宝手的协作能力及控制力；给瓶子盖盖子，学画汉字，如十、干、土、口等，给小纸片涂颜色，锻炼宝宝手的控制能力。

语言能力：介绍小朋友，说出照片上小朋友的名字，锻炼表达能力和交往能力；角色扮演，练习说礼貌用语，如"您好""谢谢""再见"；会说"你的""我的""他的""大家的"。

认知能力：结合图片说天气变化，配对指出什么天气穿什么衣服，提高认知能力；做游戏说出上下左右，培养宝宝的语言理解能力和方位感；用卡片认识长方形、正方形、三角形、圆形、半圆形、椭圆形；用橡皮泥让宝宝懂得图形可以变换，如正方形可以切成三角形等，增加宝宝的认知能力。

情感和社会行为：帮大人拿东西；记住家里的门牌号码或者父母的电话号码；用筷子，增强宝宝的自理能力和手的灵活度控制力；自己洗手、自己洗脸、自己漱口，提高自理能力和秩序感；收拾餐桌，锻炼宝宝的劳动能力，增强秩序感和自理能力。

观察、注意力的训练：追视。

追视能力在学龄前儿童的认知发展中是有无穷延伸的，是非常重要的认知和学习能力。

读书需要眼到、嘴到、心到，可见追视是学习能力的入门。追视练习，让宝宝开始意识到，听到、看到才能记住，一切学习的途径都是眼耳脑并用。成长中不断强化、巩固、提高难度。

0~1岁：训练宝宝追视最关键的是要确保他们的眼睛可以跟随物体，而且不断强化。推荐方法：用手指训练追视。

1~3岁：延伸运用，引导观察比较。1岁前眼睛"开窍"了，真正"看到"了，这时可以观察比较颜色、大小、薄厚、位置等。

3岁学龄前：进阶锻炼，观察表达。前两个阶段观察是"被动"的，现在开始鼓励宝宝主动观察并表达，更好地强化宝宝主动观察的能力。

根系教育要把孩子从大班制说教课堂中解放出来，从小保姆的手心解放出来，从孤独无聊中解放出来，解放他们的身体，解放他们的头脑，解放他们的双手，让孩子在日常生活中见识难以见到的事物，动手操作从未接触的新鲜事。

【拓展阅读】

## 1岁内婴儿亲子早教 50 招

宝宝从出生开始，就有了感知、认识世界的能力，家长们可不要小看了他们哦！本文就教您如何为 0~1 岁的宝宝进行早期教育。

1. 眼神的交流。当可爱的宝宝睁开双眼时，你一定要把握住这短暂的第一时刻，用温柔的眼神凝视他。要知道，婴儿早期就能认清别人的脸，每次当他看着你的时候，都在加深对你的记忆。

2. 呀呀儿语。你看到的可能只是一张天真无邪、不谙世事的小脸，但不妨给他一点机会，让他也能和你交谈。很快，他就会捕捉到与你交流的节奏，不时地插入几句自己的"言语"。

3. 母乳喂养。尽可能地用母乳哺喂宝宝。妈妈在哺乳的同时，给宝宝哼唱儿歌，轻声细语地与他交谈，温柔地抚摸他的头发，这样可以增进亲子关系。

4. 吐舌头。有实验表明，出生 2 天的新生儿就能模仿大人简单的面部表情。

5. 照镜子。让宝宝对着镜子看自己。起初，他会觉得自己看到了另外一个可爱的小朋友，他会非常愿意冲着"他"摆手和微笑。

6. 呵痒痒。笑声是培养幽默感的第一步。你可以和宝宝玩一些小游戏，比如"呵痒痒"等，这有助于提高宝宝参与的积极性。

7. 感觉差异。把两幅较为相似的画放在距离宝宝 8~12 寸的地方，比如，其中一幅画中有棵树，而另一幅中没有，宝宝一定会两眼骨碌碌地转，去寻找其中的不同。这对提高宝宝今后的识字和阅读能力大有帮助。

8. 共同分享。带宝宝外出散步的时候，不时地跟他说你所看到的东西——"看，那是一只小狗！""好大的一棵树啊！""宝贝，有没有听到铃声？"……最大限度地赋予宝宝扩充词汇的机会吧。

9. 一起傻。小家伙非常喜欢和你一起发出傻乎乎的声音——"噢咯""嗯哼"等，偶尔还会发出高八度的怪叫声。

10. 共同歌唱。尽量多学一些歌曲，不妨自己改编歌词，在任何情况下都可以给宝宝唱歌，还可以让宝宝听一些优美动听的歌曲。研究表明，音乐有助于宝宝学习数学。

11. 换尿布时间。利用这一时间让宝宝了解身体的各个部位。一边说，一边做，让宝宝的小脑袋瓜与你的言行同步。

12. 爬"圈"。妈妈躺在地板上，让宝宝围着你爬。这是最省钱的"运动场"了，而且很有趣，它可以帮助宝宝提高协调性和解决问题的能力。

13. 购物时光。留点空闲，去超市逛逛。不同的面孔，不同的声音，不同的物品，不同的颜色，会使宝宝欢欣鼓舞。

14. 提前预告。睡觉关灯之前大声地宣布："睡觉喽！妈妈要关灯了。"让宝宝慢慢地领悟因果关系。

15. 没事逗着乐。轻轻地对着宝宝的脸、胳膊或小肚肚吹气，逗宝宝"咯咯"笑。

16. 揉纸巾。如果宝宝喜欢从盒子里抽取纸巾，就随他去吧！看着他把纸巾揉成一团，再看着他将其展开，花几分钱就能有一个可以训练宝宝感官能力的好玩物，何乐而不为呢？你也可以把小玩具藏在纸巾下面让他找，不过，当宝宝找到的时候，一定要大加赞赏哦！

17. 小小读书郎。给8个月大的宝宝读故事，两三遍之后，他就能够意识到文字的排列顺序了。给宝宝读书，对他学习语言真的很有帮助哦！

18. 躲猫猫。玩捉迷藏的游戏能让宝宝笑声不断，他会认识到消失的东西还会回来。

19. 触觉体验。用不同质地的布料（丝绸、丝绒、羊毛、亚麻布等）轻轻地抚摸宝宝的面颊、双脚或小肚肚，让他体验不一样的感觉。

20. 感受宁静。每天花几分钟时间，和宝宝静静地坐在地板上——没有音乐，没有亮光，也没有游戏，在宁静中感受周遭的世界。

21. 家庭影集。将家人和亲朋好友的照片制作成影集，经常翻翻，有助于宝宝增进记忆。当奶奶来电话时，不妨让宝宝一边听电话，一边看着照片上奶奶慈祥的面孔。

22. 与食物亲密接触。为宝宝准备一些小零食——青豆、面包片或苹果片，训练他的抓捏功夫，提高手眼协调能力。

23. 丢丢捡捡。看着宝宝把东西从桌子上一样又一样地扔到地上，虽然你的头都快气炸了，可你还得坚持不懈地去捡哦，因为你的宝宝正在探索"地球引力"的奥秘呢。如果方便，你还可以给他几个乒乓球，并在他的桌子下放一个篮子，让他瞄准，发射！

24. 试试运气。挑选几个空盒子，把一个小玩具放在其中一个盒子里，不断地调换盒子的位置，让宝宝猜猜玩具在哪里。

25. 越过障碍。把沙发垫、枕头或靠枕放在地板上，和宝宝一起爬过去，绕过去，看看谁更快。切记要让宝宝多赢几次，这样他才会更有积极性哦。

26. "走走看看"。在房间里布置一些玩具，让宝宝以不同的速度爬行，并可以不时地在一个有趣的地方停下来看一看、玩一玩。

27. 接受挑战。宝宝长大了，他会发挥自己最大的想象力向你挑战，那就得看你是否能做得跟他一样好了，譬如发出奇怪的声音、向后爬或者啃玩具。

28. 做鬼脸。鼓起你的腮帮子，当宝宝摸你的脸颊，你就吐气；当他拉你的耳朵，你就吐舌头；当他摸你的鼻子，你就皱眉耸鼻……不时地变换方式，让宝宝有一种新鲜感。

29. 触摸物品。抱着宝宝在房间里到处逛逛，用他的小手触摸窗户、电话机、冰箱及电视机按钮等，一边摸一边告诉宝宝它们的名字。

30. 编故事。挑选一些宝宝最喜欢的故事，把其中的主人公换成他的名字，他会觉得更有趣。

31. 自制动物书。去动物园的时候，给动物拍照，集结成一本相册，时常拿出来和宝宝一起欣赏，让他找一找大象、海狮和老虎，你也可以在一旁为动物配音。

32. 让宝宝自己做主。在适当的时候可以让宝宝在两者之间自由选择，例如让他自己挑选吃饭的小碗，这样他会感到非常自豪，因为他的决定受到了你们的重视。

33. 回忆"过去"。和宝宝一起观看家庭录像，回顾他第一次洗澡、第一次翻身、第一次叫妈妈，一边看一边讲述，这不仅能增强宝宝的记忆力，还能提升其语言能力。

34. 点点数数。数一数楼梯的台阶，数一数宝宝的手指，数一数家里有几个人，养成一种大声数数的习惯，很快，宝宝就会加入其中和你一起数数了。

35. 看图回答问题。找一本宝宝熟悉的图画书，指出其中的细节，从抽象到具体向宝宝提问，例如，"小兔子爱吃萝卜吗？"（抽象）或者"小兔子在吃什么呀？"（具体）

36. 关掉电视。宝宝需要和你亲密交流，这是电视节目无法给予的。

37. 寻找"小汪狗"。不时地把书本合上，考验一下宝宝的记忆力，看看他是否还记得书中的小汪狗在哪里。

38. 转起来吧，宝贝。抱着宝宝像芭蕾舞演员一样旋转起来。

39. 匹配游戏。挑选宝宝生活中所有重要人物的特写照片，一式两份，将照片正面朝上摆放在地板上，帮助宝宝找出两张一样的。

40. 雨中游戏。在小水坑里踩踩，在湿草地上坐坐，虽然有点脏，但非常有趣，宝宝会在快乐中感觉干与湿的区别。

41. 捕捉昆虫。和宝宝一起在书籍或杂志中认识昆虫（瓢虫、蟋蟀及蝴蝶），然后到大自然中去捕捉。

42. 培养幽默感。指着爸爸的照片叫"妈妈"，然后告诉宝宝弄错了，大家一起为"错误"而开怀大笑，在不知不觉中培养宝宝的幽默感。

43. 穿衣游戏。让宝宝穿上爸爸的旧衬衫，看看他的反应，相信他的创造力一定会让你感到吃惊。

44. 感知容量。准备两个大小不一的杯子，在洗澡的时候，让宝宝把水从一个杯子倒入另一个杯子，有的时候会溢出来，有的时候却装不满，那就一起来探讨一下哪个杯子大，哪个杯子小吧。

45. 认知颜色。选定一种颜色，带着宝宝一起寻找家中所有相同颜色的物品。

46. 干家务。当宝宝蹒跚学步时，他就会帮你扔垃圾啦！不信？！你就试试吧。

47. 图书馆一游。千万不要错过了讲故事、看书的好机会哦。

48. 认识 ABC。每周认识一个英文字母，例如，在冰箱上贴 A 字母磁贴，吃 A 字形的饼干，把水果切成 A 字形，用树枝在沙地上写出 A 字母等。

49. 老玩具新玩法。把一些旧玩具翻出来，你会惊奇地发现宝宝有了一些新的玩耍方式。

50. 情感交融。临睡前抱着宝宝，问他这一天里什么让他最高兴，什么让他最伤心，帮助他回忆今天，感知过去，及时了解他的情感。父母应坚持这一做法，直到孩子跨入大学校门。

# 第三节 心理健康指导

家庭中每一个成员心理健康的水平，不仅关乎全国人民的幸福指数，而且关乎社会的和谐与稳定，还直接关系到实现中华民族伟大复兴的中国梦，因此家政心理健康指导尤为重要。通过本节教学使现代管家懂得心理学基础知识，从理论到实践明确什么是健康，什么是心理健康，以及心理健康的标准，使现代管家学会按家庭中不同年龄阶段的心理特点进行卓有成效的心理健康指导，同时优化现代管家的心理素质，提高心理健康水平。

## 一、心理学基础知识

心理学是研究心理现象的发生、发展及其规律的科学，具体来说是研究人的行为和心理活动规律的科学。心理学是一门兼有自然科学和社会人文科学性质的边缘科学，它不仅是一门认识客观和主观世界的科学，也是一门认识和调控人的心理活动和行为的科学。

### （一）心理现象的定义

心理现象 {
- 心理过程 {
  - 认知过程：感觉、知觉、注意、记忆、思维、想象、言语
  - 情感过程：心境、情绪、情感
  - 意志过程：动机斗争、确定目标、选择方法、做出决定、认识决定
}
- 个性心理 {
  - 个性倾向：需要、动机、兴趣、理想、信念、世界观
  - 个性心理特征：气质、性格、能力
}
}

心理是大脑对客观世界的主观反映。心理的器官是大脑，而不是心。

心理过程是指人们在认识、对待客观事物时所表现出的心理活动，包含认知过程、情感过程和意志过程。

认知过程包含了感觉、知觉、注意、记忆、思维、想象和言语，是基本的心理过程。

情感和意志是在认识的基础上产生的。

意志过程是人自觉地确定目的，并根据目的调节支配自身的行动，克服困难，去实现预定目标的心理过程。

个性倾向涉及需要、动机、兴趣、理想、信念和世界观。

个性心理特性包含了气质、性格和能力。比如有的人完成任务又快又好，有的人则无法顺利完成任务，这是能力的不同；有的人大大咧咧、活泼好动，就像王熙凤，有的人伤春悲秋，沉默文静，就像林黛玉，这就是气质的不同；有的人心胸开阔、乐于助人，有的人斤斤计较，这是性格的不同。气质是先天的，与生俱来的，没有好坏之分；性格是后天受各种外界因素影响而形成的，是有好坏之分的。

总之，一个人的一言一语、一举一动、一颦一笑和所思所想都能够体现出心理现象，我们常常可以根据人的表情、语言和行为特征来判断一个人的心理。

### （二）马斯洛心理需求层次论

如图 5-3-1 所示，每个人都有这五种需求，只是每种需求对每个个体而言所占的比例不同。有的人对归属需求极为渴望，因此通过微信、QQ、微博、陌陌、快手等社交软件来获得他人的关注，寻求爱与被爱；有的人对自我实现需求特别渴望，因此会通过读书、绘画、音乐等方式来

充实自己，使自己有成就感。

此外，该理论提倡人要学会悦纳自己，发现自己的优点，同时也要善于接纳自己的不足之处，成为一个心胸开阔的乐观主义者。"我很丑可是我很温柔，我很穷可是我很有才，我很闷可是我也很萌……我就是我，绝不借助他人的高枝炫耀或封闭自己。"

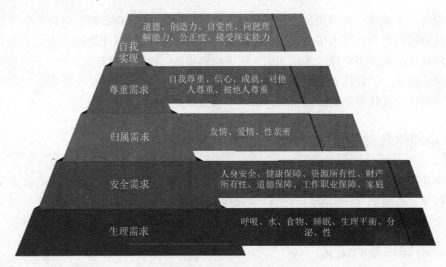

图 5-3-1　马斯洛心理需求层次

## 二、心理健康的概念

### （一）心理健康的定义

世界卫生组织于 2001 年将心理健康定义为一种健康或幸福状态，在这种情况下，个体得以实现自我，能够应对正常的生活压力，工作富有成效，有能力对所在社会做出贡献。

心理健康有两层含义：

一是无心理疾病，这是心理健康的基本条件，心理疾病包括各种心理及行为异常的情形。

二是具有积极向上的心理状态。

世界卫生组织对健康的定义包含以下几个方面：

一是躯体健康，就是生理健康。

二是心理健康，就是人格完整，自我感觉良好，情绪稳定，积极情绪多于消极情绪，有较好的自控能力，能够保持心理上的平衡，能自尊、自爱、自信、有自知之明等。

三是社会适应良好，就是活动和行为能适应复杂的环境变化，为他人理解和接受，使自己在各种环境中有充分的安全感；能保持正常的人际关系，能受到他人的欢迎和信任；对未来有明确的生活目标，能切合实际地在各种社会环境下不断进取，有理想和事业上的追求。

四是道德健康，就是不损害他人的利益来满足自己的需要，有辨别真伪、善恶、美丑、荣辱、是非的能力，能按照社会公认的道德准则来约束、支配自己的言行，愿为人们的幸福做贡献。

### （二）心理健康的标准

心理健康应遵循以下标准：

（1）智力正常。

（2）人际关系和谐。

（3）心理与行为符合年龄特征。

（4）了解自我，悦纳自我。

（5）面对和接受现实。

（6）能协调与控制情绪，心境良好。

（7）人格完整独立。

（8）热爱生活，乐于工作。

综上所述，心理健康的标准是多层次、多方面的。要科学、正确判断一个人的心理是否健康，必须从多个角度进行考察，还要考虑不同地区、不同民族、不同文化、不同时代的具体情况。

## 三、常见的心理问题

保持健康的心理，拥有幸福美满的生活，是每一个家庭所追求的目标。然而，在生活中，不同的人生阶段会遇到不同的心理问题。

### （一）情感障碍

#### 1. 定义

情感障碍是以明显而持久的心境高涨或心境低落为主的一组精神障碍，并有相应的思维和行为改变。

#### 2. 临床表现

躁狂发作、双向人格障碍、抑郁发作。

【案例导入】

### 崔某与抑郁症

1999 年，国内电视媒体纷纷效仿崔某的《实话实说》节目形式，逐步导致全国电视观众对《实话实说》电视节目的要求不断提升，最终此节目的收视率慢慢下降，尽管崔某已经使出浑身解数，但是依然未能稳固收视率，这让崔某感觉到前所未有的焦虑和危机！到 2001 年时，沉重的工作精神压力，导致崔某从睡眠障碍发展到严重的精神抑郁症，而过多服用镇静类药物后，他的身体已经产生了抗体！用崔某的话说，那是他一生中最痛苦的岁月，而这种痛苦也严重地影响了他的家人。当时精神紧张焦虑的崔某，已经难以集中精力面对工作，甚至他在跟两位嘉宾做学术层面交流节目时，精神恍惚的崔某竟然多次忘记对方刚才说了什么！

崔某曾经说过，那时候自己回到家里经常把头往墙上撞，同时骂自己是没用的人！为了不影响家人休息，崔某独自搬进书房，老父亲也跟进书房，在那里放了张单人床。眼见好端端的儿子快要变成疯子，老人家时常老泪纵横地安慰他！

因为儿子每天晚上都无法正常入睡，老父亲也只好睁着眼陪着儿子，坚持到儿子白天上班后老父亲才睡一会儿，年高体弱的老父亲因此也被折腾得疲惫憔悴！有天深夜，在书房陪伴儿子的老父亲没留神打了一个瞌睡，睁开眼睛时见到儿子的床上空空如也。老父亲惊恐地转身，看见儿子站在窗台边，两眼疲惫无神地望着夜空，老人家下意识地冲过去紧紧抱住儿子。而崔某靠在老父亲颤抖的身上哽咽地说："爸，这样活着太痛苦了，我很想跳下去彻底解脱！"随即父子两人相拥流泪。

当时崔某已经接近精神崩溃，无法正常工作，无奈之下父母强迫儿子暂时离开工作岗位。随后崔某就在父母的陪伴下，邀请了北京的著名心理医生，为崔某进行了详细的心理检测，之后医生确诊并告诉崔某父母：崔某是由于精神压力过大，同时对人生的期望值偏高，所以形成了情绪焦虑和心理恐慌，医学上将这种病称为情绪抑郁症，这种病甚至有可能导致精神分裂，并引发自杀的后果！

随后的一年中，崔某在父母的陪伴下，进行全面治疗，同时父母妻女们用亲情坚定地支持着他！直到2006年，崔某的病症得到缓解。再次投入新生活的崔某曾经说过，"感谢我的父母，感谢他们挽救了我，如果有来生，我还要做他们的儿子！"

2011年9月19日，崔某和著名作家余某共同出现在一个心理治疗大会的论坛上。

他此行是以一位抑郁症病愈者的身份现身说法，讲述曾经的黑色经历。崔某表示自己的抑郁症已经痊愈，而他当初将自己的病情公之于众，是为了使得中国抑郁症患者的境遇得到改善，如今他成功地做到了。

对于崔某来说，50多年的人生里已经给了他太多的考验，但是，崔某一如既往，保持本真，在面对一些社会现象时，他的声音犹在。

### 3. 技能指导

（1）抑郁症。什么是抑郁症？有什么症状？如果你身边的人患上了抑郁症，你会怎么帮助他？

① 抑郁症的基本症状：

"三低"：情绪低落、思维迟缓、意志减退。

"三无"：无用、无助、无望。

"三自"：自责、自罪、自杀。

② 症状标准：以心境低落为主的一群症状，但并不是情绪（心境）低落就是得了抑郁症。

③ 严重程度：一天中的大多数时间心境低落。

④ 持续时间：至少两周。

⑤ 症状表现：以心境低落为主，同时要有以下症状中的4项。

a. 对日常活动丧失兴趣，无愉快感。

b. 精力明显减退，无原因的持续疲乏感。

c. 精神运动性迟滞或激越。

d. 自我评价过低，或自责，或有内疚感，甚至可达妄想程度。

e. 联想困难，或自觉思考能力显著下降。

f. 反复出现想死的念头，或有自杀行为。

g. 入睡困难、梦多易醒、早醒，或睡眠过多。

h. 食欲不振，或体重明显减轻。

i. 记忆力下降，注意力不集中。

j. 性欲明显减退。

⑥ 抑郁症的预防：培养良好的人格；早发现，早治疗；培养自己的兴趣爱好；有一些好奇心；保持乐观的心态；交一些好朋友。

（2）躁狂症：

① 定义：躁狂症是指以心境显著而持久地高涨为基本临床表现，并伴有相应思维和行为异常的一类精神疾病。通常有反复发作倾向，缓解期精神状态基本正常，愈后一般较好。

② 临床表现：心境高涨；思维奔逸、意念飘忽；夸大观念、自我评价过高；活动增多、言语增多；面色红润、双目有神、心率加快；可有双相躁郁症状交替出现。

【案例分析】某女，19岁，初中学历，陕西省子洲县人，从小父亲去世，家庭贫困。她遭受过很多挫折，本想上大学后多学知识，将母亲一生所经历的灾难写下来，以报答母亲的养育之恩，谁知，她初中毕业没考上高中，因此造成巨大的精神压力。

她从14岁开始有内火过盛现象，急躁不安，脸上经常发烫，喜欢冷食冷饮，用冷冰往头上泼洒才觉得舒服。后来，她总是失眠多梦，胡思乱想，大脑逐渐失控，到了16岁就精神失常了。

【其他治疗】1998年6月，她被绥德市某精神病医院诊断为"躁狂型精神分裂症"，住院治疗20多天，病情基本稳定，随后出院。

1999年6月，她的病情复发，在咸阳市某精神病医院住院治疗32天无效，要求出院。1999年8月，她返回绥德市某精神病医院，住院治疗30多天，病情基本稳定，随后出院。2001年11月，她的病情再次复发，在西安市某精神病医院接受治疗，住院治疗33天不但无效，而且病情加重，大小便基本失禁，5天5夜未眠，语无伦次，24小时不停地说话。

【初诊日期】2001年12月15日，她经人介绍到某医院就诊。

【最初印象】浑身浮肿、坐卧不宁、神志不清、言语增多并且错乱，说起话来口起白沫，面部肌肉跳动。

【病因分析】中医诊断为狂症，属于"痰迷心窍、痰火攻心"，由于思虑过度导致失眠、内火过盛、煎热成"痰"，"此痰"蒙蔽心窍，扰乱神明，使人思维混乱、神志恍惚不清，产生了精神失常的现象。

【治疗总结】此案例病程4年，其中住了4次精神病医院，治疗无效。采用精神康复、心理疗法与"倒痰"疗法相结合。倒痰3次，一个月内痊愈，3个月后正常参加劳动。至今，未曾复发。

## （二）神经症

什么样的人易患上神经症？神经症的基本特征是什么？在日常生活中我们能鉴别出来吗？神经症，是一组精神障碍的总称，包括神经衰弱、焦虑症、强迫症、疑病症、恐怖症、躯体形式障碍等，患者深感痛苦且妨碍心理功能或社会功能，但没有任何可证实的器质性病理基础。基本特征如下：

一是没有脑的器质性病变作为基础，也没有足以造成脑功能障碍的躯体疾病。

二是心理冲突，精神痛苦。

三是自知力良好。

四是生活自理能力、社会适应能力和工作能力基本没有缺损。

五是症状的持续性。

### 1. 神经衰弱

（1）症状：精神易兴奋和精神易疲劳两者相结合的各种症状。

（2）情绪症状：易激怒、烦恼，易紧张激动。

（3）心理生理症状：睡眠障碍、紧张性头痛。

### 2. 焦虑症

（1）定义：人类面对危机时的自然情绪反应，它使人们提高警觉、采取行动、避开危险、处理困难，它有积极和消极的作用。患有焦虑症的人，常感到无明显原因、无明确对象、游移不定、范围广泛的紧张不安，经常提心吊胆，却又说不出具体原因。患者过分关心周围事物，注意力难以集中，从而使工作和学习效率明显下降。

（2）分类：惊恐障碍和广泛性焦虑症。

### 3. 强迫症

（1）定义：以不能为主观意志所克制，反复出现的观念、意象和行为为临床特点的一种心理障碍。其特点是有意识的自我强迫和自我反强迫并存，患者体验到焦虑和痛苦。

（2）分类：强迫思想、强迫意向、强迫动作。

### 4. 疑病症

（1）特征表现：过度关注自己的身体健康，对健康估计之坏与身体的实际情况很不相称，处于对疾病或失调的持续的强烈的恐惧之中。但通过各种检查均不足以肯定其有任何器质性疾病的证据，也未发现这些主观症状的躯体原因。

（2）诊断标准：

① 以疑病症状为主要临床表现，并过分关注自身健康状况。

② 伴有焦虑、抑郁症状。

③ 工作、学习和家务能力下降。

④ 病程在 6 个月以上。

⑤ 排除精神分裂症、内源性抑郁症及所怀疑的躯体性疾病。

### 5. 恐怖症

（1）定义：暴露于某一情境或客体所致的严重焦虑，常有回避行为。害怕动物、黑暗或陌生人，害怕场合和情境，如雷声、暴雨、高空、飞行或幽闭恐怖。

（2）特征：

① 恐惧与处境不相称。

② 患者感到痛苦，往往伴有显著的植物神经功能障碍。

③ 对所恐惧的处境本能地回避，直接造成社会功能受损害。

④ 控制不住（患者知道不切实际、不合理，但不能摆脱）。

## 四、心理问题调适

### （一）自我心理调适方法

（1）了解并接纳自我。

（2）发展健康的态度。

（3）积极拓展人际关系。

（4）选择并从事适当的休闲或社会活动。

（5）参与进修，继续学习，增强个人的调适能力。

（6）必要时寻求专业心理咨询人员的协助。

### （二）心理调适的普遍性原则

（1）认知多一点理性，少一点非理性。

（2）情绪多一点快乐，少一点烦恼。

（3）意志多一点坚强，少一点脆弱。

（4）人生多一点努力，少一点退缩。

## （三）自我挫败

自我挫败思想也指非理性想法，通常是自我打击。

自我挫败可基于一些绝对的字句，例如彻底、永远、所有、不应该等。

### 1. 自我挫败思想的十个谬误

（1）完美主义。

世上本就没有十全十美的东西，最重要的是全力以赴、尽力而为。

（2）以偏概全。

事实上，虽然失败了，但你仍可继续尝试和努力。

（3）吹毛求疵。

事实上，每件事情都有其优美的地方，亦并非想象中那么差。

（4）偏重消极。

事实上，在生活中有很多愉快的事情。

（5）妄下判断。

事实上，没有充分的根据之前，我们很难下判断。

（6）言过其实。

事实上，你有很多可爱可取的地方。

（7）强加责任。

事实上，你无须时时强迫自己。

（8）情绪支配。

事实上，这只是感觉，可能并不是事实。

（9）罪魁祸首。

事实上，很多问题的产生是与你无关的。

（10）不由分说。

事实上，我们可以给予自己及别人改善的机会。

### 2. 强化个人自信心的 4 个步骤

（1）随时设想自己正朝着成功之路迈进。

（2）要能自主，不要去模仿别人。

（3）尽量多了解自己、欣赏自己。

（4）要实际评估自己的能力。

## 五、心理健康实践指导

### （一）症状自评量表

症状自评量表（SCL-90）由 L. R. Derogatis 于 1975 年编制，此表共 90 个条目，包括 9 个分量表，即躯体化、强迫症状、人际关系敏感、抑郁、焦虑、敌对、恐怖、偏执和精神病性量表。

评定方法：分为 5 级（0~4），0＝从无，1＝轻度，2＝中度，3＝偏重，4＝严重。

填表说明：下表列出了有些人可能有的病痛或问题，请仔细阅读每一条，然后根据最近 1 个

星期以内下列问题影响您或使您感到苦恼的程度，在方格内选择最适合的一格，画"√"。请不要漏掉问题。

| 项目 | 从无0 | 轻度1 | 中度2 | 偏重3 | 严重4 |
|---|---|---|---|---|---|
| 1. 头痛 | | | | | |
| 2. 神经过敏，心中不踏实 | | | | | |
| 3. 头脑中有不必要的想法或字句盘旋 | | | | | |
| 4. 头昏或昏倒 | | | | | |
| 5. 对异性的兴趣减退 | | | | | |
| 6. 对旁人责备求全 | | | | | |
| 7. 感到别人能控制您的思想 | | | | | |
| 8. 责怪别人制造麻烦 | | | | | |
| 9. 忘性大 | | | | | |
| 10. 担心自己的衣饰不整齐及仪态不端庄 | | | | | |
| 11. 容易烦恼和激动 | | | | | |
| 12. 胸痛 | | | | | |
| 13. 害怕空旷的场所或街道 | | | | | |
| 14. 感到自己的精力下降，活动减慢 | | | | | |
| 15. 想结束自己的生命 | | | | | |
| 16. 听到旁人听不到的声音 | | | | | |
| 17. 发抖 | | | | | |
| 18. 感到大多数人都不可信任 | | | | | |
| 19. 胃口不好 | | | | | |
| 20. 容易哭泣 | | | | | |
| 21. 同异性相处时感到害羞不自在 | | | | | |
| 22. 感到受骗、中了圈套或有人想抓住您 | | | | | |
| 23. 无缘无故地突然感到害怕 | | | | | |
| 24. 自己不能控制地大发脾气 | | | | | |
| 25. 怕单独出门 | | | | | |
| 26. 经常责怪自己 | | | | | |
| 27. 腰痛 | | | | | |
| 28. 感到难以完成任务 | | | | | |
| 29. 感到孤独 | | | | | |

| 项目 | 从无 0 | 轻度 1 | 中度 2 | 偏重 3 | 严重 4 |
|---|---|---|---|---|---|
| 30. 感到苦闷 | | | | | |
| 31. 过分担忧 | | | | | |
| 32. 对事物不感兴趣 | | | | | |
| 33. 感到害怕 | | | | | |
| 34. 您的感情容易受到伤害 | | | | | |
| 35. 旁人能知道您私下的想法 | | | | | |
| 36. 感到别人不理解您、不同情您 | | | | | |
| 37. 感到人们对您不友好、不喜欢您 | | | | | |
| 38. 做事必须做得很慢以保证做得正确 | | | | | |
| 39. 心跳得很厉害 | | | | | |
| 40. 恶心或胃部不舒服 | | | | | |
| 41. 感到比不上他人 | | | | | |
| 42. 肌肉酸痛 | | | | | |
| 43. 感到有人在监视您、谈论您 | | | | | |
| 44. 难以入睡 | | | | | |
| 45. 做事必须反复检查 | | | | | |
| 46. 难以做出决定 | | | | | |
| 47. 怕乘电车、公共汽车、地铁或火车 | | | | | |
| 48. 呼吸困难 | | | | | |
| 49. 一阵阵发冷或发热 | | | | | |
| 50. 因为感到害怕而避开某些东西、场合或活动 | | | | | |
| 51. 脑子变空了 | | | | | |
| 52. 身体发麻或刺痛 | | | | | |
| 53. 喉咙有梗塞感 | | | | | |
| 54. 感到前途没有希望 | | | | | |
| 55. 不能集中注意力 | | | | | |
| 56. 感到身体的某一部分软弱无力 | | | | | |
| 57. 感到紧张或容易紧张 | | | | | |
| 58. 感到手或脚发重 | | | | | |
| 59. 想到死亡的事 | | | | | |
| 60. 吃得太多 | | | | | |

| 项目 | 从无 0 | 轻度 1 | 中度 2 | 偏重 3 | 严重 4 |
|---|---|---|---|---|---|
| 61. 当别人看着您或谈论您时感到不自在 | | | | | |
| 62. 有一些不属于自己的想法 | | | | | |
| 63. 有想打人或伤害他人的冲动 | | | | | |
| 64. 醒得太早 | | | | | |
| 65. 必须反复洗手，点数 | | | | | |
| 66. 睡得不稳不深 | | | | | |
| 67. 有想摔坏或破坏东西的想法 | | | | | |
| 68. 有一些别人没有的想法 | | | | | |
| 69. 感到对别人神经过敏 | | | | | |
| 70. 在商店或电影院等人多的地方感到不自在 | | | | | |
| 71. 感到任何事情都很困难 | | | | | |
| 72. 一阵阵恐惧或惊恐 | | | | | |
| 73. 感到公共场合吃东西很不舒服 | | | | | |
| 74. 经常与人争论 | | | | | |
| 75. 单独一人时神经很紧张 | | | | | |
| 76. 别人对您的成绩没有做出恰当的评价 | | | | | |
| 77. 即使和别人在一起也感到孤单 | | | | | |
| 78. 感到坐立不安、心神不定 | | | | | |
| 79. 感到自己没有什么价值 | | | | | |
| 80. 感到熟悉的东西变得陌生或不像是真的 | | | | | |
| 81. 大叫或摔东西 | | | | | |
| 82. 害怕会在公共场合昏倒 | | | | | |
| 83. 感到别人想占您的便宜 | | | | | |
| 84. 为一些有关性的想法感到很苦恼 | | | | | |
| 85. 您认为应该因为自己的过错而受到惩罚 | | | | | |
| 86. 感到要很快把事情做完 | | | | | |
| 87. 感到自己的身体有严重问题 | | | | | |
| 88. 从未感到和其他人很亲近 | | | | | |
| 89. 感到自己有罪 | | | | | |
| 90. 感到自己的脑子有毛病 | | | | | |

## （二）抑郁自评量表

抑郁自评量表（SDS）由美国杜克大学医学院教授 William W. K. Zung 于 1965 年编制。该量表中的 20 个条目反映抑郁状态 4 组特异性症状，按 1~4 级评分：1＝没有或很少时间；2＝小部分时间；3＝相当多时间；4＝绝大部分或全部时间。

填表说明：下表列出 20 个条目，请您仔细阅读每一条，把意思弄明白，然后根据您最近 1 个星期的实际情况在适合的方格里画"√"。

| 项目 | 没有或很少时间 1 | 小部分时间 2 | 相当多时间 3 | 绝大部分或全部时间 4 |
|---|---|---|---|---|
| 1. 我觉得闷闷不乐，情绪低沉 | | | | |
| 2. 我觉得一天之中早晨最好 | | | | |
| 3. 我一阵阵哭出来或觉得想哭 | | | | |
| 4. 我晚上睡眠不好 | | | | |
| 5. 我吃得跟平常一样多 | | | | |
| 6. 我与异性密切接触时和以往一样感到愉快 | | | | |
| 7. 我发觉我的体重在下降 | | | | |
| 8. 我有便秘的苦恼 | | | | |
| 9. 我的心跳比平常快 | | | | |
| 10. 我无缘无故地感到疲劳 | | | | |
| 11. 我的头脑跟平常一样清楚 | | | | |
| 12. 我觉得经常做的事情并没有困难 | | | | |
| 13. 我觉得不安而平静不下来 | | | | |
| 14. 我对将来抱有希望 | | | | |
| 15. 我比平常容易生气激动 | | | | |
| 16. 我觉得做出决定是容易的 | | | | |
| 17. 我觉得自己是个有用的人，有人需要我 | | | | |
| 18. 我的生活过得很有意思 | | | | |
| 19. 我认为如果我死了，别人会生活得好些 | | | | |
| 20. 平常感兴趣的事我仍然感兴趣 | | | | |

## （三）焦虑自评量表

焦虑自评量表（SAS）由 Willim W. K. Zung 于 1971 年编制，从量表构造的形式到具体评定方法，都与抑郁自评量表十分相似，用于评定焦虑患者的主观感受。SAS 共有 20 个条目，采用 4 级评分：1＝没有或很少时间；2＝小部分时间；3＝相当多时间；4＝绝大部分或全部时间。

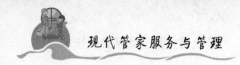

填表说明：下表列出了 20 个条目，请仔细阅读每一条，把意思弄明白。然后根据您最近 1 个星期的实际感觉，在适合的方格里画"√"。

| 项目 | 没有或很少时间 1 | 小部分时间 2 | 相当多时间 3 | 绝大部分或全部时间 4 |
|---|---|---|---|---|
| 1. 我觉得比平常容易紧张和着急 | | | | |
| 2. 我无缘无故地感到害怕 | | | | |
| 3. 我容易心里烦乱或觉得惊恐 | | | | |
| 4. 我觉得我可能将要发疯 | | | | |
| 5. 我觉得一切都好，也不会发生什么不幸 | | | | |
| 6. 我手脚发抖打颤 | | | | |
| 7. 我因为头痛、颈痛和背痛而苦恼 | | | | |
| 8. 我感觉容易衰弱和疲乏 | | | | |
| 9. 我觉得心平气和，并且容易安静坐着 | | | | |
| 10. 我觉得心跳得很快 | | | | |
| 11. 我因为一阵阵头晕而苦恼 | | | | |
| 12. 我有晕倒发作或觉得要晕倒似的 | | | | |
| 13. 我吸气呼气都感到很容易 | | | | |
| 14. 我的手脚麻木和刺痛 | | | | |
| 15. 我因为胃痛和消化不良而苦恼 | | | | |
| 16. 我常常要小便 | | | | |
| 17. 我的手常常是干燥温暖的 | | | | |
| 18. 我脸红发热 | | | | |
| 19. 我容易入睡并且一夜睡得很好 | | | | |
| 20. 我做噩梦 | | | | |

## （四）生活事件量表

生活事件量表（LES）是自评量表，含有 48 条在中国较常见的生活事件，包括三个方面的问题：一是家庭生活方面的（28 条），二是工作学习方面的（13 条），三是社交及其他方面的（7 条）。另设有 2 条空白项目，供当事者填写已经经历而表中并未列出的某些事件。LES 对个体的精神刺激评定不宜使用常模标准化计分，而应做分层化或个体化处理，并分别观察评估正性（积极性质的）、负性（消极性质的）生活事件的影响作用。

填表说明：下表列出的是每个人都有可能遇到的一些日常生活事件，究竟是好事还是坏事，可根据个人情况自行判断。这些事件可能对个人有精神上的影响（体验为紧张、压力、兴奋或苦恼等），影响的轻重程度各不相同，影响持续的时间也不一样。请您根据自己的情况，实事求是地回答下列问题，填表不记姓名，完全保密，请在最合适的答案上画"√"。

| 生活事件名称 | 事件发生时间 | | | | 性质 | | 精神影响程度 | | | | 影响持续时间 | | | |
|---|---|---|---|---|---|---|---|---|---|---|---|---|---|---|
| | 未发生 | 一年前 | 一年内 | 长期性 | 好事 | 坏事 | 无影响 | 轻度 | 中度 | 重度 | 三月内 | 半年内 | 一年内 | 一年上 |
| 家庭有关问题：<br>1. 恋爱或订婚 | | | | | | | | | | | | | | |
| 2. 恋爱失败，破裂 | | | | | | | | | | | | | | |
| 3. 结婚 | | | | | | | | | | | | | | |
| 4. 自己（爱人）怀孕 | | | | | | | | | | | | | | |
| 5. 自己（爱人）流产 | | | | | | | | | | | | | | |
| 6. 家庭增添新成员 | | | | | | | | | | | | | | |
| 7. 与爱人父母不和 | | | | | | | | | | | | | | |
| 8. 夫妻感情不好 | | | | | | | | | | | | | | |
| 9. 夫妻分居（因不和） | | | | | | | | | | | | | | |
| 10. 两地分居（工作需要） | | | | | | | | | | | | | | |
| 11. 性生活不满意或独身 | | | | | | | | | | | | | | |
| 12. 配偶一方有外遇 | | | | | | | | | | | | | | |
| 13. 夫妻重归于好 | | | | | | | | | | | | | | |
| 14. 超指标生育 | | | | | | | | | | | | | | |
| 15. 本人（爱人）做绝育手术 | | | | | | | | | | | | | | |
| 16. 配偶死亡 | | | | | | | | | | | | | | |
| 17. 再婚 | | | | | | | | | | | | | | |
| 18. 子女升学（就业）失败 | | | | | | | | | | | | | | |
| 19. 子女管教困难 | | | | | | | | | | | | | | |
| 20. 子女长期离家 | | | | | | | | | | | | | | |
| 21. 父母不和 | | | | | | | | | | | | | | |
| 22. 家庭经济困难 | | | | | | | | | | | | | | |
| 23. 欠债 500 元以上 | | | | | | | | | | | | | | |
| 24. 经济情况显著改善 | | | | | | | | | | | | | | |
| 25. 家庭成员重病、重伤 | | | | | | | | | | | | | | |
| 26. 家庭成员死亡 | | | | | | | | | | | | | | |

| 生活事件名称 | 事件发生时间 | | | | 性质 | | 精神影响程度 | | | | 影响持续时间 | | | |
|---|---|---|---|---|---|---|---|---|---|---|---|---|---|---|
| | 未发生 | 一年前 | 一年内 | 长期性 | 好事 | 坏事 | 无影响 | 轻度 | 中度 | 重度 | 三月内 | 半年内 | 一年内 | 一年上 |
| 27. 本人重病或重伤 | | | | | | | | | | | | | | |
| 28. 住房紧张 | | | | | | | | | | | | | | |
| 工作学习中有关问题：<br>29. 待业、无业 | | | | | | | | | | | | | | |
| 30. 开始就业 | | | | | | | | | | | | | | |
| 31. 高考失败 | | | | | | | | | | | | | | |
| 32. 扣发奖金或罚款 | | | | | | | | | | | | | | |
| 33. 突出的个人成就 | | | | | | | | | | | | | | |
| 34. 晋升、提级 | | | | | | | | | | | | | | |
| 35. 对现职工作不满意 | | | | | | | | | | | | | | |
| 36. 工作学习中压力大（如成绩不好） | | | | | | | | | | | | | | |
| 37. 与上级关系紧张 | | | | | | | | | | | | | | |
| 38. 与同事、邻居不和 | | | | | | | | | | | | | | |
| 39. 第一次远走他乡、异国 | | | | | | | | | | | | | | |
| 40. 生活规律重大变动（饮食睡眠规律改变） | | | | | | | | | | | | | | |
| 41. 本人退休、离休或未安排具体工作 | | | | | | | | | | | | | | |
| 42. 好友重病或重伤 | | | | | | | | | | | | | | |
| 43. 好友死亡 | | | | | | | | | | | | | | |
| 44. 被人误会、错怪、诬告、议论 | | | | | | | | | | | | | | |
| 45. 介入民事法律纠纷 | | | | | | | | | | | | | | |
| 46. 被拘留、受审 | | | | | | | | | | | | | | |
| 47. 失窃、财产损失 | | | | | | | | | | | | | | |
| 48. 意外惊吓，发生事故，自然灾害 | | | | | | | | | | | | | | |

续表

| 生活事件名称 | 事件发生时间 | | | | 性质 | | 精神影响程度 | | | | 影响持续时间 | | | |
|---|---|---|---|---|---|---|---|---|---|---|---|---|---|---|
| | 未发生 | 一年前 | 一年内 | 长期性 | 好事 | 坏事 | 无影响 | 轻度 | 中度 | 重度 | 三月内 | 半年内 | 一年内 | 一年上 |
| 如果您还经历过其他的生活事件，请依次填写 | | | | | | | | | | | | | | |
| 49. | | | | | | | | | | | | | | |
| 50. | | | | | | | | | | | | | | |
| 正性事件值：<br>负性事件值：<br>总值：      家庭有关问题：<br>工作学习中有关问题：<br>社交及其他问题：<br>总值： | | | | | | | | | | | | | | |

## （五）疲劳评定量表

疲劳评定量表（FAI）是由美国精神行为科学研究室的 Josoph E. Schwarz 及神经学研究室的 Linda Jandorf 等人于 1993 年制定的。FAI 由 29 个陈述句及相应的答案选项组成，每一个条目都是与疲劳有关的描述，按 1~7 级评分，主要包括 4 个因子，即 4 个亚量表。因子 1 为疲劳严重程度量表，用以定量地测定疲劳的程度；因子 2 为疲劳的环境特异性量表，用以测定疲劳对特异性环境的敏感性；因子 3 为疲劳的结果量表，用以测定疲劳可能导致的心理后果；因子 4 为疲劳对休息、睡眠的反应量表，用以测定疲劳是否对休息或睡眠有反应。该量表既适用于临床，又适用于在人群中发现疲劳病人。

填表说明：疲劳意为一种倦怠感，精力不够或周身感到精疲力竭。下表是一组与疲劳有关的句子，请逐条阅读，并根据此前 2 周的情况确定您是否同意以及程度如何。如果您完全同意，选"7"，如果完全不同意，选"1"；如果觉得介于两者之间，在"1"与"7"之间选择（适合您的）任一数字。中间值是"4"，当您的情况完全居中时，可选此值。

| 测试题 | 答案 | | | | | | |
|---|---|---|---|---|---|---|---|
| | 1 | 2 | 3 | 4 | 5 | 6 | 7 |
| 1. 当我疲劳时，我感觉到昏昏欲睡 | | | | | | | |
| 2. 当我疲劳时，我缺乏耐心 | | | | | | | |
| 3. 当我疲劳时，我做事的欲望下降 | | | | | | | |
| 4. 当我疲劳时，我集中注意力有困难 | | | | | | | |
| 5. 运动使我疲劳 | | | | | | | |
| 6. 闷热的环境可导致我疲劳 | | | | | | | |
| 7. 长时间的懒散使我疲劳 | | | | | | | |

续表

| 测试题 | 答案 | | | | | | |
|---|---|---|---|---|---|---|---|
| | 1 | 2 | 3 | 4 | 5 | 6 | 7 |
| 8. 精神压力导致我疲劳 | | | | | | | |
| 9. 情绪低落使我疲劳 | | | | | | | |
| 10. 工作导致我疲劳 | | | | | | | |
| 11. 我的疲劳在下午加重 | | | | | | | |
| 12. 我的疲劳在晨起加重 | | | | | | | |
| 13. 进行常规的日常活动增加我的疲劳 | | | | | | | |
| 14. 休息可减轻我的疲劳 | | | | | | | |
| 15. 睡眠可减轻我的疲劳 | | | | | | | |
| 16. 处于凉快的环境时，可减轻我的疲劳 | | | | | | | |
| 17. 进行快乐、有意义的事情可减轻我的疲劳 | | | | | | | |
| 18. 我比以往容易疲劳 | | | | | | | |
| 19. 疲劳影响我的体力活动 | | | | | | | |
| 20. 疲劳使我的身体经常出毛病 | | | | | | | |
| 21. 疲劳使我不能进行持续性体力活动 | | | | | | | |
| 22. 疲劳对我胜任一定的职责与任务有影响 | | | | | | | |
| 23. 疲劳先于我的其他症状出现 | | | | | | | |
| 24. 疲劳是我最严重的症状 | | | | | | | |
| 25. 疲劳属于我最严重的三个症状之一 | | | | | | | |
| 26. 疲劳影响我的工作、家庭或生活 | | | | | | | |
| 27. 疲劳使我的其他症状加重 | | | | | | | |
| 28. 我现在所具有的疲劳在性质或严重程度方面与我以前所出现过的疲劳不一样 | | | | | | | |
| 29. 我运动后出现的疲劳不容易消失 | | | | | | | |

# 第四节　家庭成员保健

【案例导入】

女婴，年龄2周，足月顺产，出生体重3千克，身长51厘米。经体检该儿童生长发育正常。

问题一：该女婴属于哪一个年龄分期？

问题二：此年龄分期有哪些特点？

问题三：如何制订此女婴的家庭保健计划？

## 一、家庭与家庭健康

### （一）家庭

传统的家庭是指以婚姻、血缘或收养关系为纽带的社会生活组织形式。随着社会发展，家庭的概念也发生了变化，现代家庭是指由一个或多个人员组成，具有血缘、婚姻、供养与情感承诺的永久关系，是家庭成员共同生活与相互依赖的场所。家庭的健康与个人的生理、心理健康的发展密切相关，家庭已经成为家庭成员进行健康管理的重要场所。

### （二）家庭结构

家庭结构是指家庭的组织机构和家庭成员间的相互关系。家庭规模和人口组成直接影响到家庭结构的特征，一般而言，家庭人口越多，家庭结构越复杂，家庭管理越难。

我国有以下几种常见家庭类型：

（1）核心家庭：由夫妻及其婚生或领养的未婚子女组成的家庭，也包括仅有夫妻二人的家庭。

（2）直系家庭：由父母、已婚子女及第三代人组成的家庭。

（3）联合家庭：由两对或两对以上的同代夫妇及其未婚子女组成的家庭，包括父母同两对以上已婚子女及孙子女组成的家庭，两对以上已婚兄弟姐妹组成的家庭。

（4）其他形式的家庭：单亲家庭、隔代家庭、同居家庭、同性恋家庭、单身家庭。

## 二、健康教育和健康管理

### （一）健康教育

健康教育是通过信息传播和行为干预，帮助个人和群体掌握卫生保健知识、树立健康观念、充分利用医疗卫生资源、自觉采纳健康生活行为和生活方式的教育活动与过程。健康教育的目的是消除或减轻影响健康的危险因素，预防疾病，促进健康，提高生活质量。

健康教育的实质是一种干预。通过健康教育让人们了解哪些因素对健康是有利的，哪些因素对健康是有害的；提供消除有害健康因素或降低其影响的必要知识、方法、技能和服务，使人们在面临健康问题时有能力做出行为抉择。

### （二）健康管理

健康管理就是以不同健康状态下人们的健康需要为导向，通过对个体和群体健康状况以及各种健康危险因素进行全面监测、分析、评估及预测，向人们提供有针对性的健康咨询和指导服务，并制订相应的健康管理计划，协调个人、组织和社会的行动，针对各种健康危险因素进行系统干预和管理的过程。它强调以个体健康意识、生活方式和个人行为等健康危险因素为干预重点，通过有目的、有计划、有组织的系统活动来改善人们的生命质量和健康状况。

## 三、家庭成员的健康问题及日常保健技术

### （一）孕妇

#### 1. 孕妇的健康问题

有性生活且以往经期规律的妇女，一旦停经，最大的可能就是怀孕，应及时去医院确诊。整

个妊娠期可以分为 3 个阶段，妊娠早期（孕 12 周之前）、妊娠中期（孕 12 周至孕 27 周）、妊娠晚期（孕 28 周至孕 40 周）。

妊娠早期：这个时期孕妇可能会出现一些不适，比如乳房增大、乳房胀痛、尿频、腰腹部酸胀、恶心、呕吐、喜酸食、厌油腻、容易疲倦、嗜睡、情绪变化无常等。

妊娠中期：这个时期，一般来说，早孕反应消失，食欲变好，体重有规律地增长，情绪也慢慢稳定。随着胎儿慢慢长大，孕妇的身形开始发生变化，腹部慢慢隆起。

妊娠晚期：由于子宫明显增大，孕妇在体力上加重负担，行动不便，甚至出现睡眠障碍、腰背痛等症状，临近分娩期，挤压乳房时可有数滴稀薄黄色的初乳溢出。

### 2. 孕妇的日常保健技术

（1）产前检查：定期产检是非常重要的，可以明确孕妇和胎儿的健康状况，及早发现并治疗妊娠合并症和并发症，及时发现胎儿发育异常。一般来说产检时间为：28 周前，每四周一次；28 周~36 周，每两周一次；36 周后每周一次。

（2）孕妇的饮食保健：除了维持自身基础代谢和生活劳动所需热量，孕妇还要负担胎儿的生长发育和自身组织生长所需的热量。一位正常体力活动的孕妇，每天大约需要 2 300 千卡的热量。一般来说，碳水化合物含量占总热量的 60%~65%，脂肪占 20%~25%，蛋白质占 15% 为宜。除此以外，还应适当补充维生素（维生素 A、B、C、D、E）和矿物质（钙、铁、锌、碘等）。由于孕妇的生理变化和胎儿生长发育的状况在整个孕期有所不同，因此需要合理调整。

（3）妊娠早期：胚胎生长速度较慢，所需营养与妊娠前差别不大，但要注意早孕反应对孕妇食欲的影响。此时期的膳食建议食物清淡、易消化、口感好；少食多餐，保证足够的碳水化合物的摄入。建议在备孕阶段和妊娠早期每日服用叶酸 400~600 微克，以预防胎儿神经管畸形。

（4）妊娠中期：胎儿生长发育速度加快，早孕反应消失，孕妇的胃口渐渐好转，此时期孕妇需要充足的营养，比如瘦肉、蛋、奶、鱼和新鲜的蔬菜、水果，并且注意各种维生素以及矿物质的补充。妊娠中期的妇女容易贫血，所以此时期注意铁剂的补充。需要注意的一点是，对于妊娠糖尿病、妊娠心脏病、妊娠高血压等高危孕妇的饮食，则应严格按照医嘱来制订饮食计划，直到分娩。

（5）妊娠晚期：在饮食上要注意控制热量的摄入，保证孕妇增长的体重在适宜的范围内，以免胎儿过大，增加难产的机会。此时期母体必须吸收和保留钙和磷，才能保证胎儿的正常发育，因此要注意补充钙和维生素 D，同时注意补充膳食纤维，以防止便秘。

（6）个人卫生：有的孕妇会出现阴道分泌物增多的情况，一般情况下如果没有异味，颜色正常，则勤换透气性好的棉质内裤、用清水清洁即可。由于体内激素的变化，孕妇容易出现牙龈出血、肿胀、口臭，因此要注意口腔卫生，做到饭后漱口，并改用软毛牙刷。

（7）休息与运动：妊娠早期孕妇应避免过重的体力劳动及剧烈运动，以防流产，但适当的运动，比如散步是可以的。随着胎儿渐渐长大，孕中期开始，孕妇仰卧时会慢慢感觉不舒服，这时可以借助枕头保持左侧卧位睡眠，将枕头放在腹部下方或夹在两腿中间比较舒服，或者将枕头和被子垫在背后，减轻腹部的压力。妊娠晚期应注意避免久站、提重物和剧烈运动，以免早产。

（8）个人安全：妊娠早期是胚胎发育的关键期，应该避免接触有毒物质、放射线、烟、酒。妊娠早期要避免工作场所和生活环境中出现不良因素，如噪声、辐射、装修材料黏合剂等。孕 16 周后孕妇能感受到胎动，因此每天要做胎动计数和胎心音计数。在整个妊娠期尤其是孕早期，应避免感染疾病，如需用药则应在医生指导下服用。

（9）着装：建议穿宽松透气、便于穿脱的衣服，到孕中期腹部开始隆起时，穿宽松有弹性的裤子，注意不要勒紧腹部。鞋袜以舒适、透气、轻便为原则，尽量不要穿高跟鞋，建议穿方便穿脱的、不用系带的平底鞋，鞋底应防滑，软硬适中，有一定的厚度。护肤品最好选择孕妇专用的，或者咨询医生后选择。

## （二）产妇

### 1. 产妇的健康问题

产妇全身各器官除乳腺外，从胎盘娩出至恢复或接近正常未孕状态的一段时期，称产褥期，一般需 6 周。

（1）子宫复旧：产妇的子宫需要 6~8 周时间恢复到未孕时的大小。

（2）产后恶露：产后会有恶露排出，产后 3~4 天为血性恶露，产后第 4 天排出的为浆液恶露，持续 10 天，产后第 10 天排出白色恶露，持续 3 周干净。

（3）会阴伤口：因分娩时撕裂或侧切导致的伤口，产后 3 天内可能出现局部水肿、疼痛，拆线后好转。

（4）乳房胀痛及乳头皲裂：由于产后哺乳延迟或者乳房排空不及时，会导致乳腺管不通形成硬结，产妇会感觉乳房胀痛，触碰乳房有坚硬感。初产妇因哺乳方法不当，容易导致乳头皲裂，疼痛，甚至出血。

（5）产褥汗：产褥早期，皮肤排泄功能旺盛，产妇会出大量的汗，产后 1 周会好转。

（6）排尿困难和便秘：由于产后伤口疼痛，产妇会惧怕排尿，特别是产后第一次小便，因此容易发生尿潴留和尿路感染。

### 2. 产妇的日常保健技术

（1）饮食：保证充足的热量和合理的营养，促进产后康复。母乳喂养的产妇应该多吃富含蛋白质的食物，增加水分的摄入，可以多喝汤，但不宜油腻，少食多餐。由于产妇可能会出现便秘，因此多补充富含膳食纤维的食物。

（2）日常护理：以室温 22 ℃~24 ℃、湿度 50%~60% 为宜，卧室应当每天通风，阳光充足，注意保持安静，避免过多的探视。

（3）休息与活动：保证充足的休息与睡眠，这样可以促进身体恢复和保证乳汁的分泌。自然分娩的产妇在产后 24 小时后可以下床轻微活动，剖宫产的产妇可适当推迟时间。产后适当活动有助于伤口恢复，增加食欲，预防下肢静脉血栓形成，但要注意避免负重和蹲位，以免子宫脱垂。

（4）个人卫生：产妇出汗多，应勤换衣裤被褥，每天温水擦浴。每日清洁外阴，勤换卫生垫，预防感染。

（5）母乳喂养：生后半小时就可以进行母乳喂养。哺乳前洗净双手、乳房和乳头，轻轻按摩乳房，刺激泌乳反射。怀抱婴儿，将大部分乳晕和乳头送至婴儿口中，每次哺乳时间 15~20 分钟，先吸空一侧，再吸另一侧，两侧交替哺乳，如果孩子吸不完，可用吸奶器将乳汁挤出，以免乳汁淤积影响泌乳。因为乳汁有抑菌的作用，哺乳完可挤出少量乳汁涂抹于乳头和乳晕上。

（6）乳房胀痛和乳头皲裂：早开奶，增加哺乳的次数，哺乳前热敷乳房，每次哺乳后挤出多余的乳汁。乳头皲裂较轻者，可以继续哺乳；如果严重到难以忍受，可以暂停哺乳，用吸奶器将乳汁挤出喂养婴儿。

## （三）老年人

老年人的年龄划分标准：欧美国家的标准是年龄≥65 岁，亚太地区的标准是年龄≥60 岁。我国采用后一种标准，并且按照年龄将老年划分为 4 期：45~59 岁为老年前期，60~89 岁为老年期，90 岁及以上为长寿期，100 岁及以上为寿星。

### 1. 老年人的健康问题

衰老是人无法避免的生命过程。随着年龄的增长，身体各方面都会出现不同程度的衰老，比如毛发变白、脱发、面部皱纹增多、皮肤弹性下降、身高变矮、行动迟缓、脊柱后凸。

（1）外貌特征：随着年龄的增加，皮肤皱纹逐渐增多和加深，特别是面部皮肤，首先是额部，然后是眼角、口角两边；皮下脂肪随年龄增长而减少，弹性纤维失去弹性，导致皮肤松弛；由于色素沉着，还可能出现老年斑。毛发会随着年龄的增长变白，有的老年人还会出现脱发。由于椎间盘萎缩变薄，椎体高度变矮，加上骨质和钙的丧失，老年人会出现脊柱后凸和身高降低。指甲生长缓慢且易碎。汗腺萎缩，汗量减少。

（2）心血管系统：老年人心脏常有肥大和心内膜增厚。血管弹性减弱，血管内膜有不同程度的粥样变性，血管增厚，因此正常情况下老年人的血压是稍高的。

（3）呼吸系统：由于肺泡数目减少和张力降低，肋软骨的钙化及胸部肌肉的变弱，导致气体交换功能的降低。另外，由于有效咳嗽减少，老年人容易发生呼吸道感染。

（4）消化系统：牙釉质变薄，使牙釉质下的牙本质神经末梢外露，对冷、热、酸、甜等刺激敏感性增加，易引起牙酸痛。牙槽骨萎缩，牙齿易脱落。唾液分泌减少，口腔容易干燥。唾液淀粉酶、胃蛋白酶、胰酶等消化酶的分泌减少，容易造成消化不良。肠道因为老化而萎缩，小肠黏膜吸收能力下降，大肠蠕动减慢，易造成便秘。

（5）泌尿生殖系统：老年人会出现排尿无力、不畅、尿失禁、夜尿增多的情况。大多数老年男性会由于前列腺增生肥大而引起尿路梗阻，虽然大多数为良性，但有转为恶性的可能，故需定期检查。老年人由于性激素分泌减少，导致性功能下降。特别是女性在更年期后，会出现外阴萎缩，阴道分泌物减少，阴道 pH 值由酸性转变为碱性，局部抵抗力下降，易发生萎缩性阴道炎。

（6）运动系统：进入老年后，骨骼因为老化而出现退行性变，骨质丢失过多，导致骨质疏松，骨骼变脆。关节逐渐发生软骨变形，关节面变薄，软骨粗糙、破裂，完整性受到破坏，退化关节软骨边缘出现骨质增生，形成骨刺，影响关节活动。老年人肌肉纤维逐渐萎缩，伸展性、弹性、兴奋性和传导性均有所下降。老年人脊髓和大脑功能衰退，活动减少，肌力减退，因此运动和反射动作显得无力、迟缓，缺乏协调性。

（7）神经系统：老年人的脑会随着年龄增长而发生改变，比如体积缩小，重量减轻。神经细胞的数量会随着年龄增长而减少，形态也会发生一定的改变。老年人脑血管会出现血管硬化、血流速度减慢和血供减少等改变，这些改变会导致老年人对内外环境改变的反应力降低，表现出智力衰退、记忆力减退、睡眠质量差、性格改变，还有一部分老年人会出现阿兹海默症。

（8）感觉器官：随着年龄的增长，感官系统会发生不可逆的老化，比如汗液分泌减少，容易引起皮肤瘙痒；皮肤屏障功能较差，容易导致皮肤感染。老年人会出现视力减退，表现为看近物困难。听力也会出现一定程度的下降。此外，味觉、嗅觉、触觉、温度觉以及痛觉都会出现衰退的迹象，因此受伤的风险会增加。

（9）代谢和内分泌系统：通过新陈代谢，机体和环境可以不断地进行物质交换和转化，同时体内物质不断地分解、利用与更新，为机体生长发育、生存、活动提供物质和能量。而老年人新陈代谢的能力会有不同程度的下降。比如甲状腺的重量会减轻，甲状腺激素分泌减少使基础代谢率降低，会出现体温降低、心率减慢、皮肤干燥等表现；肾上腺的重量会减轻，并且肾上腺皮质功能减退，表现为对外伤、感染、手术等应激能力减弱；性腺分泌减少，表现为性欲减退；胰岛萎缩，对胰岛素的分泌迟缓且不足，因此糖代谢能力下降而易患糖尿病。

## 2. 老年人的日常保健技术

（1）环境与设施：

① 室内环境：室温 22 ℃～24 ℃，湿度 50%～60%，可以使老年人感到安全与舒适。房间每天应当保持通风 30 分钟以上，可达到换气的目的。室内光线应该明亮，特别是夜晚，在不影响老年人睡眠的情况下，可以保持一定的夜间照明，特别是走廊和卫生间。

② 卧室设施：注意家具的摆放位置，以免碰伤老年人。室内尽量避免设置台阶，地板应选用防滑地板。床的高度大约是 50 厘米，这也是老年人座椅的高度，这个高度可以使老年人膝关节成直角坐下时，双脚底能全部着地，便于老年人坐下和站起。老年人起夜频繁，因此卧室最好设置床头灯，开关置于方便老年人碰到的范围。

③ 卫生间设施：注意选用防滑地砖，应设置夜间照明设备，浴缸和马桶旁边应安装扶手。沐浴房应设置暖气和排风扇。老年人沐浴时不应从内反锁房门，以免遇到突发情况，而不能及时救援。

（2）饮食与营养：

① 老年人由于能量消耗减少、咀嚼与消化能力减弱以及某些疾病的影响，其能量的需求和各种营养物质的比例会发生变化。一般来说，碳水化合物的摄入量为每日食物总量的 55%～70%；蛋白质的每日摄入量为每千克体重 1.0～1.2 克，尽量选用优质蛋白，比如鱼类、瘦肉和奶；脂肪的每日摄入量为每千克体重 1.0 克，宜选用植物油。食物分配上建议"早餐吃好，午餐吃饱，晚餐吃少"，晚餐应选择易消化的食物，以免因为消化不良而影响睡眠。

② 适合老年人吃的食物：老年人一天的膳食中，可以包含动物性食物、谷类、薯类、蔬菜、豆类、菌藻类、坚果、水果和烹调油及调味品。膳食要做到荤素搭配，营养齐全，氨基酸互补，提高蛋白质的营养价值。形式可以多样，通过不同烹饪方法制作各种健康营养的美食满足老年人一天的营养需求。

a. 丰富的早餐是一天的开始，可以选择牛奶、豆浆、鸡蛋、全麦片面包、各类粥、鲜肉小笼包、菜肉包、豆沙包、燕麦粥、菜肉馄饨、三鲜馄饨、白果糕、鹌鹑蛋、芹菜豆腐干等。

b. 苹果：可生津止渴，和脾止泻。

c. 橘子：可理气开胃、消食化痰。

d. 香蕉：冬季老年人适当地吃一些香蕉，有清热润肠、降压防痔的作用。

e. 海参小米粥：海参增强人体免疫力，小米含有氨基酸，食用可调理肠胃，具有滋补、安神的功效。还可以用海参炒大蒜或蒜苗，口感俱佳，大蒜还有抗菌消炎的作用。

f. 绿豆南瓜粥：绿豆甘凉，清暑、解毒、利尿，南瓜富含色氨酸，可以帮助睡眠，缓解紧张感。

g. 茯苓山药肚：猪肚，性温、味甘、微苦、补虚损、健脾胃；怀山药，健脾补肺、固肾益精。与茯苓共为膳，其有效成分相得益彰，增强了补肾益胃、健脾渗湿、平解虚热、缓降血糖的作用。

h. 泽泻茯苓鸡：泽泻有利水渗湿、泻热消肿之力，母鸡有补五脏、益气力、壮阳道之功，攻与补兼施，扶正而除水。对肝硬化久病体虚，又患腹水者颇为适宜。

i. 姜汁菠菜：菠菜味甘，性凉，能滋阴润燥、补肝养血、清热泻火，用于阴虚便秘、消渴、肝血亏虚、贫血，以及肝阳上亢所致的目赤、头痛、便秘和高血压。

j. 淡菜煨猪肉：具有补肝肾、益精血、壮筋骨的作用。因为其成分营养丰富，因此特别适合中老年人食用。

k. 冬菇螺肉汤：滋润温补，健肺清痰，补膝脚力。秋季，天气干燥，此汤适合全家人饮用，既滋润又补益。

l. 雪耳鸡汤：雪耳能润肠胃、和血止血，不含胆固醇，配鸡煲汤，补益兼滋润，配蜜枣，清润。雪耳加乳鸽或鹌鹑、水鸭、鸭等，也有以上功效。

m. 山药桂圆粥：补中益气、益肺固精、壮筋强骨、生长肌肉。山药中含有淀粉酶等营养成分，对气虚体质者颇有益处。

③ 应当注意的某些特殊情况：患糖尿病的老年人，应当适当减少食物中碳水化合物的含量，可多吃富含膳食纤维、升血糖指数低的食物，比如蔬菜类，而且应该少食多餐；患高血压的老年人应当以低盐低脂的饮食为主，不吃腌制食品，忌饱食；患高脂血症的老年人，应当限制脂肪和胆固醇的摄入，少吃动物脂肪、内脏、油炸食品，多吃蔬菜。

（3）休息与活动：老年人由于新陈代谢减慢和体力活动减少，所需睡眠时间相对较少，应帮助老年人建立良好的作息习惯，保证老年人的睡眠质量。晚餐宜清淡，避免饮用茶或咖啡。睡眠环境应安静，温湿度适宜。睡前可以用温水泡脚。寝具应干净、柔软、亲肤，枕头高度适宜。

适当的活动对维持老年人的身心健康十分重要，老年人可根据自己的年龄、体质和喜好来选择适当的活动方式。运动时选择宽松、轻便的衣服和鞋袜。每次运动时间不宜过长，以半小时为宜，在运动中注意监测心率，保证安全。老年人对气候调节能力较差，因此夏季运动要防止中暑，冬季运动要防止受凉。

（4）个人卫生：皮肤护理和保持皮肤清洁是老年人日常保健中很重要的内容。老年人皮肤干燥，因此沐浴的次数不宜过多，特别是冬天，每周 1~2 次为宜，如果天气炎热出汗较多，可根据情况增加沐浴次数。沐浴时室温为 24 ℃~26 ℃，水温以 40 ℃为宜，以防着凉或者烫伤。宜选用中性沐浴露，沐浴后可使用润肤油保护皮肤。

老年人由于机体防御能力下降、牙龈萎缩等原因更容易患口腔疾病，因此要提醒老年人多饮水或漱口，养成饭后刷牙的习惯，牙刷应该柔软，以免损伤牙龈。如果佩戴义齿，餐后也应当清洁义齿，晚上睡前需取下义齿置于凉水杯中。

（5）沟通交流：沟通与交流有两种形式，一种是语言沟通，另一种是非语言沟通。要了解老年人的性格特征和心理需求，选择合适的沟通技巧，才能取得较好的沟通效果。沟通时应当创造一个良好的沟通环境，并且选择合适的称谓称呼老年人，交流时注意与老年人保持目光接触，用词造句应简短得体，语气温柔，语速平缓，音量适中，但对于耳背的老年人可以适当增加音量。在沟通中，注意耐心地倾听和鼓励老年人畅所欲言，并且给予适时的反馈。

（6）安全用药：很多老年人或多或少患有一些慢性病，需要长期服药，但他们在用药方面存在许多问题，比如服药错误、自动停药、听信偏方、储存药物不当等，因此监督老年人按医嘱服药非常重要。应当记住每种药物的服药时间、间隔时间、服药次数，并且在药物的外包装上用较大的字体标注清楚，同时督促老年人按照医嘱服药，不可听信广告和偏方；存放药物时应按照说明书的方法保存；定期检查药物的有效期，及时清理过期药品。

## （四）儿童

### 1. 儿童的健康特点

医学上根据不同年龄儿童在解剖、生理、心理等方面表现出的不同特点，将儿童年龄划分为7 个时期。

（1）胎儿期：从受精卵形成到胎儿出生为胎儿期，约 40 周。此时胎儿完全依赖母体生存，孕妇的健康、营养、情绪及疾病都会对胎儿的生长发育产生影响，甚至导致胎儿畸形、宫内发育不良或流产。这个阶段应加强孕妇和胎儿的保健。

（2）新生儿期：自胎儿娩出脐带结扎到生后满 28 天为新生儿期。由于新生儿刚脱离母体独立生活，体内外环境发生了剧烈变化，但适应能力不够成熟，因此这个阶段的发病率和死亡率是整个儿童期最高的。所以对新生儿的照护要特别细心和全面，注意清洁卫生、合理喂养和保暖等。新生儿有几种特殊的生理现象，比如生理性体重下降、乳腺肿大、上皮珠、生理性黄疸、假月经（女婴），一般无须处理，做好观察即可。

（3）婴儿期：自出生到满 1 周岁之前为婴儿期。此期为儿童出生后生长发育最迅速的时期。由于生长迅速，对能量和营养素的需要量相对较大，但消化、吸收功能尚不完善，所以易发生消化紊乱和营养障碍。婴儿 6 个月后，从母体获得的抗体逐渐减少，而自身免疫功能尚未成熟，易患感染性疾病和传染性疾病。此时期应注意婴儿的喂养、预防感染和计划免疫。

（4）幼儿期：自 1 周岁后到满 3 周岁之前为幼儿期。这个时期儿童的生长发育速度较婴儿期减慢，但智力发育加快。在这个阶段，儿童学会了走、跑、跳，活动范围慢慢增大，因此容易发生各种意外，所以要注意防止儿童受伤。饮食方面，儿童从乳类逐渐过渡到成人饮食，但消化功能仍不完善，所以应注意合理喂养和培养儿童良好的饮食习惯。

（5）学龄前期：自 3 周岁后到六七岁为学龄前期。此时期儿童体格发育稳步增长，智力发育更趋完善；求知欲强，好奇、多问、好模仿，具有较大的可塑性；防病能力有所增强，但因接触面广，仍可能发生传染病和各种意外。

（6）学龄期：自六七岁到进入青春期之前为学龄期。此时期儿童体格发育稳步增长，除生殖系统外的其他器官发育已接近成人水平，智力发育较之前更成熟，是接受科学文化教育的重要时期。

（7）青春期：从第二性征出现到生殖功能基本发育成熟、身高停止增长的时期为青春期，一般女孩从 11~12 岁开始到 17~18 岁结束，男孩从 13~14 岁开始到 18~20 岁结束。此时期特点是体格生长发育再度加速，呈现第二个生长高峰，第二性征出现，生殖系统发育日趋成熟。此时期易出现心理、行为、精神等方面的问题。

**2. 儿童的日常保健技术**

（1）胎儿期：此时期的保健重点主要为孕妇的保健，保证孕妇合理的营养、充足的休息、适当的运动和良好的生活环境和愉快的心情，做好产前检查。

（2）新生儿期：此时期的保健重点主要是合理喂养、注意保暖和预防感染。

① 环境：房间应阳光充足，但避免阳光直接照射新生儿面部；温湿度适宜，室温 22 ℃~24 ℃，湿度 55%~60%；注意定时通风换气，但避免对流风。

② 喂养：出生后半小时内开奶，按需哺乳，尽可能采取母乳喂养的方式，每次喂奶时间15~20 分钟，喂奶后将婴儿竖抱，头靠照护者肩部，用手轻拍背，帮助婴儿排出吸奶时吞咽的空气。出生后 2 周可以开始补充维生素 D，每天 400~800IU。

③ 皮肤护理：婴儿应该每日沐浴以保持皮肤清洁，沐浴时室温为 26 ℃~28 ℃，水温为38 ℃~40 ℃。在脐带未完全脱落之前，每次洗澡后，应用 75% 的酒精做脐部护理。婴儿每次大小便后，要及时处理干净并更换尿布，涂抹护臀膏以防尿布皮炎的发生。

④ 安全：照护者注意个人卫生，每次接触婴儿应当严格洗手。婴儿的衣物要单独洗涤，食具清洗后要消毒。特别要注意的是，婴儿睡觉时要防止盖被阻塞婴儿口鼻而造成窒息。及时接种卡介苗和乙肝疫苗。

⑤ 活动：新生儿可以由照护者帮助其活动，比如抚触。抚触的好处很多，如锻炼婴儿的运动能力和协调能力，促进婴儿神经系统的发育，提高婴儿的免疫力，改善婴儿的睡眠等，一般在婴儿洗澡后进行。出生 2 周后的宝宝可以到室外适当活动，接收一定时间的阳光照射，这样有利于防止维生素 D 缺乏性佝偻病的发生，但冬天要注意防风保暖，夏季要注意防暑防晒。

（3）婴儿期：

① 喂养：建议 6 个月以内的婴儿采用全母乳喂养的方式，6 个月后要及时添加辅食。

② 日常护理：每日应给婴儿洗澡，洗澡时可以观察婴儿的健康情况，洗澡后涂抹润肤油。婴儿衣物应该选用柔软的纯棉制品，宽松，方便穿脱和婴儿活动四肢，注意随季节和温度变化及

时增减衣物。4~6 个月时婴儿开始长乳牙，会有吮指、流涎的表现，应该注意口腔卫生。开始训练婴儿定时排便，通过游戏促进其感知觉的发育。

③ 睡眠和活动：随着月龄增长，应该慢慢培养婴儿有规律的睡眠，睡眠环境不需要过于安静，白天睡觉时光线也不需特别黑暗。此时期的婴儿运动发育遵循以下规律：二抬四翻六会坐，七滚八爬周会走（数字为婴儿月龄）。对婴儿运动发育的锻炼应该遵循此规律，切不可过早进行。

④ 安全：这个阶段的婴儿开始会爬、扶站，因此要注意婴儿的安全，注意家具的摆放，方便婴儿活动，在墙壁拐角处和桌角贴上防护贴，防止婴儿爬行时撞伤。

⑤ 疾病预防：监测生长发育，定期做体格检查，及早发现佝偻病、营养不良、肥胖症和营养性缺铁性贫血。按计划免疫程序完成基础免疫。

（4）幼儿期：

① 饮食：合理安排饮食，营养应均衡，食物软、烂、细，易于咀嚼及消化，每日 4~5 餐（奶类 2~3 餐，主食 2 餐）为宜。教会幼儿自己用餐。

② 日常护理：培养幼儿的睡眠习惯，一般白天 1~2 小时，晚上 10~12 小时；帮助幼儿养成早晚刷牙及饭后漱口的习惯，定期检查牙齿；继续进行大小便训练，养成良好的卫生习惯。

③ 活动与安全：此时期幼儿具备一定的活动能力，但对危险的识别能力和自身防护能力不足，易发生意外伤害，如外伤、烧伤、烫伤、异物吸入、溺水、中毒等，应注意防范，比如危险品放置在幼儿不能触及的地方，避免幼儿进入厨房，避免带幼儿去没有护栏的河边游玩等。此阶段继续按计划免疫程序完成基础免疫。

④ 早期教育：这个时期的幼儿开始有自己的个性，会出现发脾气、摔玩具、违拗等问题，管家应协助家长培养幼儿良好的习惯和形成良好的性格。

（5）学龄前期：

① 饮食：注意荤素搭配，以一日三餐两点为宜。培养良好的就餐习惯，不挑食、不偏食。少食含糖量高的零食和饮料。

② 日常护理：保证充足的睡眠，培养午睡的习惯；坚持每天进行一定时间的户外活动，控制看电视的时间；每年进行 1~2 次体格检查、视力检查、牙齿检查，防止儿童出现缺铁性贫血、近视、龋齿等问题。培养儿童良好的卫生习惯，如饭前便后洗手。继续按计划免疫程序完成基础免疫。

③ 早期教育：需要培养儿童良好的道德品质和生活自理能力，为入学做好准备。如发现小儿有吮指、咬指甲、挖鼻孔、攻击性行为，要及时指出并纠正。开展安全教育，教会儿童识别一定的危险。

（6）学龄期：

① 饮食：学龄期儿童食物种类同成人，营养应充分均衡，重视早餐和课间加餐，保证早餐的质量。此时期儿童自主性更强，可让儿童参与食谱的制定。

② 日常护理：此时期主要培养儿童的自理能力，鼓励儿童自己完成力所能及的事情。监督儿童合理用眼，控制好看电子产品的时间；督促儿童正确刷牙，注意口腔卫生，此时期儿童开始换牙，应注意帮助他们度过换牙期的不适；培养儿童正确的坐、立、行和读书、写字的姿势；坚持锻炼，保证充足的睡眠。

③ 教育：此时期应加强儿童的思想品德教育，及时发现儿童的心理问题，寻找专业人员进行干预。

（7）青春期：

① 饮食：青春期为第二个生长高峰期，要保证摄入充足的营养素。应注意青少年每日营养

摄入量控制在合适的范围，以免摄入过多导致肥胖，或者避免有的少女因注重自己的身材而节食，注意做好饮食指导。女孩如月经来潮，则应增加铁剂的供给。

② 日常护理：保证充足的睡眠和合理的体格锻炼。加强少女经期的卫生指导，包括保持生活规律、避免受凉和剧烈运动等，注意会阴部卫生，避免盆浴等。

③ 教育：此时期是青少年性格、心理、智力发育和发展的关键时期，应加强儿童的思想道德品质、生理卫生知识及性知识的教育，树立正确的人生观和价值观，培养其乐观向上的性格。

## 四、健康与防疫

### （一）健康

随着时代的变迁和医学模式的转变，人们对健康的认识不断提高，健康的含义也不断地扩展。1948 年，世界卫生组织将健康定义为："健康，不仅仅是没有疾病和身体缺陷，而且还要有完整的生理、心理状态和良好的社会适应能力。"1986 年，世界卫生组织对健康的定义提出了新的认识，提出："要实现身体、心理和社会幸福的完好状态，人们必须要有能力识别和实现愿望、满足需求以及改善或适应环境。"1989 年，世界卫生组织又提出了有关健康的新概念，即"健康不仅是没有疾病，而且包括躯体健康、心理健康、社会适应良好和道德健康"，体现了生理、心理、社会、道德思维健康观。

### （二）防疫

狭义的卫生防疫是指为预防、控制疾病的传播采取的一系列措施，防止传染病的传播流行。广义的卫生防疫是指卫生防疫部门的卫生防疫工作，包括卫生监督和疾病控制两部分内容。

## 五、传染病的预防与控制

### （一）传染病流行的基本环节

传染病的发生需要具备 3 个基本环节：传染源、传播途径和易感染群。

（1）传染源：指病原体已经在体内生长繁殖并能将其排出体外的人或者动物。传染源可以是受感染的病人、隐性感染者、病原携带者或动物。

（2）传播途径：指病原体离开宿主到达另一个易感者的途径。一种传染病可有多种传染途径。

① 呼吸道传播：病原体在空气中形成飞沫或气溶胶，易感者通过吸入导致感染，如新型冠状病毒肺炎、传染性非典型性肺炎、流行性感冒、麻疹、肺结核等。

② 消化道传播：病原体污染水、食物和餐具等，易感者通过进食导致感染，如细菌性菌痢、甲型肝炎、伤寒等。

③ 接触传播：包括直接接触传播和间接接触传播。直接接触传播指传染源直接与易感者接触而未经任何外界因素所造成的传播，如狂犬病等；间接接触传播也称日常生活接触传播，是指易感者接触了被传染源的伤口、分泌物或排泄物污染的日常生活用品而造成的传播。例如，被污染了的手接触食品可传播痢疾、伤寒。

④ 血液-体液传播：病原体通过使用血制品、分娩或性交等传播途径感染易感者，如乙型肝炎、艾滋病等。

⑤ 虫媒传播：病原体在昆虫或节肢动物（蚊、鼠、虱、跳蚤等）体内繁殖，通过叮咬等方式侵入感染者体内，如乙型脑炎、疟疾、斑疹伤寒等。

（3）易感人群：对传染病缺乏特异性免疫力的人称为易感者。当易感者比例在人群中达到一定水平，并且存在传染源和适宜的传播途径时，就很容易发生传染病的流行。

### （二）传染病的预防措施

#### 1. 传染病的预防措施

传染病的预防措施是指在尚未出现疫情之前，针对病原体可能存在的环境因素或可能受病原体威胁的易感人群采取的措施，包括经常性预防措施和预防接种。

（1）经常性预防措施：此类预防措施是预防传染病的根本措施。比如开展健康教育，普及传染病传播、预防接种、消毒和杀虫知识，培养良好的卫生习惯，增强健康意识和自我保护能力，减少传染病的发生；改善卫生条件，加强食品卫生监督，落实垃圾管理和无害化处理，加强饮水、饮食卫生；加强国境卫生检疫，在国际通航的机场、港口、陆地边境，对出入境人员、交通工具、货物、行李等实行医学检查、卫生检查和必要的卫生处理。

（2）预防接种：是将有抗原或抗体的生物制品注入人体，使机体产生或获得对某种传染病的特异性免疫力，以提高人群免疫水平，预防传染病的发生和传播等措施。此类预防措施是预防、控制和消灭传染病十分有效的方法。预防接种主要包括人工自动免疫和人工被动免疫。人工自动免疫是指将免疫原物质接种人体，使人体产生特异性免疫。人工被动免疫是指将含有抗体的血清或制剂接种人体，使人体获得现成的抗体而受到保护。

#### 2. 传染病出现后的防疫

传染病出现后，主要针对传染病的 3 个环节进行有效控制。

（1）管理传染源：包括对病人、病原携带者和动物传染源的管理，做到早发现、早诊断、早报告、早治疗，及时有效地控制传染病的蔓延。传染病病人一经确定，应按照《传染病防治法》规定实行分级管理。疑似病例应尽早明确诊断。

（2）切断传播途径：采取一定的措施，阻断病原体的传播。主要包括消毒和隔离。消毒是切断传播途径的重要措施，包括疫源地消毒和预防性消毒。疫源地消毒是对目前或曾经是传染源的所在地进行消毒，分为随时消毒和终末消毒。预防性消毒是指未发现传染源，对可能被污染的场所、物品或人体进行消毒。隔离是将传染源、高危易感人群安置到指定地点，暂时避免与周围人群接触，便于治疗，主要包括严密隔离、呼吸道隔离、消化道隔离、血液-体液隔离、接触隔离、昆虫隔离和保护性隔离。

（3）保护易感人群：包括特异性和非特异性两种措施。特异性预防措施是接种疫苗，提高人群主动或被动特异性免疫力，对传染病的预防、控制和消灭起到重要作用。非特异性预防措施包括合理饮食、体育锻炼等，从而提高机体免疫力，增强机体的抗病能力。

## 六、家庭常用消毒技术

### （一）清洁、消毒、灭菌的概念

（1）清洁：是指用清水及去污剂清除物体表面的污垢及部分微生物的过程。常用的方法有水洗、机械去污及去污剂去污。清洁常用于家具、地板、餐具、杂物等的处理，或物品在消毒、灭菌前的准备。

（2）消毒：是指清除或杀灭外环境中的病原微生物及其他有害微生物，使其数量减少到无害程度的过程。

（3）灭菌：是指清除或杀灭物品中的一切微生物，包括致病和非致病微生物繁殖体和芽孢的过程。经过灭菌的物品称为无菌物品。

## （二）家庭常用的消毒灭菌法

根据不同的污染情况选择合适的消毒方法，既能达到满意的效果，又能将对人和环境的危害降到最低。常用的消毒方法有两大类，物理消毒灭菌法和化学消毒灭菌法。

### 1. 物理消毒灭菌法

（1）自然净化：日晒、风吹、干燥、温度、湿度、空气中的化合物、水的稀释、pH 值的变化等，都可能成为消毒的因素。日光中的紫外线具有杀菌作用，可以通过阳光暴晒的方法来为衣物、被褥、床垫、儿童的毛绒玩具等消毒，这种方法安全、方便。还可以用通风换气的方法来减少环境中的病原微生物。

（2）机械除菌：利用机械方法去除掉物体表面、人体表面、空气和水中的有害微生物。常用的方法有流水下冲洗、刷、擦拭、扫等方式。此方法简单、实用，虽然不能杀灭病原菌，但可以大大减少其数量和感染的机会，是家庭常用的清洁消毒方法。

（3）热力消毒法：利用热力、光照和辐射等作用，破坏微生物的蛋白质、核酸、细胞壁和细胞膜，导致其死亡。常用的几种方法如下：

① 燃烧灭菌法：包括焚烧、烧灼。焚烧法简单彻底，但使用危险，不适合家庭使用。烧灼法可用于耐热的金属制品灭菌，但危险性高，同样不适合家庭使用。

② 干烤灭菌法：一般在烤箱中进行。适用于在高温下不发生损坏变质的物品，不适用于纤维制品、塑料制品。干烤灭菌的温度和时间根据灭菌对象来选定。

③ 煮沸消毒法：家庭常用的一种消毒方法。煮沸消毒适用于耐湿、耐高温的物品，比如玻璃、金属、搪瓷、橡胶类物品。对于一般细菌繁殖体和病毒污染的物品，煮沸 5~15 分钟可以达到消毒效果；对细菌芽孢和真菌污染的物品，煮沸时间应延长到 15 分钟至数小时。此方法常用于儿童的奶瓶、奶嘴、食具、塑料玩具等。具体操作方法：消毒前应先洗净要消毒的物品和消毒锅，有盖的物品需要打开盖子放入水中，水应该充满整个物品，水面应高于物品 3 厘米，然后加盖煮沸。消毒时间应该从水煮沸时计算，如果中途添加物品，应重新计算时间。

④ 流通蒸汽消毒法：是使用蒸锅对物品进行蒸汽消毒的方法。常用于食品和不耐高温的物品消毒，如儿童的奶瓶、奶嘴、食具等。蒸汽消毒的时间应从水沸腾后有蒸汽冒出时算起，维持10~15 分钟，可杀死细菌繁殖体，但不能杀死芽孢。

⑤ 高压蒸汽灭菌法：是热力消毒灭菌法中效果最好的一种。该方法适用于耐高温、耐高压、耐潮湿的物品的灭菌，主要用于医疗物品的消毒灭菌。

（4）微波消毒灭菌法：原理是加热使细菌蛋白质凝固死亡，也可使蛋白质和核酸变性而死亡，从而达到消毒灭菌的要求。微波消毒的优点是无污染、作用快、作用温度低，适用于食品、耐热的非金属餐具的消毒。

（5）紫外线消毒：原理是作用于微生物的 DNA，使其失去转化能力而死亡。此方法主要用于空气、物体表面等的消毒处理。紫外线的杀菌能力容易受到温度、湿度的影响，室温在27 ℃~40 ℃、相对湿度在 40%~60%、波长在 210~328 纳米时，灭菌效果最好。紫外线穿透能力弱，因此在照射时，应充分暴露照射物品表面。

### 2. 化学消毒灭菌法

使用化学试剂抑制微生物生长、繁殖或杀灭微生物的方法称为化学消毒灭菌法。用于杀灭繁殖体型微生物的化学试剂称消毒剂。用于杀灭芽孢在内的一切微生物的化学试剂称灭菌剂。

不同的化学试剂消毒灭菌的机制不完全相同。

（1）乙醇消毒剂：

① 作用原理：使细菌的蛋白质变性凝固，有效浓度为70%~75%。常用的方法有浸泡法和擦拭法。

浸泡法：将消毒的物品放入装有乙醇溶液的容器中，加盖浸泡5~10分钟。

擦拭法：擦拭皮肤、手机、钥匙、门把手、键盘、鼠标等物体的表面进行消毒。

② 注意事项：保证有效的浓度，浓度过高或过低都会影响消毒效果。当大剂量、大面积使用乙醇溶液消毒时应注意避免明火暴露。乙醇属于易燃品，因此家庭不宜存放过多，并储存在阴凉、通风处。

（2）含氯消毒剂：

① 作用原理：在水溶液中能产生有效氯，破坏细菌酶的活性而导致其死亡。常用的方法有浸泡法、擦拭法、喷洒法。

浸泡法：将待消毒的物品放入装有含氯消毒剂的容器中，加盖浸泡30分钟以上。

擦拭法：对于不能浸泡消毒的物品可采用擦拭法。

喷洒法：对于一般污染的物品表面，用含氯消毒液均匀喷洒，作用30分钟以上，喷洒后有强烈的刺激性气味，人员应离开现场。

② 注意事项：不同的细菌繁殖体所需有效氯浓度不同，应按要求配制。不能用于有色织品的消毒，以免引起褪色。对金属制品有一定的腐蚀性。浸泡消毒完后应用大量清水冲洗。含氯消毒剂有一定的挥发性，应于阴凉处密封保存。

（3）碘伏溶液：

① 作用原理：破坏细菌胞膜的通透性屏障使蛋白质漏出，或与细菌酶蛋白起碘化反应而使其灭活，能杀灭细菌病毒。常用方法为擦拭法：0.5%~1.0%有效碘溶液可用于皮肤消毒，涂擦2次，每次不可反复来回涂擦。0.1%的有效碘溶液可用于消毒体温计。

（2）注意事项：应避光、密闭保存。皮肤消毒后可能留色素，可用水洗净。

## 七、管家的个人防疫措施

目前全球防疫形势严峻，由于管家工作的特殊性，做好自身防疫工作是十分重要的。只有配合当前疫情防控要求，才能做好管家服务，让客户更加放心。

（1）出门前，要测量体温，佩戴好口罩。佩戴方法：带有金属条的部分在口罩的上方，用双手压紧鼻梁两侧的金属条，使口罩上端紧贴鼻梁，然后向下拉伸口罩，覆盖住鼻子和嘴巴，使口罩不留有褶皱。

（2）选择合适的交通工具：尽量避免乘坐公共交通工具，可以骑自行车、电动车等。

（3）进入客户家门时，再次测量体温，用酒精消毒双手，并且消毒随身携带物品的外包，然后进门。

（4）进门后换上拖鞋，将鞋底进行消毒，然后再次消毒双手，取下口罩，用酒精喷洒消毒后从内往外反折，丢到密闭的垃圾袋中。

（5）如果是夏季，可换上携带的干净的衣物，如果是秋冬季节，可将外穿的衣物用酒精喷洒后悬挂于通风处，或置于阳光下暴晒。

（6）做好消毒工作后，按照七步洗手法清洗双手，然后再开始工作。

（7）若出现发热、咳嗽等症状则停止一切工作，及时告知公司及客户，并按照疫情防控要求到指定医疗机构就医。

# 第五节 营养烹饪技术

根据不同原材料的特点和各种营养素的理化性质，合理地采用烹调加工方法，使菜肴既在色、香、味、型等方面达到烹饪工艺的特殊要求，又在烹饪工艺过程中尽量保持营养素，消除有害物质，容易消化吸收，更有效地发挥菜肴的营养作用。

## 一、烹调与营养的关系

### （一）营养素变化对菜肴营养价值的影响

#### 1. 营养素

食物中能够被人体消化吸收和利用的各种营养成分，叫营养素。人体所需要的营养素有碳水化合物、脂肪、蛋白质、维生素、无机盐和微量元素，以及水和膳食纤维。

#### 2. 营养素对人体的作用

（1）蛋白质：人的生长发育、细胞更新、身体损伤的修复离不开蛋白质，因为它是构成细胞的主要物质；蛋白质还可以转变成糖和脂肪，作为备用能量；在人体执行抵抗疾病、向器官组织运输血液中的氧等生理功能时，蛋白质也扮演着重要角色。富含蛋白质的食物主要有动物性食品（肉、禽、鱼、蛋、奶）和豆类食品。

（2）脂肪：脂肪是组成人体细胞的重要成分，有提供和储存能量、帮助人体吸收脂溶性维生素、保护脏器和保温的作用。脂肪酸是结构最简单的脂肪，分为饱和脂肪酸和不饱和脂肪酸两种。一般来说，动物油含饱和脂肪酸多，植物油含不饱和脂肪酸多。富含脂肪的食物有动物油、植物油、肉类、油料作物的种子等。

（3）碳水化合物：碳水化合物指的是糖类，是人体内最主要的供给能量的物质，人的大脑的能量完全来源于葡萄糖。糖类分简单糖和复合糖。简单糖有蔗糖、葡萄糖、麦芽糖等。复合糖包括淀粉、糖原、糊精、膳食纤维。复合糖主要来自根谷类、薯类、豆类等食物中。

（4）维生素：维生素是人体必需的营养素，每天需要量很少，但必须经常由食物供给，包括维生素 A、D、K、$B_6$、$B_{12}$、PP、C、叶酸等。

（5）无机盐：无机盐是人体内除有机化合物外的统称，含量较多的有钙、镁、钾、钠、磷、氯、硫 7 种元素。钙的主要食物来源有奶及奶制品、虾皮、海带、骨粉等。钾的主要食物来源有玉米、小米、豆类、芹菜等。

（6）微量元素：已被确认与人体健康和生命有关的必需微量元素有 16 种，即铁、铜、锌、钴、锰、铬、硒、碘、镍、氟、钼、钒、锡、硅、锶、硼。每种微量元素都有其特殊的生理功能。尽管人体对它们的需要量很小，但它们对维持人体中的一些决定性的新陈代谢是十分必要的。一旦缺乏这些必需的微量元素，人体就会出现疾病，甚至危及生命。

（7）水和膳食纤维：植物性食物中含有一些不能被人体消化酶所分解的物质，它们不能被机体吸收，但都是维持身体健康所必需的，这就是膳食纤维。纤维素在大肠内能吸收水分而增加体积，膨胀后增加肠蠕动，减少粪便在肠道内滞留，这对防治便秘及肠癌大有裨益。纤维素食物中含有的果胶可以吸收胆汁酸并将其排出体外，使得体内胆固醇减少，从而能预防动脉硬化等心血管疾病。

## （二）营养素在烹饪中的变化

在烹饪加工过程中由于温度、pH 值、渗透压、机械作用等原因可使食物发生一些理化变化，从而改变食物的结构和化学组成，使食物的感官性状和营养素构成发生变化。

烹调过程中可发生蛋白质的变性、淀粉的糊化、油脂的乳化和自动氧化、焦糖化作用。影响烹饪加工中营养素变化的最大因素是烹饪的温度和烹饪的时间。

### 1. 蛋白质在烹饪中的变化及其应用

蛋白质变性是烹饪加工中最重要和最常见的一种变化。它是指在某些理化因素作用下，蛋白质严格的空间结构发生变化，从而导致蛋白质若干理化性质改变和丧失原有的生物功能的现象。一般情况下，蛋白质变性时一级结构不变化，只是空间结构改变，蛋白质从原来较为紧密的状态转变为疏松伸展的状态。由于变性蛋白分子结构伸展松散，所以变性蛋白更容易发生化学反应，如易被蛋白水解酶分解。因此只有通过蛋白质变性，才能消除食品蛋白原有的生物特性（如抗原性、酶活性和毒性），蛋白质才能被人体消化吸收，保证安全无毒。

（1）加热对蛋白质的作用。温度是影响蛋白质变性的最重要的因素，加热、冷冻都可以使蛋白质变性。热处理是最常用的烹饪加工手段。例如，煮、蒸或炒鸡蛋时，都会使蛋清、蛋黄发生凝固；瘦肉在各种加热的烹调方法中，都会发生收缩变硬。不同的蛋白质变性温度不同，一般在 45 ℃时开始变性，55 ℃变性加快，温度再升高便会发生变性凝固。蛋白质变性的温度与蛋白质自身性质、蛋白质浓度、水分、pH 值、离子种类和离子强度等有关。蛋白质的疏水性愈强，分子的柔性愈小，变性温度就愈高。蛋白质中含半胱氨酸愈多，其变性和热凝固温度愈低。牛奶酪蛋白和豆浆球蛋白含半胱氨酸少，热变性温度高，且不容易热凝固。水能促进蛋白质的热变性，所以烹饪中增加食物水分，可降低蛋白质变性温度，使烹调加工温度降低，不容易发生化学反应，从而有利于保留营养成分。

（2）酸和碱对蛋白质的作用。常温下，蛋白质在一定的 pH 值范围内可保持其天然状态，否则蛋白质可发生变性。大多数蛋白质在 pH 值 4~6 的范围内是稳定的。在有酸或碱的情况下加热，蛋白质热变性速度加快。用蛋白质的酸凝固作用可生产酸牛奶、酸奶油、凝乳。我国传统食品皮蛋加工用碱是使蛋白质变性的典型例子。

（3）盐对蛋白质的作用。盐对蛋白质的作用表现为盐析，即在蛋白质中加入大量中性盐以破坏蛋白质的胶体性，使蛋白质从水溶性中沉淀析出的现象。豆腐制作利用的是盐（石膏和盐卤等）使蛋白质变性的作用。豆浆中加入氯化镁或硫酸钙，在 70 ℃以上即可凝固。在腌咸鸭蛋时，因为盐对蛋白和蛋黄所表现的作用并不相同，食盐可以使蛋白的黏度逐渐降低而变稀，却使蛋黄的黏度逐渐增加而变稠凝固，蛋黄中的脂肪逐渐集聚在蛋的中心，使蛋黄出油。另外盐的存在还可使蛋白质的热变性速度加快。蒸蛋羹时，如果不加盐，蛋白质变性的速度较慢，同时不容易凝固，蛋不易蒸好。在煮肉汤、炖肉时，要后加盐，原因就是一开始加盐，会使肉表面蛋白质迅速变性凝固，蛋白质凝固时，会在表面形成一层保护膜，既不利于热的渗透，也不利于含氮物的浸出。烹鱼时，先用盐码味，鱼体表面的水分渗出，加热时使蛋白质变性的速度加快，鱼不易碎，也有利于咸味的渗透。面团加入少量盐，可使面团筋力增强。

（4）有机溶剂对蛋白质的作用。在烹饪上，酒精除用于增加菜肴风味、去除异味外，还可促进蛋白质变性，如烹鱼时常用料酒（黄酒的一种）码味的目的就在于此。又如四川叙府（宜宾）糟蛋和浙江平湖糟蛋就是利用了酒精使蛋白质变性的作用。在制作过程中，因乙醇生成的同时，有醋酸生成，可使蛋壳中钙的溶解度增加，其钙的含量较鲜蛋高 40 倍。

（5）机械作用对蛋白质的影响。强烈的机械作用可使蛋白质变性（如碾磨、搅拌或剧烈振荡）。用筷子或者打蛋器搅打鸡蛋清，蛋液起泡成白色泡沫膏状，这是由于在强烈的搅拌过程中，蛋清液中充入气体，蛋清蛋白质变性伸展成薄膜状，将混入的空气包裹起来形成泡沫，并有一定的强度，保持泡沫的稳定性。

（6）蛋白质的其他化学变化。强热下，蛋白质分子可通过氨基酸残基上的羟基、氨基、羧基之间的脱水缩合而交联，温度高、时间长的烹调（如油炸）会促进这种反应。温度越高，凝固越紧，食品质感越老，蛋白质消化率会大大降低，严重影响蛋白质的营养价值。

### 2. 脂肪在烹饪中的变化及其作用

（1）脂肪对菜品风味特色的影响。烹饪中常把油脂作为加热介质，用于煎、炸、炒等烹调方法中，它比水或蒸汽使食物成熟更快，可使烹调速度加快，成菜时间缩短，让某些质地脆嫩的原料在加热过程中减少水分流失，避免一些营养素随水分流失而遭到损失。使用不同的油温烹制菜点，能使菜点形成不同质感，如嫩、滑、松、酥、脆等。油炸食品就有酥、脆或外酥里嫩的质感，同时高油温炸制时还会使食品产生诱人的色泽和香味。

（2）脂肪的水解和酯化。脂肪在受热或酸、碱、酶的作用下都可发生水解反应。在普通烹饪温度下，有部分油脂在水中发生水解反应，生成脂肪酸和甘油，使汤汁具有肉香味，并有利于人体消化。当脂肪酸遇到料酒等调味品时，酒中的乙醇与脂肪酸发生酯化反应，生成芳香气味的酯类物质，因酯类物质比脂肪更容易挥发，所以肉香、鱼香等菜肴的特殊风味，必须在烹调过程中或菜肴成熟后方可嗅到。

（3）高温加热对油脂的影响。在烹饪中常用油炸制各种菜点，油脂在炸制过程中会生成一些低级的醛、酮、醇等短链化合物和大分子聚合物，使油脂的理化性质发生变化。炸油反复高温加热后，会发生色泽变深、黏度变稠、泡沫增加等老化现象，并产生有毒物质（如环状物质、二聚甘油酯、三聚甘油酯等，其中二聚甘油酯毒性最大），这些有毒物质对身体组织、器官有破坏作用，并对癌症有诱发作用。因此在烹饪时应尽量避免持续使用过高的油温（控制在 220 ℃以内）和反复使用油脂，以减少有毒物质的生成。

### 3. 无机盐的在烹饪过程中的变化

无机盐性质相对稳定，在烹饪中不易流失，但不当的加工方式（长时间浸泡、原料先切后洗、与空气接触面大等）会造成无机盐流失。例如涨发海带时，用冷水浸泡，清洗三遍，就有90%的碘被浸出，用热水洗一遍就有95%的碘析出，因此涨发海带时，水不要过量，浸泡时间不要太长。

烹饪原料中的一些有机酸或有机酸的盐，能与一些金属离子结合，形成难溶性的盐或化合物，影响这些金属无机盐的吸收。对富含草酸、植酸、磷酸的原料，应先氽水，去除有机酸，再烹制，以减少无机盐的损失。

### 4. 维生素的变化

对烹饪加工处理最敏感的营养素是维生素。烹饪原料受热和各种因素的作用，会造成维生素的损失。食物表面积增加，维生素损失增加；蔬菜应先洗后切；水温增高、维生素损失增大；维生素对碱敏感的较多，特别是水溶性维生素，在碱性条件下加热易受到破坏；做凉拌菜时加入油脂，可以促进脂溶性维生素的吸收。

### 5. 碳水化合物在烹饪中的变化及其作用

（1）淀粉的糊化作用。淀粉在适当温度下（60 ℃ ~80 ℃），在水中溶胀分裂形成均匀糊状溶液的现象叫糊化。糊化后的淀粉易被淀粉酶作用，更有利于人体吸收。烹饪过程中的挂糊上浆、勾芡、煮饭、粉皮、凉粉、烤面包的制作都是利用了淀粉的糊化作用。如在做米饭时，淘米后适当浸米，可促进米吸水，煮饭时不易夹生。

（2）淀粉的水解。淀粉在酸、酶和高温作用下可发生水解，产物主要有糊精、麦芽糖，麦芽糖可进一步分解为葡萄糖。在发酵制品中（如馒头、面包），面团中的淀粉在淀粉酶作用下水解为糊精、麦芽糖，麦芽糖在酵母分泌的麦芽糖酶作用下分解为葡萄糖。酵母利用葡萄糖进行有氧呼吸和酒精发酵，产生二氧化碳，是发酵制品体积膨大、组织疏松的主要原因。烹饪原料经烹饪加热，其部分淀粉水解，有利于其营养价值的提高。

## 二、烹饪对食物营养素的影响

### （一）水煮

水煮是一种以水作为传热介质的烹饪方法。常压下沸水的温度为 100 ℃，是各种熟作方法中温度最低的，加之水的传导能力较弱，因而煮制品成熟缓慢，需时较长。煮制品是在水中受热，原料中的蛋白质、碳水化合物会有部分水解，有利于消化；脂肪变化不大，但可以从组织中溶出而溶于汤或部分乳化；脂溶性维生素变化不大；水溶性维生素可溶于汤汁中，同时一部分可能受热分解，随时间和温度变化而变化。

在烹制时如果水煮是为了取其汤汁（鸡汤、牛肉汤等）时，原料最好冷水下锅，否则原料中蛋白质受热变性凝固，肉中的营养素不易溢出到汤汁中，使汤的质量达不到预期效果。如果作为半成品加工，原料要以沸水或热水下锅，使肉表面蛋白质很快凝固，可以保护肉内营养成分少流失。

### （二）焯

焯是与水煮相似的烹饪方法，都是以水作为传热介质。焯是指新鲜蔬菜在水中"沸进沸出"的一种烹饪方法，对维生素和无机盐的保存优于煮而次于炒，可使一些富含草酸和植酸等有机酸的烹饪原料（菠菜、牛皮菜）去除部分有机酸，既能保持口感，又有利于无机盐的吸收。

有的厨师为了保持新鲜蔬菜稳定的绿色，习惯加入一些碱，虽然对绿叶菜的绿色有稳定作用，但对维生素 C、$B_1$、$B_2$ 等营养素有破坏作用，可选用浮油代替食碱。在焯蔬菜时，水中加入适量植物油，使浮油均匀包裹在原料表面，减少原料与空气接触的机会，同样能起到保色和减少水分外溢的作用。

### （三）蒸

蒸是以蒸汽作为传热介质的一种烹饪方法。蒸汽温度与沸水温度相近，因此对营养素的影响与煮相似，维生素 C、$B_1$ 有少部分被破坏。由于汤汁少且多被利用，故无机盐损失少。

### （四）炸

炸是以油脂作为传热介质的一种烹饪加工方法。通常加热温度在 200 ℃ 以上。油炸能使制品形成多重质感的变化，有利于色泽和香气的形成，不同的加热温度能使制品形成不同的质感（松、酥、脆或外酥里嫩等）。由于炸时油温高，蛋白质变性凝固，少部分水解，并可能出现蛋白质炸焦而使营养价值降低；脂肪会发生氧化聚合，而使其食品价值降低；碳水化合物可发生焦糖化反应；无机盐变化不大；维生素 $B_1$、$B_2$ 几乎全部损失。

### （五）炒

炒是一种最常用的烹调方法，利用旺火、热油，快速成菜，广泛用于动物性原料和植物性原料的烹制。对于富含维生素 C 的叶菜类，用旺火快炒的方法可使维生素 C 保存率达 60%~80%，在炒制过程中蛋白质变性，淀粉糊化，脂肪变化不大，维生素有一定降解（主要是维生素 C）。

## （六）炖、烧、焖、煨

这几种方法多采用中火、小火或微火，在沸水或蒸汽中成菜，一般加热数十分钟或数小时，原料的纤维组织和细胞在长时间加热过程中被破坏，原料由硬变软有利于消化吸收。这类方法烹饪的菜肴多带有适量汤汁，且汤鲜味美，这与长时间加热，原料中蛋白质变性、水解，脂肪溢出和含氮化合物等可溶性成分浸出有很大关系。

## （七）烤

烤分明火烤和烤炉烤，烤的食物香味好。在烤制过程中，动物性原料的脂肪损失较多，碳水化合物可发生焦糖化反应和碳氨反应生成有色物质，B族维生素破坏严重。

## （八）烩

烩制的菜肴原料一般先经过熟处理，采用中小火，时间短有少量汤汁，故营养素损失较少，但原料在熟处理过程中，有较多营养素损失。

# 三、各类食物原料的烹饪方法

## （一）谷类

（1）加工精度越高的大米、面粉，其胚乳部分所占比例越大，淀粉含量越高，其他营养素含量越低。

（2）淘洗大米时，反复 $5 \sim 6$ 次用水搓洗，维生素损失 $30\% \sim 40\%$，矿物质损失 $15\%$，蛋白质损失 $10\%$，碳水化合物损失 $2\%$，维生素 $B_1$、PP 保存率不到 $40\%$。

（3）烹饪方法以蒸、煮为最好，其次为水煮，最次为油炸。原汤焖饭或碗蒸饭，维生素和矿物质损失小，而捞饭弃米汤营养素损失很大，维生素保存率比其他方法低 $30\%$ 以上。煮粥加碱，虽可使时间缩短但维生素 $B_1$、$B_2$ 损失较多。

（4）酵母发酵的面团，不仅 B 族维生素增加，还可破坏面粉所含植酸盐，有利于钙和铁的吸收。利用粮豆混食，粗细搭配能明显提高蛋白质生物价。

## （二）蔬菜、水果

新鲜蔬菜、水果含水多，质地嫩，经刀工切割和加热，其组织容易破坏，导致汁液流失，发生许多影响营养素的酶化学反应。为了减少营养素损失，蔬菜加工烹调时，应合理整理，尽量利用，先洗后切，急火快炒，现烹现吃，适当生食。有时通过挂糊上浆、勾芡收汁、荤素搭配，也能保护营养素，免遭流失或破坏分解。水果以生食为主，在加工成拼盘时，营养成分会有不同程度损失，应注意放置时间不能太久。

## （三）肉类

（1）对需切洗的原料，应先洗后切，洗时不能过分，更不能切后再洗，防止脂肪、蛋白质、无机盐含氮化合物及部分维生素溶于水而损失，影响肉的营养价值和鲜味，防止大量酶的溶出而使肉的质地变老。

（2）短时加热的烹调方法有炒、溜、爆、滑等。宜选用质地细嫩，富含蛋白质、水分及含氮化合物的瘦肉为原料，切成丝、片、丁等，进行码芡、挂糊，而后烹制。这是肉类原料营养素损失最小的烹调方法。

（3）长时加热的烹调方法有蒸、炖、烧、焖、煨等。宜选用质地较老的瘦肉，或肥瘦相间的原料，或带皮带骨的鸡鸭等。由于此类原料含蛋白质比较丰富，含酶量较高，采用冷水加热煮沸，而后中火或小火长时间加热，有利于蛋白质变性、水解，脂肪和含氮化合物充分浸出，使汤汁鲜美可口，肉质柔软，利于消化吸收。

（4）高温加热烹调方法有炸、煎、烘、烤等。利用高温油脂及较高温度烤箱、盐、沙等对肉类进行烹调加工，肉质外焦里嫩，容易消化，菜肴具特殊香味和风味，但营养素（尤其维生素）破坏较大，须严格控制温度及加热时间，否则会给人体带来危害。

### （四）水产品

鱼类含水量多，肌纤维短，间质蛋白少，肌肉较畜禽肉柔软易碎。大部分鱼类原料在加工烹调前需用盐腌制处理，目的是脱去部分血水和可溶性蛋白质，使肌肉脱水，细胞变硬，鱼体吸收适量盐分，以利于加工。在操作时注意加盐适量，否则鱼肉过咸，组织过硬，影响菜的质量和风味。对烹制后要求鱼肉鲜嫩的（如清蒸鳜鱼），为防止鱼肉组织变硬，烹制前一般不腌制。鱼的脂肪含量较低，多为不饱和脂肪酸，在加热时主要发生水解作用，生成甘油和易被人体吸收的脂肪酸。在烹制鱼时，加入料酒、醋，可增加鱼的鲜香味，去除腥味。

## 四、营养膳食

### （一）合理搭配

中国烹饪界的先驱彭铿、易牙，一个善烹一个善调，一张一弛，是互补者的榜样。我们的膳食也是如此，要运用营养学知识来合理配膳，多配"多样菜"，少配"单料菜"，遵循"品种多样，粗细搭配，荤素搭配，干稀适宜"这一配菜原则来增进营养。

### （二）合理烹调

合理烹调是实现合理营养的基本条件之一。人体从食物中获得全面营养，除了合理搭配使食物富含营养成分，还要通过合理烹调使这些营养成分的消化程度提高。合理烹调可以杀灭原料中的有害生物，去除或减少某些有害化学物质，尽可能保存原料中的营养物质，改善食物的感官性质，使之易于消化吸收。

我国是一个发展中国家，只有人人都有健康的身体才能繁荣发展。只有开拓科学领域，真正地做到营养和口感双丰收，才是发展烹饪的正途。

# 第六节　环境美化技术

## 一、社区环境的空间布局与美化

### （一）注重科学的规划方法

科学的景观空间规划设计主要在于提高景观绿化率，同时注重垂直绿化、采光通风、景观布局。在规划设计中，大量植物被用来形成分区导向，保护原有的绿化和树木，保持原有的自然地形。在动态观赏线两侧堆土种草，打造全新的视觉形象，一物一景，给人一种明净的感觉。利用自然地形进行景观规划设计，避免建筑之间过度干扰，形成合理组合。

## （二）创造丰富的景观空间

在现代居住区景观设计中，可以通过景观结构、植物绿化、重要景观节点的硬件等形成空间对比，达到欲扬先抑的效果。在空间布局上，要考虑通风、采光等日常生活需求，以贴近自然的绿化美化为主，将现代城市空间与自然环境融为一体。在现代居住区景观设计中，也可以通过现代造景手法，创造丰富的景观空间，如矮墙、孔洞、玻璃、水景、植物等小尺度元素，结合透明、半透明的效果。

## （三）倡导生态环境系统

在小区景观规划中，首先要考虑生态环境，并根据生态要求，遵循以人为本的原则，在小区布局、环境布局、交通系统等环节保证小区内有充足的日照、新鲜的空气、良好的通风、干净的水源，并尽可能扩大绿化面积。充分利用原始森林和水面，不盲目破坏自然景观、推山盖房、砍树取地，净化空气和水，落实防风、防尘、防晒措施，改善小区气候。生态小区应倡导环保节能理念，充分利用环保材料和节能材料，利用太阳能，节约用水，并对垃圾进行无害化处理，从而更好地改善小区生态环境。

# 二、社区绿化环境

宜居应是一座城市最鲜明的标志，文明应是一座城市最亮丽的名片，将绿色发展元素融入社区建设，打造宜居的社区环境。

## （一）绿色元素，提升人居环境

绿色治理应以加强绿色建设为目标，提升绿化率，增加植物多样性，四季花开，绿树成荫，串联小区喷泉景观，健身设施、微景点等，通过建设绿色主题楼道、引入智能回收系统等，让居民真实感受到社区环境更美了，生活更便利了，绿地、水系、自然、人文，各美其美，美美与共，提升社区居民幸福感。

## （二）绿色分类，打开宜居生活

绿色治理应以垃圾分类为抓手，坚持创新与实践并举，推进垃圾分类工作全面铺开，明察暗访常态化。实行月度通报反馈、实名制积分兑换制度，切实将垃圾分类落实到人，有效发挥灯塔效应，以一带多大众化。以分类志愿者为聚光灯，小区居民为火炬手，共建单位为加油站，先行典型为红旗手，明确责任，合理奖惩，多点宣传，共同推进垃圾分类户户参与，干出实效，激活垃圾分类新能量，顺应垃圾分类撤桶建箱新趋势，提升社区居民满意度。

## （三）绿色理念，涵养文明风尚

随着生态文明建设的大力宣传引导和教育普及，广大居民作为社区的主人，绿色生活理念逐步深入人心。越来越多的居民投入垃圾分类行列，越来越多的居民注重绿色出行，越来越多的居民参与节水节电行动，践行文明、节约、绿色、低碳、循环的生活方式。居民逐渐认识到这是共同参与、共同建设、共同享有的事业，人人都是生态环境的保护者、建设者、受益者。

绿色治理是社区发展治理不可或缺和至关重要的一部分，坚持以基层党组织建设为统揽、政府治理为主导、居民需求为导向，让社区更有温度，居民生活更有质感。

### 三、社区的娱乐健身设施

现在很多小区都安装了健身设备，一些公园里也有健身设备，但是儿童游乐设备还是非常少的。很多业主都觉得，应当在小区内健身设备旁边安置一些儿童游乐设备。现在的孩子要玩游乐设备，就需要去较远的公园、商场玩，收费也会比较高。如果说可以在小区内增加一些儿童游乐设施，那么小区里活跃的就不仅是跳广场舞的大妈和打太极的老爷爷了，一定会吸引很多孩子出来玩，这样不仅增进了孩子们之间的感情，还提高了整个小区的活力。这种环境对于独生子女来讲是非常重要的。

但是，由于这种新兴的小区游乐场模式尚不成熟，很多小区对于游乐设备的选择和布局还不是特别了解，以至于很多小区的游乐场建成之后，孩子们并不能获得很好的游乐体验，而且还容易导致安全事故的发生。那么，小区的游乐场应该怎样进行布局呢？

#### （一）让有限的空间得到合理有效的利用

首先，尽量选择体积小且具有丰富趣味性的游乐设备。

在寸土寸金的城区，小区游乐场的面积是非常有限的，因此，最好选择体积小且具有丰富游乐体验的游乐设备，比如小型的攀爬架、地面蹦床等。

其次，充分利用纵向空间。

横向空间是固定的，但是我们可以充分利用纵向空间。一方面，可以通过建立小土坡的形式来利用纵向空间。这样既节约了搭构框架的成本，也能让有效的空间得到合理的利用；另一方面，可以采取盆地式的构建方式，这样斜坡的位置可以用来摆放滑梯、攀爬架、攀岩墙等游乐设备，而盆地底部则可以放置沙池、蹦床、秋千等。

#### （二）要兼顾大人和孩子的需求

小区游乐场是大人和孩子共同的休闲娱乐场所，因此，最好是选择大人和孩子都能玩的游乐设备，比如蹦床、秋千、不锈钢滑梯等，这样大人孩子都有得玩，也可以拉近亲子之间的关系。

#### （三）要注意游乐设备难易程度的合理搭配

小区里的孩子各个年龄段的都有，因此，在选择游乐设备的时候一定要注意难易的合理搭配，既有适合低龄小朋友玩的难度低的游乐设备，也有适合大龄孩子玩的比较具有挑战性的游乐设备。

#### （四）要注意游乐设备的差异性

小区游乐场的面积本来就非常有限，如果游乐设备的玩法大同小异，就没有什么吸引力了，只有做到游乐设备的差异化才能体现小区的特色。例如，有的小区只摆放了各种滑梯，塑料直滑梯、螺旋滑梯、不锈钢滑梯等，虽然款式不一样，但是带给孩子的体验是非常单一的，不妨摆放一些攀爬架或者攀岩墙，增加孩子的游乐体验。

### 四、家庭环境

#### （一）家庭装修

不能仅仅将家庭室内装修的任务理解为美化和装饰，局限于满足视觉的要求，因为美化内部环境只是室内装修的任务之一，而且算不上最为重要的任务。室内装修的任务是运用技术和艺术的手段，使建筑物的室内空间成为便于人们进行各种活动的、既舒适又优美的环境，并能充分利用自然环境的影响，利用有利因素、排除不利因素，使之符合生理和心理的要求，创造具有舒适化、科学化、艺术化的室内环境，满足生产和生活的要求。如前所述，室内装修从它所要求解决的问题看，包括三方面的内容：一是内部空间处理，二是环境布置陈设，三是室内装修。

### （二）室内环境美化

有了新房子，总想着给家里多添一些装饰，但是你知道吗？过多的装饰不仅起不到美化的作用，对身体也有害呢！

人们每天 1/3 以上的时间要在卧室中度过，所以对于卧室的布置，尤其不能马虎。不论装修或装饰，卧室布置只有一个原则：简单。只放必需的家具，如床、衣柜、梳妆台等，这样不仅能让卧室空间显得更大，而且因为家具少，减少了可能的污染源，室内空气质量也会相对好一些。绿植，尤其是大叶植物会在晚上呼出大量二氧化碳，若在卧室摆放太多，可能会影响到空气中的含氧量。建议将家中的绿色植物放在客厅、书房，卧室放一两盆即可。如果在卧室摆放大型植物，最好在晚上将它们移出去。

装修越简单越好。装饰装修材料易在夏季高温作用下释放污染物质，加之卧室一般相对封闭，这就会导致卧室内空气质量下降。如果不小心用了不合格的装饰装修材料，风险更大。所以，诸如床头背景墙等装修方式并不可取。

电视、电脑不要进卧室。电脑或电视放进卧室会在一定程度上干扰人们的睡眠，而且还会在使用过程中产生一些辐射，影响健康。所以在条件允许的情况下，一定要将这些电器请出卧室。

新装修的家庭可以先把卧室中的新家具放到客厅、书房或封闭的阳台上，一方面可以降低卧室内的污染物浓度，另一方面，也可以保证新家具中的污染物尽快释放。

### （三）室内环境健康

健康的室内环境应该从居住者出发，满足居住者生理和心理的环境需求，使人们生活在健康、安全、舒适和环保的室内环境中。具体来说，健康住宅环境的评估标准大体分为 4 个因素：

（1）人居环境的健康性：主要指室内、室外影响健康、安全和舒适的因素。

（2）自然环境的亲和性：提倡自然，创造条件让人们接近自然、亲和自然。

（3）居住区的环境保护：包括居住区内视觉环境的保护、污水和中水处理、垃圾处理及环境卫生等方面。

（4）健康环境的保障：主要是针对居住本身的健康保障，包括医疗保健体系、家政服务系统、公共健身设施、社区老人活动场所等硬件建设。健康住宅理念的推出在全社会引起了极大的反响。

因此，健康的室内环境应该是：在符合工作和生活的基本要求的基础上，突出健康要素。以人类健康的可持续发展的理念满足在室内工作和生活者生理、心理和社会多层次的需求，营造出健康、安全、舒适的高品质室内环境，使居住者身心处于良好的状态。

# 第七节 收纳管理的技术

## 一、收纳管理常用的基本方法

人们对居家环境和质量的要求逐年提高，不再停留于满足简单的温饱问题，而是开始对生

活的品质有所追求，尤其对"整理"有了更高的要求和期待。

## （一）整理学起源

"整理"起源于20世纪80年代初期，起源地是美国，最初被称作管家后续专业，持续发展后形成现在的整理师职业。整理收纳师主要是帮助人们平衡人、物、空间三者之间的关系。

这一行业在日本形成规模和系统化的发展，具体可分为4个阶段。

（1）办公整理阶段：1993年野口悠纪提出"超级整理"，局限在工作领域内，例如文档的整理，还未涉及居家领域。

（2）断舍离阶段：2000年，山下英子提出"断舍离"概念。断——断绝不需要的物品；舍——舍弃多余的物品；离——脱离执念和欲望。

（3）整理魔法时代：2010年，近藤麻理惠提出"怦然心动的人生整理魔法"，它以心理学为主导的整理方式，关注人们内心的需求、感受，用整理完成自我疗愈的过程。

（4）以人为本的规划整理时代：2008年，日本规划整理师协会（JALO）成立。规划整理开始步入以人为本阶段，它厘清人们思绪、情感，明确价值观和惯用动线，协助人们重新审视生活方式和相关事宜。

2010年，整理进入中国市场。

## （二）人体工程学

人体工程学与室内设计相联系，其含义为：以人为主体，运用人体计测、生理计测、心理计测等手段和方法，研究人体结构功能、心理、力学等方面与室内环境之间的合理协调关系，以适合人的身心活动要求，取得最佳的使用效能，其目标是安全、健康、高效能和舒适。

（1）只有充分考虑了人的尺寸，才能做到顺畅地存取物品。物品有尺寸，人也有，身高、躯干厚度、手的大小、眼睛的高度等，比物品的尺寸可复杂多了。规划收纳空间时多多考虑这一方面，将来使用的时候就会舒服许多。

（2）坐着，站着，打开抽屉，关上抽屉，人在家中会有各种行为，当然需要相应的空间。比如说原打算放一个沙发，但这又会影响步行空间的时候，你是不是想过放弃？其实不一定有这个必要。面向前方步行时，需要60厘米的宽幅，但像螃蟹那样横着走的话，有45厘米也就足够了，不需要轻易放弃。选择步行空间，或者选择放置家具，全在你的一念之间。

（3）从收纳中存取物品的时候，有时候要侧身，有时候会发现门没法打开……即使老老实实地根据物品的尺寸设置了收纳空间，可若是出现了这种情况，也就谈不上什么减压式收纳了。

最理想的收纳空间，应该是物品就放在使用位置的附近，存取也十分方便。那么存取物品所需要的空间应该是多大，人活动的空间又应该是多少呢？

在规划收纳空间时，首先应该确定这些问题：在人的活动空间中，最基础的就是"步行"所需要的空间。人在面向前方步行时，需要60厘米的宽幅。不管是在摆放家具时，还是制作收纳空间时，一定要保证人能通过的宽幅。一张桌子，一把椅子，在你坐下、站起的时候，就需要挪动椅子，当然要为此留出空间。

## （三）九大空间收纳系统

（1）玄关空间。

（2）衣橱空间。

（3）客厅空间。

（4）储物空间。

（5）儿童空间。

（6）餐厅空间。

（7）厨房空间。

（8）卫生间空间。

（9）书房空间。

### （四）五大储物收纳系统

（1）玄关柜收纳。

（2）衣柜收纳。

（3）储藏柜收纳。

（4）橱柜收纳。

（5）洁柜镜箱收纳。

## 二、收纳工具

选择合适的收纳工具能使我们的工作效率提高，如图5-7-1~图5-7-4所示。

图 5-7-1　收纳箱

图 5-7-2　收纳盒

图 5-7-3　收纳袋

图 5-7-4　收纳柜

## 三、收纳的 4 条标准及 5 种方法

### （一）收纳的 4 条标准

#### 1. 各处均布

各处均布即就近原则，如图 5-7-5 所示。

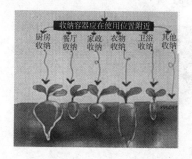

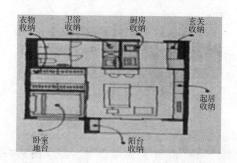

图 5-7-5　各处均布

## 2. 占地12%

对于100平方米左右的中小户型，建议收纳系统的占地面积宜为房屋套内面积的12%，至少不能低于10%。房屋面积越小，收纳比例反而应该越大。

## 3. 立体集成

立：如果以建筑物来打比方的话，在同样一块土地上，盖平房、盖多层还是盖摩天楼能容纳居住的人数多，是显而易见的。

集：收纳的"收"字本身就有聚集的含义，收纳的集中度越高，整体感越强，余下的空白区域越容易给人宽裕和整洁之感。

如图5-7-6所示。

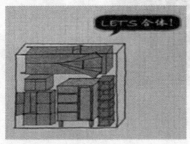

图5-7-6　立体集成

## 4. 有藏有露，二八原则

杂乱或者清爽，是由进入视线的物品的信息量决定的，信息越多，越显凌乱，信息越少，越清爽。

## （二）收纳的5种方法

### 1. 抽屉式收纳法

在没有抽屉的地方放入四边形的收纳工具，方便推拉拿取，如图5-7-7所示。

优点：充分利用上层空间，让物品分类更明确。

适用：空间不合理场所。

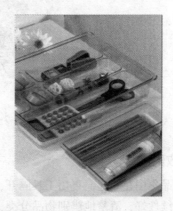

图5-7-7　抽屉式收纳法

## 2. 归类收纳法

把相同种类的物品放在一起，如图 5-7-8 所示。

优点：减少寻找路线，让拿取一目了然。

适用：物品品种丰富或零碎。

图 5-7-8　归类收纳法

## 3. 直立收纳法

让物品立起来，如图 5-7-9 所示。

优点：美观，款式种类了然，拿取方便，节约空间。

适用：小件物品，空间收纳紧张。

图 5-7-9　直立收纳法

## 4. 隔断收纳法

将同类物品集中在一起，再用工具隔开，如图 5-7-10 所示。

优点：持续性好，清楚地辨别物品分类，拿取自如。

适用：体积小、品种杂乱的物品。

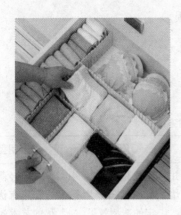

图 5-7-10 隔断收纳法

## 5. 联想收纳法

和归类收纳法有些相似，把类似或同类的物品集中收纳在一起，如图 5-7-11 所示。

优点：不用特意去记忆放在哪里，轻松易找。

适用：物品杂乱、品种多。

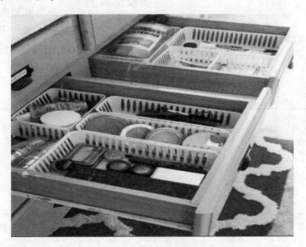

图 5-7-11 联想收纳法

## 四、衣物收纳与养护

保养与收藏服装，应做到合理安排、科学管理。在存放服装时要做到保持清洁，保持干度，防止虫蛀，保护衣型等。对棉、毛、丝、化纤不同质料的服装要分类存放，对外衣外裤、防寒服、工作服等用途不同的服装也要分类存放。对不同颜色服装最好也分类存放，防止串色染色并方便管理。

### （一）衣物收纳

（1）衣物收藏前，确保干净、干燥。

（2）在衣柜或衣箱底铺一层防潮纸，以免污染衣物。

（3）按个人或季节、质料、样式分门别类，并在存放区域上注明清单，以便取用及存放。

（4）怕压（如丝绒）、易皱衣物，放置于上层以免受损。

（5）易伸长变形的衣物，不可吊挂收藏。

（6）毛衣易生蛀虫，收藏时放一些防虫剂。

（7）储存空间不足的时候，可利用收纳工具收藏。

不同衣物的收纳方法如表5-7-1所示。

表5-7-1　不同衣物的收纳方法

| 项目 | 柔软性 | 挺括型 | 光泽型 | 厚重型 | 透明型 |
|---|---|---|---|---|---|
| 特点 | 轻薄，总重度好，造型线条光滑，服装轮廓自然舒展 | 线条清晰，有体重感，服装轮廓明朗 | 表面光滑并反射出亮光，熠熠生辉 | 质地厚实，外形挺括，产生稳定的造型效果 | 质地轻薄并通透，具有优雅神秘的艺术效果 |
| 收纳法 | 轻薄易皱，多采用悬挂，丝绸不宜挨得太紧凑 | 空间足够多采用悬挂，次考虑折叠，折叠时重叠件数不宜过多 | 礼服多采用特制衣架悬挂，最好套防尘套 | 多采用悬挂，并且对衣架的承重量有要求，衣架肩宽选择至少在40厘米 | 透明的纱质不应考虑折叠，多采用悬挂 |
| 常见的面料 | 针织面料、丝绸、麻纱等 | 棉布、涤棉布、灯芯绒、亚麻布和各种中厚型的毛料和化纤织物 | 缎纹结构的织物，多用于夜礼服或舞台表演服中，具有华丽耀眼的强烈视觉效果 | 各类厚型呢绒和编织物，用于制作礼服、西服、大衣等正规高档的衣物 | 棉、丝、化纤织物等 |

## （二）衣物养护

不同衣物的养护方法如表5-7-2所示。

表5-7-2　不同衣物的养护方法

| 材质 | 优点 | 缺点 | 养护方法 |
|---|---|---|---|
| 棉布 | 轻松保暖，柔和贴身，吸湿性、透气性甚佳 | 易缩、易皱，外观上不大挺括美观，穿着时需常熨烫 | 薄款可平折，厚重的考虑悬挂，白色和深色的要分开，熨烫温度在150 ℃～180 ℃ |
| 麻布 | 强度极高，吸湿、导热、透气性甚佳 | 穿着不太舒适，外观较为粗糙、生硬 | 易皱，多考虑悬挂，熨烫温度在100 ℃以下，一般不熨烫 |
| 丝绸 | 轻薄、合身、柔软、光滑、透气、色彩绚丽、富有光泽、高贵典雅、穿着舒适 | 易生褶皱，容易吸身，不够结实，褪色较快 | 防潮防尘为主，悬挂，忌放樟木，熨烫温度在130 ℃左右，反面烫 |
| 呢绒 | 防皱耐磨、手感柔软、高雅挺括、富有弹性、保暖性强 | 洗涤较为困难，不大适用于夏装 | 多为悬挂，勿叠压，熨烫温度薄呢在120 ℃，厚呢在200 ℃ |

| 材质 | 优点 | 缺点 | 养护方法 |
|---|---|---|---|
| 皮革 | 轻盈保暖、雍容华贵 | 价格昂贵，收藏、护理方面要求较高，故不宜普及 | 宜悬挂于干燥通风处，不宜熨烫，忌紧密 |
| 化纤 | 色彩艳丽、质地柔软、悬重挺括、清爽舒适 | 耐腐性、耐热性、吸湿性、透气性较差，遇热容易变形，容易产生静电 | 人造纤维宜平放，不宜长期吊挂，易变形，禁放樟脑丸，熨烫温度在130℃左右 |
| 混纺 | 吸收棉、丝和化纤的优点，避免它们的缺点 | 价格上相对较为低廉 | 可平放，多为悬挂，熨烫温度为100℃~150℃ |

## 五、衣橱空间整理与设计

衣橱整理师是通过对客户喜欢的色彩、风格的诊断，进而有针对性地为顾客上门整理衣橱，然后再陪同客户购买适合他们的衣物的专业性指导顾问。衣橱整理师会根据顾客的需求，从造型、色彩、搭配角度出发，打造出适合环境的着装。

### （一）放置区域

（1）将需要的物品放在适当的位置上，如图5-7-12所示。

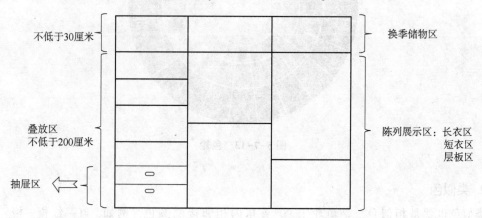

图5-7-12 衣橱分区

（2）按照使用频率放置最佳位置，取放方便。

### （二）衣橱管理流程

（1）清空衣橱。

（2）改造衣橱格局。

（3）衣物分类。

（4）陈列悬挂。

（5）小件物品归位。

（6）换季衣物收纳。

（7）交接整理成果。

## 六、色彩归纳方式

浅色使人感觉轻，深色使人感觉重。通常房间的处理大多是自上而下，由浅到深。如房间的顶棚及墙面采用白色及浅色，墙裙使用白色及浅色，踢脚线使用深色，就会给人一种上轻下重的稳定感，相反，上深下浅会给人一种头重脚轻的压抑感。

### （一）色彩分类

#### 1. 同种色

同种色就是同一种色彩系列，是色相环中 15°夹角内的颜色，例如大红、朱红、土红、深红，普蓝、钴蓝、湖蓝、紫罗兰等，如图 5-7-13 所示。

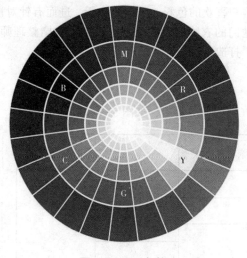

图 5-7-13　色轮

#### 2. 类似色

类似色也就是相似色，是色轮上 90°夹角内相邻接的颜色，例如，红—红橙—橙、黄—黄绿—绿、青—青紫—紫等，如图 5-7-14 所示。

图 5-7-14　类似色

#### 3. 邻近色

在色相环中 60°夹角之内的颜色属于邻近色，例如红色和橙色，如图 5-7-15 所示。

图 5-7-15　邻近色

## 4. 互补色

在色相环中间隔 180° 的两种颜色称为互补色，如图 5-7-16 所示。

红绿互补　　黄紫互补　　蓝橙互补

图 5-7-16　互补色

## 5. 对比色

在色相环中间隔 120°~150° 的任何三种颜色称为对比色，如图 5-7-17 所示。

图 5-7-17　对比色

## （二）排色原则

### 1. 暖色与冷色

暖色——红色、橙色、黄色，象征着太阳、火焰。

冷色——绿色、蓝色、黑色，象征着森林、大海、蓝天。

中间色——灰色、紫色、白色。

冷色调的亮度越高越偏暖，暖色调的亮度越高越偏冷。

### 2. 兴奋与沉静

红色和明亮的黄色调成的橙色给人活泼、愉快、兴奋的感受。青色、青绿色、青紫色让人感到安静、沉稳、踏实。

### 3. 前进与后退

色彩可以使人有距离上的心理感觉。黄色有突出背景向前的感觉，青色有缩入的感觉。其排

列如下：红色>黄色≈橙色>紫色>绿色>青色。

暖色为前进色——膨胀、亲近、依偎的感觉。

冷色为后退色——镇静、收缩、遥远的感觉。

在家庭装修中，面积较小的房间要选用暗色调的地板，使人有面积扩大的感觉。如果选用明亮色彩的地板就会显得空间狭窄，增加压抑感。

### 4. 轻与重

色彩可以给人带来轻与重的感觉；白色和黄色给人感觉较轻，而红色和黑色给人感觉较重。在家装中，居室的顶部（天花板）宜选用浅颜色或较亮的色调，而墙和地面可适当加重，否则给人头重脚轻的感觉。

### 5. 柔和与强硬

暖色让人感觉柔和、柔软，冷色让人感觉坚实、强硬；中间色为中性。

# 第八节　室内保洁技术

## 一、日常保洁

### （一）工作服务流程

（1）穿着整洁制服，正确佩戴好工作证，清楚了解派工单中的服务地址、时间，带齐所需工具用品，提前5分钟到达服务地点。如到达服务地点但无客户在家的，应尽快通知客服联系客户，如无法通知客户的要在现场等15分钟。到达后家庭保洁师应主动向客户出具健康证以及确定保洁服务内容，出具派工单并明示工牌，获得客户同意后，穿鞋套，进入客户室内，开始服务。

（2）按照与客户约定的保洁服务内容进行保洁。在保洁服务过程中，家庭保洁师应做到：

① 使用文明用语（您好、谢谢、请等）。

② 对客户的物品轻拿轻放，若发现物品存在问题，及时与客户沟通。

③ 对服务过程中清理出的废旧物品必须经客户确认无用后方可丢弃。

（3）到达客户家后，先行检查并与客户核实需服务的项目，确定可以服务后，进入工作岗位，应主动询问客户有无特别要求，如无则按照由里到外、由上至下的程序去完成工作，如有则先做客户要求的项目。

（4）开始作业时先将工具包轻放地面上，然后将工具平摊在地板上，摆放整齐后开始服务（严禁将工具放在橱柜、餐桌、椅子等物品之上）；在服务过程中应尽量保持现场整洁；如需用到客户的物品需征得客户认同后方可使用。

（5）具体操作流程：

① 进入工作岗位后，首先将门窗、窗帘打开，由上至下清理窗台和其他垃圾，不要丢弃有记录的纸张。

② 玻璃：先用专用玻璃湿保洁布抹玻璃窗，再用玻璃干保洁布擦拭玻璃框，着重处理不干净的部位，均匀地从上到下涂抹玻璃，然后用刮刀从上到下刮干净，用干毛巾擦净框上留下的水痕，玻璃上的水痕用干布擦拭干净。着重之处：框缝吸尘，擦拭。

③卫生间：先用厕所专用湿保洁布从上到下全方位地擦拭，着重处理开荒留下的死角、洁具及不锈钢管件等，然后用厕所专用干洁布全方位地擦拭一遍。

④厨房：清洁厨房的瓷片、柜、台面等。对厨房柜内的炉具、油烟机、排气扇等只对其表面进行清洁。先用厨房专用湿保洁布清理，着重清理地面的边角、厨具及各种不锈钢管件，然后用厨房专用干保洁布再重复一次。

⑤拖地：先由房间、厨房拖出至客厅，最后拖洗手间。拖地时要留意家具底边角位的卫生。

⑥检查地面是否有杂物、头发，家具物品是否干净整齐。

（6）服务结束：出门时应面对客户退出房内，严禁背对着客户。出门时应随手将门关上，并跟客户道别，例如，"×××先生/女士，感谢您使用×××家政服务，再见！"出门后打电话给客服人员告知保洁服务情况。

## （二）验收区域及标准

（1）玻璃门窗：目视无水痕、无手印、洁净光亮；框缝无尘土、洁净；窗台下手摸光滑，无尘土。

（2）卫生间：无杂物、无污渍，洁具触摸光滑、有光泽、无异味。

（3）厨房：无杂物、无污渍，瓷砖表面洁净，手摸光滑，有光泽。

（4）地面：无尘土、无污渍，地板光滑有光泽，石材光亮。

## （三）注意事项

（1）严禁在屋内吸烟。

（2）不得索要客户的小费和烟、酒等物品。

（3）自带饮水，严禁使用客户的饮水用具。

（4）在客户家打电话时应尽量压低声音，通话时间控制在3分钟以内，如特殊情况超过3分钟应征得客户同意后走到户外，通话完毕后继续服务。

（5）工作中需移动客户物品时，应询问客户，征得同意后方可移动客户物品，清洁完后第一时间将物品恢复原位。

（6）工作过程中要有客户在场看好室内物品，客户中途有事离开，应向客户做好解释工作，避免误会。

（7）按时完工后要重新检查一次服务质量，未完善之处要及时补做，最后礼貌地请客户验收工作质量，并在派工单上签名，验收合格后应同客户讲解所服务项目在日常使用中的方法和注意事项。然后将现场作业留下的垃圾清扫干净，并将垃圾装袋放至大门外，并收集所带工具离开。

（8）服务完成后不得在客户家内逗留，应及时离开。

## （四）保洁物料标准配置清单

如表5-8-1所示。

表5-8-1　保洁物料标准配置清单

| 序号 | 名称 |
| --- | --- |
| 1 | 多功能单擦机 |
| 2 | 多功能吸尘器（30L） |
| 3 | 抛光机 |

| 序号 | 名称 |
| --- | --- |
| 4 | 多功能保养机（沙发清洗） |
| 5 | 除胶剂 |
| 6 | 百丽珠清洁剂（皮沙发） |
| 7 | 全能清 |
| 8 | 玻璃水 |
| 9 | 木地板打蜡 |
| 10 | 地毯高泡剂，布沙发清洗剂 |
| 11 | 垢克星 |
| 12 | 洁厕灵 |
| 13 | 草酸 1 瓶 |
| 14 | 玻璃刮子 |
| 15 | 鞋套 |
| 16 | 口罩 |
| 17 | 毛头 |
| 18 | 1.2 米伸缩杆 |
| 19 | 2.4 米伸缩杆 |
| 20 | 尘推 |
| 21 | 铲刀 |
| 22 | 喷壶 |
| 23 | 牛皮手套 |
| 24 | 地面刮水器 |
| 25 | 擦玻璃神器（一单一双） |
| 26 | 百洁布 |
| 27 | 硬毛刷 |
| 28 | 老虎夹 |
| 29 | 保洁毛巾 |
| 30 | 门窗刷子 |
| 31 | 保洁桶 |
| 32 | 长铲刀 |
| 33 | 刀片 |
| 34 | 浴室地刷 |
| 35 | 鸡毛毯子 |
| 36 | 工作服 |

续表

| 序号 | 名称 |
|---|---|
| 37 | 吸水毛巾 |

## 二、精保洁

### （一）所用工具

（1）玻璃：上水器、专业玻璃刮、玻璃铲刀、刀片、玻璃清洁液、全新干抹布。

（2）电源盒、灯具：全新抹布、刀片、环保清洁剂。

（3）厨房、卫生间：全新抹布、环保清洁剂、钢丝球、铲刀、刀片。

（4）墙：全新抹布、环保清洁剂、刀片、铲刀。

（5）地面：专用洗地机、吸尘机、吸水机、环保清洁剂、全新抹布、刀片、铲刀。

（6）木地板：环保清洁剂、全新抹布、刀片。

（7）打蜡：专用涂蜡器、全新干抹布、专业抛光机。

（8）其他特殊清洁剂：全能水、稀料、盐酸、强力去污剂、铜水、家具上光剂等。

### （二）保洁服务范围

（1）客厅、卧室门窗保洁。

（2）卫生间保洁。

（3）厨房保洁。

（4）地面保洁。

（5）门窗、天花板、扶手、阳台、灯具。

（6）地板打蜡。

### （三）服务流程

（1）擦玻璃：

①用玻璃器蘸玻璃清洁剂或玻璃水和混合好的水均匀擦洗玻璃表面。

②用玻璃刮刀将玻璃上的污垢刮掉。

③用抹布将玻璃表面未刮净的水迹和边框上的水迹抹净。

④如仍有斑迹可在局部用清洁布或者刮刀清除干净。

⑤最后把窗户缝隙的尘土、窗台及窗台周边清扫干净。

（2）卫生间保洁：用湿毛巾蘸上清洁剂从上到下全方位地擦拭，着重处理开荒保洁留下的死角、洁具及不锈钢管件等，然后用干毛巾全方位地擦拭一遍。

（3）清洗厨房：用湿毛巾全方位地擦拭一遍，着重处理地面与边角、厨具及各种不锈钢管件，然后用干毛巾再重复一次。用不锈钢养护液擦拭各种不锈钢管件。

（4）卧室及大厅保洁：用掸子清除墙面上的尘土，擦拭开关盒、排风口、空调口、排烟装置等。

（5）门及框的保洁：把毛巾叠成方块，从上到下擦拭，去掉胶水点等污渍，擦拭门框、门角等易被忽视的地方，全面擦拭后，喷上家具蜡。

（6）地面清洗：着重处理开荒保洁遗留下的漆点、胶点等污渍，然后用清洗机对地面进行清洗。

(7) 地角线保洁：用湿毛巾全面擦拭，着重处理遗留的漆点，再用干毛巾擦拭后分材质喷上家具蜡。

### （四）验收区域及标准

(1) 窗户：玻璃、铝合金（聚酯）框、窗台明亮无灰尘。

(2) 玻璃：目视无水痕、无手印、洁净光亮；框缝无尘土、洁净；窗台用手摸光滑、无尘土。

(3) 卫生间：吊顶天花板、贴瓷砖的墙壁、地面无积尘、无水迹、无杂物、无污渍；洁具触摸光滑，有光泽，无异味。

(4) 厨房：吊顶天花板、贴瓷砖的墙壁、灶台、地面无油渍、无积尘、无水迹；厨房用具摆放整齐，瓷砖表面洁净，手摸光滑，有光泽。

(5) 卧室及大厅：墙壁手摸光滑、无尘土，开关盒、排风口、空调出风口等无尘土、无污渍。

(6) 门框：手摸光滑、无污渍，沿口处无尘土，无死角，有光泽。

(7) 地面：无尘土、无污渍，地板光滑有光泽，石材光亮。

(8) 地角线：无尘土、洁净，无胶渍。

### （五）注意事项

(1) 工作过程中要有客户在场看好室内物品，客户中途有事离开，应向客户做好解释工作，避免误会。

(2) 按时完工后要重新检查一次服务质量，未完善之处要及时补做，最后礼貌地请客户验收工作质量并在派工单上签名，将客户联双手交给客户，向客户收取服务费用（收钱时双手承接并当面点清）。验收合格后应同客户讲解所服务项目在日常使用中的方法和注意事项。然后将现场作业留下的垃圾清扫干净，并将垃圾装袋，放至大门外，并收集所带工具离开。

(3) 收款后不得在客户家内逗留，应及时离开。离开时应跟客户道别，如"×××先生/女士，感谢您的配合，打扰了，欢迎您再次使用×××的服务，再见！"

(4) 出门时应面对客户退出房内，严禁以后背对着客户。出门时应随手将门关上，并再次道别。到屋外后方可将鞋套摘掉，将装袋后的垃圾扔到楼下垃圾桶内，并打电话给客服人员告知保洁服务情况。

## 三、家电清洗

### （一）派工信息处理

清洗师接到派工信息10分钟内联系客户。若客户信息无误，则准备工具、物料，规划目标地点线路，及时赶到指定地点。若客户信息有误或客户计划有变，则报告客服确认信息，等待客服回复，按客服的指令执行。

### （二）工作前准备

#### 1. 仪容

(1) 头发长短适中，不宜挡眼，不宜染发，保持清洁整齐。

（2）胡子不能太长，应经常修剪。

（3）双手洁净，指甲平整，应注意经常修剪。

（4）口腔保持清洁，上门服务前不能喝酒或吃有异味的食品。

（5）服装必须保持清洁、整齐，不能出现开线或纽扣脱落。

## 2. 仪表

（1）上门须穿公司工服，戴工帽、工牌，以彰显公司专业形象，裤子、鞋子应保持清洁，如有破损应及时修补。

（2）精神饱满，态度热诚，与客户交流中时刻保持微笑，称呼得体，对待客户尊称"您"，展现良好人文素质和职业化素养。

## 3. 装备

按订单准备当天所需工具、物品。

## 4. 出行

规划路线，按与客户预约的时间及时上门服务。

## 5. 准备进入客户家里

（1）卸下装备，放在不影响开门的位置，摆放整齐。

（2）准备好鞋套，整理着装，敲门（两重一轻）后撤半步。

## （三）上门服务

（1）征询客户意见（××先生/小姐，我可以进来吗?），穿鞋套进入室内。

（2）与客户打招呼（点头鞠躬，"您好！是××先生/小姐家吗？我是×××的清洗师××，由我为您家进行××电器清洗服务。"）。

（3）见到客户后，推荐自己，开始服务。

（4）征询客户意见（"××先生/小姐，我的装备可以放在这里吗/我的装备放在这里可以吗/我的装备放在哪里合适？"）

（5）整齐有序地摆放装备。

（6）向客户介绍公司的服务项目和所需清洗家电的服务流程。

## （四）油烟机清洗服务流程

（1）验机：检测油烟机是否运转正常。和客户确认无故障后进行下一步清洗工作。

（2）清洗准备：

① 佩戴安全防护用品：口罩、一次性静电手套、围裙。

② 清洗区域内卫生防护用品：塑料垫布、一次性台布。

（3）准备工具：

① 必备工具：多功能清洗机、水盆、腰包、测电笔、长螺丝刀、短螺丝刀、油烟机防水罩、防水手套、护目镜、油烟机清洗剂、钢丝球、毛巾。

② 备用工具：铲刀、多用螺丝刀。

（4）卫生防护措施。取得客户同意后，移开油烟机周围、顶端物品，将塑料垫布在油烟机正前方的台面下铺开，抽油烟机位于垫布中间位置，保证油烟机在清洗过程中水珠不会溅到客户家地板上。厨房区域内所有食物、餐具、台面、清洗盆用一次性台布保护。

（5）清洗步骤：

① 腰包系于腰间，测电笔、长螺丝刀、短螺丝刀装入腰包内，接水盆、油烟机罩、防水手

套、油烟机清洗剂、钢丝球、毛巾放在覆盖台面的一次性台布上，多功能清洗机入水口沉入清水盆里，有序放于塑料垫布上，接上电源调试压力。

② 拔下油烟机电源插头。

③ 拆卸油杯、油网放入清洗盆内。

④ 装上油烟机防水罩。

⑤ 戴防水手套、护目镜。

⑥ 开启多功能清洗机蒸气，打开油烟机，多功能清洗机蒸气喷枪对准风轮逆向左右摆、内壁冲洗。油污软化后，关闭油烟机，在油烟机内全方位喷洒抽油烟机清洗剂（注意油烟机清洗剂不可流到油烟机外面油漆层上）。

（6）清洗油杯、油网，油烟机外表、顶端、外面油漆层时，将油烟机清洗剂喷在毛巾上，用毛巾擦拭（注意油烟机外面油漆层不可用钢丝球）。

（7）再次开启多功能清洗机蒸气，打开油烟机开关，调至快速，多功能清洗机喷枪对准风轮逆向左右摆、内壁冲洗，内壁可用塑料铲清洁，擦拭干净。

（8）清洗现场拍照，装回油网、油杯。

（9）通电开机，清洗师先自行试机。

油烟机运行正常，准备通知客户验收油烟机清洗结果。

油烟机运行不正常，报告客服联系客户，按客服的指令执行。

（10）收拾清洗所用物品，污水按客户要求处理，机器、工具放回摆放工具箱的垫布上。

收捡一次性台布，清洗过程中产生的所有尘渣垃圾全部打包，擦拭塑料垫布，放回摆放工具箱的垫布上。

擦拭地面，必要时可借客户家拖布，保证地板干净。

清洗所需时长约 120 分钟。

注意事项：拆装动作莫太慢，找了螺丝寻卡扣，随时注意水花溅，连线卫生要牢记。

## （五）家电清洗物料清单

如表 5-8-2 所示。

表 5-8-2　家电清洗物料清单

| 编号 | 名称 |
| --- | --- |
| 1 | 全智能家电清洗一体机 |
| 2 | 油烟机清洗剂 |
| 3 | 空调清洗剂 |
| 4 | 一次性防水布 |
| 5 | 防水垫布 |
| 6 | 洗衣机免拆高压冲洗针 |
| 7 | 中号蓝色手套 |
| 8 | 空调清洗腰包 |
| 9 | 空调中号套 |
| 10 | 专业工具背包 |
| 11 | 厚款工具盒 |

| 编号 | 名称 |
|---|---|
| 油烟机套装 | 木柄窝铲 |
| | 油烟机罩 |
| | 三把铲刀 |
| | 高温圆刷 |
| | 不锈钢丝刷 |
| | 左右直刮刀 |
| | 油烟机拉马（带扳手） |
| 洗衣机套装 | 波轮清洁三把刷（长刷、笔刷、半圆刷） |
| | 八号套筒加批头 |
| | 双勾 |
| | 四寸拉马 |
| | 扳手 |
| | 保护套 |
| | 滚筒白色二代刷 |
| 空调套装 | 空调毛刷四件套 |
| | 水箱 |

## 四、石材结晶处理

### （一）主要用料

石材结晶处理主要采用 K1、K2、K3 三种药水（水晶剂）。

K1 药水是一种石材水晶镜剂，适用于较深色大理石。K2 药水是一种石材表面加硬剂，颜色为粉红色（施工成品为透明色），用于石材完成面加硬加光，并在表面形成保护膜，令石材光洁如新，适用于任何石材地面。K3 药水采用耐用天然蜡树脂精制而成，能在石材表面上形成高光泽度，能修补石材划痕，效果持久，同时具有防滑效能。

### （二）作用

石材结晶处理，保护石材表面不受一般划伤，保持光亮镜面、防水、防腐蚀，比打蜡更易护理。石材结晶处理适用于湿作业法操作，在最短时间内再造石材高光晶面，用于处理由于磨损等原因失去光泽的石材表面。

### （三）特性

（1）不会产生用钢丝棉而造成的石面划伤。

（2）不会使石面变色或留下黄锈。

（3）石面光亮如水，极富层次感。

(4) 低成本（面层结晶处理 40 元/平方米），省时、省人工，工期 10 天。

(5) 具有防止污渍深入石材内层、增强抗磨、防划等功效。

### （四）主要机具设备

**1. 机械设备**

打磨机、擦地机、吸水机、多功能洗地机、吹干机、红色百洁垫、白色抛光垫。

**2. 主要工具**

水桶、地拖、小抹子、抹布。

**3. 其他材料准备**

中性清洁剂、云石胶、清洁水。

### （五）作业条件

地面石材铺贴符合施工规范要求和设计要求。

### （六）石材地面结晶处理防止污染

将需要石材地面结晶处理房间进行封闭，防止灰尘、杂物污染地面。

### （七）石材地面结晶处理机具、材料准备

所使用的材料、机械设备、工具准备齐全，机械设备已经完成试运转。

### （八）施工经验

施工工人有良好的石材地面结晶处理的施工经验，或者接受过该项施工工艺的培训。

### （九）成品保护

墙壁已经完成的施工作业面接近地面处做好成品保护。

## 五、石材地面结晶的施工操作工艺

### （一）施工程序

**1. 石材地面完成面清理**

进行石材地面结晶处理之前，铺贴完成面整体平整，无色差，每块石材之间对角平齐，地面进行整体清理，用干燥清洁的地拖清理干净，地面无沙粒、杂质。

**2. 石材缝隙云石胶修补**

整体清理完成，使用云石胶对每块石材上面小的斑点进行修补，对于石材之间的缝隙，使用小抹子用云石胶进行修补、嵌平，使用小块干净抹布对完成部分进行逐块清洁，洞石中的石膏粉必须清理干净。云石胶进行修补后必须等胶干透才可以做下道工序。

**3. 整体地面研磨**

待云石胶干燥以后，使用打磨机对整体地面进行打磨，整体横向打磨，重点打磨石材间的嵌缝胶处（石材之间的对角处）以及靠近墙边、装饰造型、异型造型的边缘处，保持整体石材地

面平整。完成第一遍打磨后，重新进行云石胶嵌缝，嵌缝完成继续进行第二次打磨，再用地台翻新机配上钢金石水磨片，由粗到细（150目、300目、500目、800目、1000目、1500目、2000目）共需完成七次打磨，最终地面整体平整光滑。再采用钢丝棉抛光，抛光度达到设计要求的亮度（70度），石材之间无明显缝隙。

### 4. 地面干燥处理

打磨完成，先使用吸水机对地面的水分进行整体处理，同时使用吹干机对整体石材地面进行干燥处理。如果工期允许的话，也可以自然风干，保持石材表面干燥。

### 5. 地面结晶处理

地面边洒 K2、K3 药水，边使用多功能洗地机转磨。使用清洗机配合红色百洁垫，将 K2、K3 药水配合等量的水洒到地面，使用 175 转/分钟擦地机负重 45 千克开始研磨，热能的作用使晶面材料在石材表面晶化。

### 6. 整体地面养护处理

如果是空隙度大的石材（砂岩、洞石等）要进行大理石防护剂涂刷，12 小时后，再用洗地机在地面交替完成 K2、K3 药水转磨，即 K2—K3—K2—K3—K2 共五遍，再换上白色抛光垫，喷上少量的 K1 药水，重新抛磨一次，以此增加整个地面的晶面硬度。

### 7. 地面清理养护

当石材表面结成晶体镜面后，使用吸水机吸掉地面的残留物、水分，最后使用抛光垫抛光，使整个地面完全干燥，光亮如镜。如果局部损坏可以进行局部保养，施工完成可以随时上去行走。

## （二）石材地面结晶的质量标准

### 1. 保证项目

（1）石材表面平整光滑，完全干燥，光亮如镜。

（2）石材结晶表面抗水性强，并达到产品的硬度要求。

（3）要求进行石材地面结晶处理的石材表面已经清洁干净。

### 2. 基本项目

（1）石材结晶面洁净、平整、坚实，光亮光滑，透明色泽一致，结晶面层无裂纹、凹凸不平等现象。

（2）石材地面结晶处理均匀，尤其是建筑物和装饰物的地面边缘必须处理到位。石材地面结晶处理所使用的材料符合设计要求，材料必须有产品合格证及检验报告。

## （三）石材地面结晶的成品保护

### 1. 石材表面保护

（1）每天定时保洁，保证石材表面清洁，勿使用坚硬的清洁工具，防止磨损地面。

（2）搬运带有尖锐金属边角的零件时，不宜直接接触地面进行滑动搬运。

（3）地面宜使用中性清洁剂清洗。

### 2. 石材结晶的安全措施

（1）在石材地面结晶处理中，施工工人必须做好自身的防护。

（2）施工机械用电符合用电安全操作规程，使用的电线必须进行悬挂。

## 六、木地板打蜡养护

### （一）操作流程

在打蜡时，需要选择天气比较适宜的时候，比如凉爽的秋季，室内不潮，温度也不高。不建议在湿度较高的时候施工，如果湿度太高就容易产生地板蜡白浊现象，而温度低于 5 ℃时地板蜡则容易变硬，这两种情况都是不利于施工的。

#### 1. 施工工具和地板蜡准备

可以选用体积比较小的地板打蜡机，这样使用起来很方便，省时省力。如果没有打蜡机，就可以使用软布等简单的工具。当然地板蜡的选择也是很重要的。

#### 2. 整理清洁地面

在施工前需要将地面清洁干净，确保打蜡的时候，地面没有灰尘和其他污物。清洁时，一般用拧干的拖把或软布擦拭地板。清洁后，还需等待地板上的水分完全干燥才可打蜡。

#### 3. 打蜡

用干净的软布沾满地板蜡，按照木地板的木纹方向进行仔细涂抹。记得速度不要太快，也不要出现漏涂或者薄厚不均。

#### 4. 抛光

一般需要打两遍蜡，第一遍打完之后，要等蜡干了再打第二遍。最后用细砂纸或者软布抛光表面。

### （二）成品保护

打完蜡一般需静置 24 小时，待地板完全吸收干燥后方可进行踩踏，否则易造成表面印痕明显。

## 七、灯具清洗

每年对灯饰进行一次彻底清洗和养护，在清洁灯具的同时，可以检修灯头、灯筒等零部件是否有松动和长锈，这样能够及时更换和清除安全隐患。

除了较为复杂的吊灯、工艺台灯，造型简单的灯具、灯罩完全可以自己日常清洗。打小半桶清水，里面放少许清洁剂，取下灯罩后将其放入桶里浸泡，再用百洁布轻轻地擦拭。脏的地方可以单独在百洁布上倒清洁剂擦拭，最后再用干净的毛巾擦拭干净即可。灯架等装饰板用干抹布擦拭干净即可。

家里一些特殊用途的照明灯具，或者是安装位置比较特殊的灯具，也有一些特别需要注意的保养方法：

#### 1. 潮湿处的灯具要防潮

卫生间、浴室的灯具及厨房的灶前灯，都要装置防潮灯罩，以防止潮气侵入，造成锈蚀损坏或漏电短路。

#### 2. 水晶灯具的清洁保养

挑选专业的水晶灯具洁净剂，朝水晶灯具上喷洒适量的洁净剂后，水晶球或水晶片的浮尘就会随着液体的蒸发而被带走。或者将水晶灯送到专业清洁灯具的商户那里，让专业人士进行清洁保养。

### 3. 应急照明要经常留意

为了安全有效地使用应急照明灯，应定期进行检查，清洁外观，万万不可儿戏。家用可移式应急灯应选择质量可靠的品牌，经常留意剩余电量。

# 第九节　家庭理财与保险

"三年耕，必有一年之食；九年耕，必有三年之食。"

——《礼记·王制》

人类的发展历史就是一部和自然灾害抗争的历史。经过漫长的岁月，古人总结了一套抗拒自然风险的措施。春秋时期孔子的"耕三余一"就是颇有代表性的见解。在古人看来，每年如能将收获粮食的三分之一积储起来，这样连续积储三年，便可存足一年的粮食。这是一种最典型的抗拒风险的办法，也表现了古人对于天灾的风险意识。

"天有不测风云，人有旦夕祸福。"风险无处不在，我们一直生活在风险的世界里。现代人保留了古人勤俭持家的优良传统，人们普遍会在银行存一定的钱以备不时之需，使得自己老有所养、病有所医，这就是人们对风险的一种态度。

关于风险意识，古人有"道而不径，舟而不游""不以身许友，不可登高，不可临深渊"，这既是人们对风险的一种提醒，亦是对风险的一种预判。

## 一、家庭理财

所谓家庭理财，就是将家庭作为一个核算主体，对家庭收入和支出进行计划和管理，增强家庭经济实力，提高抗风险能力，增大家庭效用。从广义的角度来讲，合理的家庭理财也会节省社会资源，提高社会福利，促进社会的稳定发展。

### （一）家庭形成阶段

#### 1. 家庭形成期

家庭成员刚步入社会，薪水不高，生活走向自立，开始积累财物。此阶段突出的特点为敢于尝试消费和接触新鲜事物，理财应注重培养自己定期储蓄的习惯，同时可抽出部分资本进行投资，以获取投资经验。

#### 2. 家庭成长期

这个阶段经济收入增加且相对稳定，家庭建设支出也较为庞大，包括贷款购房、购车、置办家具、抚育子女、赡养老人等。由于家庭收入由原来的一份变成两份，而消费则由两个单独个体变成一个家庭单位，所以很容易积累资金。

#### 3. 家庭成熟期

这个时期家庭债务逐渐减轻，子女也走向独立，而自身的工作能力和经济能力都进入佳境。此阶段可扩大投资，理财的侧重点宜放在资产增值管理上，一般积极进取的投资者偏向于高风险投资以获得更高的利润，而稳健型的投资者则着重于安全性的考虑。

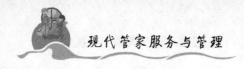

### 4. 家庭衰退期

这个阶段的理财是让金钱为精神服务，一方面可以整理一下过去的理财工具，安排好养老金的领取方式，准备颐养天年；另一方面，则要开始规划遗产及其避税问题，通常保险产品免征遗产税、利息税且可以指定受益人。

## （二）家庭理财规划

就家庭理财整体规划来看，首先要设定家庭理财计划，掌握现时的收支及资产债务状况，其次要通过保险保障计划规避风险、保障生活。

可参照企业财务管理方式，编制资产负债表、年度收支表和预算表。一般来讲，一个完备的家庭理财计划应包括以下 5 个方面：

### 1. 债务计划

对家庭债务需加以管理，使其控制在一个适当的水平上，并且要尽可能降低债务成本。

### 2. 保险计划

保险是一把财务保护伞，它能将家庭风险交给保险公司，即使有意外，也能使家庭得以维持基本的生活。因此，要学会通过保险方案将风险事件带来的影响降到最低，有效转移家庭风险。

### 3. 投资计划

由于投资并不是无限的，因此投资计划中的主要问题就是如何把有限的投资分配到效益最大的项目中去。投资计划首先考虑项目投资的最大效益，而且还需特别重视资本投入后的稳定性与流动性。

### 4. 退休计划

退休计划主要包括退休后的消费及其他需求，家庭成员应思考如何在不工作的情况下满足这些需求。

### 5. 遗产计划

遗产计划的主要目的是将财产以较低税率留给继承人，也可以提前将一部分财产作为礼物赠予继承人。

# 二、家庭保险

家庭在日常生活中可能会遭遇的风险有很多种，家庭也应该根据自己的经济状况以及需求选择最适合自己的险种。家庭保险产品一般分为三种类型：

## （一）家庭人身保险

人身风险是指由于人的生理生长规律及各种灾害事故的发生，导致人的生、老、病、死、残的风险。可通过保险产品将风险事故所造成的损失转嫁给他人（保险公司）承担，主要保险产品为意外伤害保险、医疗保险、疾病保险。

### 1. 意外伤害保险

意外伤害保险是指被保险人由于意外事故造成身体伤害或导致残疾、身亡时，保险人按照约定承担给付保险金责任的人身保险合同，例如旅游意外、交通意外等。

### 2. 医疗保险

医疗保险是以约定的医疗费用为赔付条件的保险，例如生病就医所产生的门诊费、住院费、手术费等，就可以通过医疗保险来报销。医疗保险一般分为报销型医疗保险和津贴型医疗保险。

### 3. 疾病保险

疾病保险是为保障某些重大疾病给家庭带来的灾难性费用支出的保险，即被保人一经确诊罹患该合同所定义的重大疾病之一，保险公司立即一次性支付保险金额，以缓解重大疾病所产生的巨额医疗费用给病人及其家庭带来的经济压力。

## （二）家庭理财保险

理财保险是集储蓄、保障及投资功能于一体的新型保险产品，通过购买保险对资金进行合理安排和规划，防范和避免因疾病或灾难而带来的财务困难，同时可以使资产获得理想的保值和增值。家庭理财保险的种类一般分为以下 3 种类型：

### 1. 储蓄分红型保险

储蓄分红型保险是指保户不仅可以享受一般的保险保障功能，还可以定期获得保险公司对保险资金运作后所得利润的分红，具备"保障、投资、储蓄"三位一体的功能。

### 2. 养老年金保险

养老年金保险是一种年金形式的保险，即从年轻时开始定期缴纳保险费，从约定年龄开始持续、定期领取养老金的人寿保险产品。

中产阶层很多都是企业中层以上的管理人员，在退休之后，如果仅仅依靠社保，巨大的经济落差将使原来的中产生活水平大大缩水，出于这个原因，养老年金保险成为许多中产阶层的首选。

### 3. 投资型保险

投资型保险是国内保险市场近年来出现的新险种，它兼具保险保障与投资理财双重功能。目前市场上常见的投资型保险险种有投资连结保险、分红型寿险、万能寿险及投资型家庭财产险等。

提示：购买家庭理财型保险，需重点规划好家庭经济状况。

## （三）家庭责任保险

家庭在日常生活中存在很多不可避免的各种风险，比如门窗通风容易带来入室盗窃的风险，家庭电器使用会带来火灾隐患，因自然灾害导致房屋损坏，等等，这些损失往往是无法预防的。涉及家庭责任保险的产品可谓琳琅满目，保障范围涵盖房屋、私家车、家庭成员、雇用的保姆、饲养的宠物等。

### 1. 家庭财产综合险

家庭财产风险是指由于房屋本身或外界的原因，造成家中财物遗失或受到损坏，或者导致第三者的损失。通常是住宅面临火灾、爆炸、自然灾害、空中运行物体坠落导致的损失，并可附加多种财产损失，例如因室内财产盗抢、水暖管爆裂、家用电器安全等造成的家庭财产损失。

### 2. 家庭成员责任险

家庭成员责任险是指个人或家庭成员因疏忽、过失造成他人的财产损失或人身伤害，根据法律法规或合同约定，应负经济赔偿责任的风险。该责任风险较为复杂或难以控制的，发生的赔偿金额也可能是巨大的。

例如，爸爸带 10 岁儿子到 4S 店看车，没想到，这"熊孩子"趁爸爸不注意，拿手里的玩具一连划了 8 辆进口奥迪车，造成巨大损失。因协商未果，4S 店将其爸爸告上法庭索赔，孩子的

爸爸可能要面临约 20 万元的赔偿。

### 3. 家庭宠物责任险

家庭宠物责任保险主要是保障家养宠物造成第三者伤害的医疗费用以及诉讼费等。投保宠物责任险后，若因为家庭养的宠物造成他人受伤或财产损失，可获赔偿。

提示：宠物造成被保险人及家庭成员、雇佣人员损害的，不在赔偿范围。另外，各保险公司对宠物的种类也有明确规定，一些大型或烈性犬只可能不在保障范围内。

### 4. 家庭雇佣责任险

家庭雇佣责任保险是由客户直接购买的家政服务综合保险，同时可附加家庭财产损失保险。在保险期间，被保险人雇佣的家政服务人员因从事家务工作而遭受意外，导致人身伤亡，依法应由被保险人承担的经济赔偿责任，可在合同约定的限额内由保险公司负责赔偿。

例如：家庭雇用的服务人员在打扫卫生时不慎摔伤、做饭时不慎被烫伤等，这些潜在的风险总会让客户心有余悸，投保一份家庭雇佣责任保险，可以将这类事故的赔偿责任转嫁至保险公司。

## 三、家政行业责任保险

家政行业责任保险也称"家政职业责任保险"，目的是化解家政从业人员在从事家政服务过程中，造成自身的意外伤害，以及造成他人或客户的人身伤害和财产损失时，家政从业人员或家政企业需承担的经济赔偿责任。家政企业可通过购买家政行业责任保险的方式将赔偿责任转嫁至保险公司。

### （一）行业风险现状

随着家政行业的快速发展，家政从业人员的就业形式、服务模式、服务内容等也在发生着改变，针对不同的服务形式，风险需求也在逐渐转型。由于家政从业人员的疏忽过失导致他人或客户面临高额的经济赔偿损失或自身意外事故，家政企业、客户家庭、家政从业人员将会陷入三方无休止的责任纠纷中，给行业造成不良的社会影响。特别是对注册资金较少、积累较小的绝大多数家政企业，面临巨额的赔偿纠纷，往往会成为灭顶之灾。

### （二）行业政策支持

此前，国务院及商务部出台的系列相关政策保障措施中，支持商业保险机构开发家庭服务保险产品，推行家政服务职业责任险、人身意外伤害保险等险种，防范和化解风险，并鼓励家政企业积极为家政从业人员投保相关保险产品。

例如：2017 年 9 月，根据《商务部 发展改革委 财政部 全国妇联关于开展"百城万村"家政扶贫试点的通知》（商服贸函〔2017〕774 号）的文件要求，为增强贫困人口尤其是深度贫困地区贫困人口的就业意愿，解除后顾之忧，在商务部及人保集团的指导下，由中国人民财产保险股份有限公司北京市分公司研究制定了针对家政扶贫从业贫困人口的保障方案，确保了脱贫攻坚战中家政从业人员的人身安全和职业风险保障。

### （三）行业保险产品

#### 1. 组织者责任保险

组织者责任保险保障的是家政从业人员从输出地到输入地过程中，以及家政从业人员到达输入地后，或由家政企业统一组织培训至上岗入户前所面临的风险。此期间的风险主要是家政从业人员未与家政企业确定用工合同关系，由组织者（输送基地、职业院校或家政企业）对家政从业人员在组织活动期间发生的意外事故或财产损失，依法应由组织者承担的法律赔偿责任风险。

### 2. 家政服务机构责任险

家政服务机构责任保险保障的是家政从业人员在工作过程中，因过失责任造成对第三者（客户或客户家庭成员，以及客户家庭成员以外的人员）的人身伤害或财产损失，依法应由被保险人（家政企业）承担的经济赔偿责任。

家政服务机构责任险是由家政企业为家政从业人员（含住家保姆、母婴护理员、保洁员、养老护理员等家庭服务人员）购买的职业责任保险。

### 3. 客户责任保险

客户责任保险保障的是被保险人（家政行业中通常指的是家政企业）的雇员因从事保险单载明的工作而遭受意外，导致雇员负伤、残疾或死亡，依法应由被保险人（家政企业）承担的经济赔偿责任，保险公司按照保险合同约定负责赔付。

保险条款中的雇员指与被保险人（家政企业）存在劳动关系或事实劳动关系，年满十六周岁的劳动者及其他按国家规定和法定途径审批的劳动者。

### 4. 履约保证保险

家政履约保证保险，是保证保险的一种。

保证保险，是指保险人（保险公司）承保因被保证人（家政行业中通常指的是家政从业人员）行为使被保险人（家政行业中通常指的是家政企业）受到经济损失时应负赔偿责任的保险形式，其主体包括投保人、被保险人和保险人。在家政履约保证保险中，保险责任是家政从业人员履行服务承诺，只要发生了保险合同约定的事由，如在家政服务期间违背服务承诺，给客户带来经济损失，保险人（保险公司）即应承担保险责任。

家政履约保证保险需根据家政企业与保险公司商议投保条件，并由保险公司做出承保决定。目前，此险种的承保条件有待探讨。

提示：保险产品需以各保险公司承保的保障方案、保险条款、条款约定为准。

 **案例 1**

**组织者责任保险**

岗前培训期摔伤，谁担责？

2021 年 3 月，家政服务人员林某某在某职业培训学校参加为期 10 天的岗前培训，下课休息期间，林某某在去往卫生间的走廊中不慎摔伤，导致右腕关节骨折，治疗费用共计 6 069.03 元。

由于组织方（家政职业培训学校）在组织培训活动过程中未尽到安全保障义务，导致家政服务人员林某某意外受伤，应由组织方承担相应的赔偿责任。

 **案例 2**

**家政服务机构责任保险**

照顾的老人摔伤，有惊无险！

2019 年 10 月，北京某家政公司服务员张阿姨推着轮椅准备带王奶奶到小区公园散步。走到

楼下无障碍坡道上时，张阿姨鞋子被轮椅卡住，准备弯腰抬起轮椅时，因操作失误导致轮椅侧翻，造成王奶奶摔倒骨折。经过三个多月的住院治疗，王奶奶基本康复，治疗费用共计约5万元。

因家政公司派出的家政从业人员工作过失造成了照顾对象的人身伤害，依法应由家政企业或家政从业人员承担相应的赔偿责任。由于家政企业为张阿姨投保了家政服务机构责任保险，保险公司依照保险合同的约定对王奶奶产生的医疗费进行了足额赔付。

# 第十节　家庭旅游与休闲设计

## 一、旅游

### （一）旅游的定义

#### 1. 概念定义

旅游（Tour）来源于拉丁语的"Tornare"和希腊语的"Tornos"，其含义是"车床或圆圈；围绕一个中心点或轴的运动"。这个含义在现代英语中演变为"顺序"。后缀"-ism"被定义为"一个行动或过程；以及特定行为或特性"，而后缀"-ist"则意指"从事特定活动的人"。词根"tour"与后缀"-ism"和"-ist"连在一起，指按照圆形轨迹的移动。所以旅游指一种往复的行程，即指离开后再回到起点的活动；完成这个行程的人也就被称为旅游者（Tourist）。

旅游是指人们以休闲、审美、求知等为主要目的，利用余暇到日常生活与工作环境之外的地方旅行、游览和逗留等各种身心自由的体验活动。

旅游的 AIEST（旅游科学专家协会、国际旅游科学专家协会）定义是：非定居者的旅行和暂时居留而引起的一种现象及关系的总和。这些人不会因而永久居留，并且主要不从事赚钱的活动。

#### 2. 技术定义

各种旅游技术定义所提供的含义或限定在国内和国际范畴上都得到了广泛的应用。技术定义的采用有助于实现可比性国际旅游数据收集工作的标准化。

其中，世界旅游组织和联合国统计委员会推荐的技术性的统计定义：

旅游指人们为了休闲、商务或其他目的离开他们惯常的环境，到某些地方并停留在那里，但连续不超过一年的活动。旅游目的包括六大类：休闲、娱乐、度假，探亲访友，商务、专业访问，健康医疗，宗教朝拜，其他。

#### 3. 现代旅游业定义

（1）定义旅游的三要素。尽管上文中所提及的技术定义应当适用于国际旅游和国内旅游这两个领域，但是在涉及国内旅游时，这些定义并没有为所有的国家所采用。不过，大多数国家都采用了国际通用的定义中的三个方面的要素：出游的目的、旅行的距离、逗留的时间。

（2）对出游的目的定义：以该尺度为基础的定义旨在涵盖现代旅游的主要内容。

① 一般消遣性旅游：非强制性的或自主决定的旅游活动。他们只把消遣旅游者视为旅游者，并且有意把商务旅游单列出去。

② 商务和会议旅游/公务旅游：往往是一定量的公务会议和一定量的消遣旅游结合在一起的

活动，或者通过在景点等指定地方结合公司会议等达成一定目的的活动。

③ 宗教旅游：以宗教活动为目的的出行活动。

④ 体育旅游：与重大体育活动联系在一起的旅游。

⑤ 互助旅游：新兴的一种旅游方式，通过互相帮助、交换等方式，互助的一方向另一方提供住宿。互助旅游不但节省了旅费，而且因为当地人的介入，游客可以更深入地体验当地的人文和自然景观。

（3）对旅行距离的定义：

① 异地旅游（Nonlocal Travel）：许多国家、区域和机构采用居住地和目的地之间的往返距离作为重要的统计尺度。

② 旅行距离：确定的标准差别很大，从 0 到几千千米甚至几万千米不等。低于所规定的最短行程的旅游在官方旅游估算中不包括在内，标准具有人为和任意性。

（4）对逗留时间的定义：

① 过夜游客：为了符合限定"旅游者"的文字标准，大多数有关旅游者和游客的定义中，都包含有在目的地必须至少逗留一夜的规定。

② 一日游："过夜"的规定就把许多消遣型的"一日游"排除在外了，而事实上，"一日游"往往是旅游景点、餐馆和其他的旅游设施收入的重要来源。

（5）其他方面：

① 旅游者的居住：在进行市场定位和制定相关市场战略时，了解旅游者的居住地要比确定其他的人口统计方面的因素，如民族和国籍等更为重要。

② 交通方式：主要是为了更好地进行规划，一些目的地通过收集游客交通方式（航空、火车、轮船、长途汽车、轿车或其他工具）的信息来获得有关游客旅行模式的信息。

（6）国际组织定义：

① 国际旅游者：在两次世界大战的间歇期间，世界国际旅游收入增长迅速，因此在统计上迫切需要有一个更准确的定义。1936 年举行的一个国际论坛，国家联盟统计专家委员会首次提出，"外国旅游者是指离开其惯常居住地到其他国家旅行至少 24 小时的人。"1945 年，联合国（取代了原来的国家联盟）认可了这一定义，但是增加了"最长停留时间不超过 6 个月"的限定。

② 世界旅游组织的定义：1963 年，联合国国际旅游大会在罗马召开。这次大会是当时的国际官方旅游组织联盟（英文名字的缩写为 IUOTO，即世界旅游组织的前身）发起的。大会提出应采用"游客"（Visitor）这个新词汇。游客是指离开其惯常居住地所在国到其他国家去，且主要目的不是在所访问的国家内获取收入的旅行者。游客包括两类不同的旅行者：

a. 旅游者（Tourist）：在所访问的国家逗留时间超过 24 小时且以休闲、商务、家事、使命或会议为目的的临时性游客。

b. 短期旅游者（Excursionists）：在所访问的目的地停留时间在 24 小时以内，且不过夜的临时性游客（包括游船旅游者）。

从 1963 年开始，绝大多数国家接受了这次联合国大会所提出的游客、旅游者和短期旅游者的定义以及以后所作的多次修改。

③ 世界旅游日的确立：世界旅游日（World Tourism Day）是由世界旅游组织确定的旅游工作者和旅游者的节日。1970 年 9 月 27 日，国际官方旅游组织联盟在墨西哥城召开的特别代表大会上通过了将要成立世界旅游组织的章程。1979 年 9 月，世界旅游组织第三次代表大会正式将 9 月 27 日定为世界旅游日。选定这一天为世界旅游日，一是因为世界旅游组织的前身"国际官方旅游组织联盟"于 1970 年的这一天在墨西哥城的特别代表大会上通过了世界旅游组织的章程，

二是这一天又恰好是北半球的旅游高峰刚过去，南半球的旅游旺季刚到来的交接时间。中国于1983年正式成为世界旅游组织成员，自1985年起，每年都确定一个省、自治区或直辖市为世界旅游日庆祝活动的主会场。

（7）对国内旅游者的定义。1963年提出的游客（Visitor）术语的定义仅仅是针对国际旅游而言的，它也适用于国民（国内）旅游。

1980年，世界旅游组织在《马尼拉宣言》中将该定义引申到所有旅游。巴昂（BarOn，1989）指出，世界旅游组织欧洲委员会旅游统计工作组同意，尽管国内旅游比国际旅游的范围窄一些，但这一术语的使用还是相容的。

（8）德国作家黑塞定义。德国作家黑塞说，"旅游就是艳遇"。既然是"遇"，自然是遇而不可求，旅行中的艳遇，陌生的地方、陌生的人，在美景的衬托之下更显出浪漫情调。艳，奇幻迷离，让人意犹未尽；遇，一场风花雪月的邂逅，一个怦然心动的瞬间。

（9）其他相关定义：

① 交往定义：1927年，德国的蒙根·罗德将旅游定义为"从狭义理解是那些暂时离开自己的住地，为了满足生活和文化的需要，或各种各样的愿望，而作为经济和文化商品的消费者逗留在异地的人的交往"。注意：这个定义强调的是，旅游是一种社会交往活动。

② 目的定义：20世纪50年代，奥地利维也纳经济大学旅游研究所将旅游定义为"旅游可以理解为是暂时在异地的人的空余时间的活动，主要是出于修养，其次是出于受教育、扩大知识和交际的原因的旅行，再是参加这样或那样的组织活动，以及改变有关的关系和作用"。

③ 时间定义：1979年，美国通用大西洋有限公司的马丁·普雷博士在中国讲学时，将旅游定义为"是为了消遣而进行旅行，在某一个国家逗留的时间至少超过24小时"。注意：这个定义强调的是各个国家在进行国际旅游者统计时的统计标准之一，即逗留的时间。

④ 相互关系定义：1980年，美国密执安大学的伯特·麦金托什和夏西肯特·格波特将旅游定义为"可以理解为在吸引和接待旅游及其访问者的过程中，由于游客、旅游企业、东道政府及东道地区的居民的相互作用而产生的一切现象和关系的总和"。注意：这个定义强调的是旅游引发的各种现象和关系，即旅游的综合性。

⑤ 生活方式定义：中国经济学家于光远1985年将旅游定义为"是现代社会中居民的一种短期性的特殊生活方式，这种生活方式的特点是异地性、业余性和享受性"。

## （二）旅游的起源与发展

### 1. 最早的旅游

旅行作为一种社会行为，在古代即已存在。旅游的先驱是商人，最早旅游的人是海上民族腓尼基人。

中国是世界四大文明古国之一，旅行活动的兴起同样居世界前列，中国早在公元前22世纪就出现了旅行的行为。当时最典型的旅行家大概要数大禹了，他为了疏浚九江十八河，游览了大好河山。之后，就是春秋战国时的老子、孔子二人。老子传道，骑青牛西去，孔子讲学周游列国。汉时张骞出使西域，远至波斯（今伊朗和叙利亚）。唐时玄奘取经到印度，明时郑和七下西洋，远至东非海岸，还有大旅行家徐霞客浏览山川并写了游记。

### 2. 中国古代"旅游"概念

早在殷周之际，人们已经开始注意旅行的类别，殷人和周人习用"旅"字，专指当时最活跃的一种旅行——商旅。《易经》中，专讲行商客贾的一卦就称为"旅"卦。"旅"字之所以用于商旅一是"旅"本来就含有行走之意，二是"旅"常被古人假借为"庐"，与"庐"字相通的"旅"字便成了当时商业旅游的专称。

东周时期，旅行分类更加清楚，东周人除了沿用殷周以来的说法，以"旅"称商旅，以"征"称军旅，以"归"称婚旅，以"巡"称天子之旅，以"迁"称迁徙之旅。他们还用"旅"字为中国旅游史引进了现代"旅游"的概念。"游"的字义是浮行于水中。人能像鱼一样无拘无束、自由自在地"泳之游之"（《诗经·邶风·谷风》），当然是一件令人高兴的事情。所以当时人们把那些随心所欲，"优哉游哉"（《史记·孔子世家》："优哉游哉，维以卒岁"）的旅行活动，如游猎、游览、游学等概称为"游"。"游"的提出，说明东周人已经有了比较明确的旅游范畴，能够把旅游与商旅、聘旅级行役（礼节性外交和长途公差）等功利性的旅游区别开来，标志着中国古代旅游从此进入了自觉的认识阶段。

有关"旅游"一词，最早见于六朝齐梁时沈约（441—513）《悲哉行》"旅游媚年春，年春媚游人"的诗句，用以专指个人意志支配的，以游览、游乐为主的旅行，以此区别于其他种种功利性的旅行。

### 3. 旅游网站的发展

随着因特网的发展、计算机技术的不断成熟，旅游网站纷纷落户，促进旅游这个行业大力发展，旅游网站经过这些年的发展后已多如牛毛，网站的发展也日趋成熟。

这类网站提供及时的旅游线路报价、打折门票信息、切实的旅游建议以及详细的旅游资讯。将旅游业内信息进行整合分类，人性化地开设了旅游线路预定、打折门票、签证服务、机票酒店预订、旅游保险、旅游书城、包车服务、旅行游记、旅游博客等多方面的服务。

### 4. 旅游的概念要素

（1）基本要素："吃、住、行、游、购、娱"，简单的六个字概括了旅游的要素，但它的提出却经历了半个世纪，凝集了几代人的心血，集中了成千上万旅游工作者的智慧。这六个要素，是中国发展旅游业的根本，指导旅游业的规范，衡量旅游业的标准，同时，也是广大导游员进行导游安排时必须考虑的六个要点、六个方面。了解了它的形成过程，有助于在实际导游工作中更好地为游客服务。

（2）生活方式：要用发展的观点来认识"旅游"这一观念。因为现代社会中的旅游不同于古代文人的游山玩水或徐霞客式的旅行和科学考察，它是人类社会中一种不断发展的生活方式，主要表现在以下几个方面：

① 娱乐旅行概念发生了变化。第二次世界大战前，只有社会中富裕的、有空闲的和受过良好教育的人出国旅行，满足于欣赏外国风景、艺术作品；现在，这种观念已完全改变。因为出国旅游者多来自各种不同的背景，对旅游想法很不相同，所好和欲求更加五花八门，在有限的假期内尽量实现这一切。

② 现代旅游是闲暇追享的"民主化"。如冬季旅游，过去是少数富人强占的运动；骑马、划艇、射击是非大众化运动。但是嗜好和闲暇的"商业化"已使这种活动能为一般人所享用。大量的人到国外去参加更为令人激动和更富有外国情调的活动，如登山、滑冰、水下游泳和马车旅行等。

③ 现代旅游发展为"社会旅游"。如英国度假营，既提供传统的旅游胜地具备的一切设施，又不断开辟和发展新的风景区域，组织大群游人观览，建造特别设计的低消费接待设施，并经常就地提供娱乐和其他服务。社会旅游可以把大量旅游者引入偏远和相对不发达地区。

④ 享受性：旅游是一种高级的精神享受，是在物质生活条件获得基本满足后出现的一种追享欲求。有一位社会学家说，旅游者的心理中有"求新、求知、求乐"这样三条原则，这是旅游者心理的共性。旅游者不远千里而来，就是想领略异地的新风光、新生活，在异地获得平时不

易得到的知识与平时不易得到的快乐。

⑤ 知识性：旅游给人们带来很多见识，增进了对各地了解，丰富了人文知识。这才是旅游的真谛！

⑥ 意志性：旅游给人们带来心灵的享受，会让人的心情变得兴奋，达到快乐的极致。

⑦ 休闲性：目前高速运转的生活工作频率，使人越来越感到生活的压力过大，所以需要在一些假日放松自己，到海滨城市享受阳光、沙滩、大海、蓝天、白云。

### 5. 旅游的分类

（1）按地理范围分类：

① 国际旅游：国际旅游是指跨越国界的旅游活动，分为入境旅游和出境旅游。入境旅游是指他国公民到该国进行的旅游活动，出境旅游是指该国公民到他国进行的旅游活动。

② 国内旅游：国内旅游是指人们在居住国内进行的旅游活动，包括该国公民在国内的旅游活动，也指在一国长期居住、工作的外国人在该国内进行的旅游活动。从旅游发展的历程看，国内旅游是一国旅游业发展的基础，国际旅游是国内旅游的延伸和发展。

（2）按旅游的性质和目的分类：

① 休闲、娱乐、度假类：属于这一类旅游活动的有观光旅游、度假旅游、娱乐旅游等。

② 探亲、访友类：这是一种以探亲、访友为主要目的的旅游活动。

③ 商务、专业访问类：属于这一类的旅游活动有商务旅游、公务旅游、会议旅游、修学旅游、考察旅游、专项旅游等，也可将奖励旅游归入这一类，因为奖励旅游与游客个人职业及所在单位的经济活动存在紧密关系。

④ 健康医疗类：主要指体育旅游、保健旅游、生态旅游等。

⑤ 宗教朝圣类：主要指宗教界人士进行的以朝圣、传经布道为主要目的的旅游活动。

⑥ 其他类：上述六类没有包括的其他旅游活动，例如探险旅游等。

（3）按人数分类：

① 团队旅游：由旅行社或旅游中介机构将购买同一旅游路线或旅游项目的 10 名以上（含 10 名）游客组成旅游团队进行集体活动的旅游形式。团队旅游一般以包价形式出现，具有方便、舒适、相对安全、价格便宜等特点，但游客的自由度小。

② 散客旅游：由旅行社为游客提供一项或多项旅游服务，特点是预定期短，规模小，要求多，变化大，自由度高，但费用较高。

③ 自助旅游：这是一种人们不经过旅行社，完全由自己安排旅游行程，按个人意愿进行活动的旅游形式，例如背包旅游，特点是自由，灵活，丰俭由人。很多人认为自助旅游是一种省钱的旅游方式，旅游内容粗糙，可能会有很多危险，旅馆没有预定会有不安全的感觉，这是一种错误的认识。其实，如果深入了解自助旅游特性，就会发现，自助旅游是一种相当精致有特色的旅游形态。自助旅游使所有的花费都可依自己的喜好来支配，行程可弹性调整，又可深入了解当地民情风俗。自助旅游绝非玩得多、花得少的旅游方式，而是在同一地方花上较多的时间深入了解该地的特色，接触当地的人与事，看自己想看见的东西，走自己想走的路。

④ 互助旅游：互助旅游是网络催生的一种旅游模式，是以自主、平等、互助为指导思想的一种交友旅游活动，是经济旅行（没有中间商）。

通俗地说，互助旅游就是交朋友去旅游，使网络上的人际关系走向现实世界，强调旅行不该只是"我路过"，而应该是"我体验"。

互助旅游将成为当今人们主选的旅游模式之一，也是科技时代带给人们的现代社交观念与快乐生活的方式。

## 二、旅行的策略

旅行最大的好处，不是能见到多少人，见过多美的风景，而是走着走着，在一个际遇下，突然重新认识了自己。

### （一）注意事项

（1）安全是享受快乐旅程的保证。出发前最好购买旅游意外保险，如果发生意外能得到及时的救助。

（2）旅途中尽量少带现金，不要将钱放在行李中，要贴身保管。贵重物品不要放在房间内。最好到正规商店购物商品，买了东西要开发票。在试衣试鞋时，最好请同团好友陪同和看管物品。

（3）重要证件如护照、签证、身份证、信用卡、机船车票要随身携带，妥善保管。出发前最好各复印一件放在手提包中，原件放在贴身的内衣口袋中。遇到有人查证件时也不要轻易答应，应报告领队处理。如领队不在场，可要求对方出示身份证或工作证件，否则应予拒绝。若对方是警察，也应记下其证件号、胸牌号和车号。

（4）在旅游过程中，游客应当保存好一切可能用得着的证明材料，如旅游合同、旅游发票、景点门票、医疗单据等，不要仅凭口头承诺。必要时，消费者可将与旅行社进行商谈交涉的过程以录音的形式记录下来。遇到侵权更要及时向旅行社、消费者协会、旅游质量监督所等机构反映。

（5）国外旅游要尊重所在国的风俗习惯，特别是有特殊宗教习俗的，避免因言行不当引发纠纷。遇到地震等自然灾害、政治动乱、战乱、突发恐怖事件或意外伤害时，要冷静处理并尽快撤离危险区域，并及时报告我国驻所在国使领馆或与国内有关部门联系寻求营救保护。

（6）每次出发时间不一样，对应季节、天气等不一样，应以当时旅行社给出的注意事项为准。

（7）春季的天气是多变的，如果选择这个时候出行，需要准备足够抵抗低温的衣服。如果是去南方，不妨带上一柄轻便好看的小伞。

（8）如果是在春季去南方旅游，最好事先确认当地这时是不是梅雨季节。如果是，就带雨伞，或者带上一件漂亮的雨衣。

（9）如果是在春季去北方旅游，有必要了解会不会遭遇沙尘暴。如果遇到沙尘暴，可以用大纱巾或者大帽子蒙住头，也可带不沾风沙的雨衣或者别的大外套。注意衣服的领口、袖口、下摆要扎紧，裤子的腰部、裤脚也不要漏风。

（10）春季旅游容易导致过敏。如果对花粉过敏，最好就别去看花；如果海鲜过敏，就别贪吃海鲜；如果对昆虫或者动物皮毛过敏，就别钻树丛，而且要远离动物。带好必要的脱敏药物。

【拓展阅读】

### 七忌八要

一忌走马观花。出来旅行的目的是愉悦身心，增长见识。如果每到一地而不去细心观赏当地的风土人情，则失去了旅行的意义。

二忌行李过多。旅行时带过多的物品是没有意义的，它是我们旅行的累赘。带在身边，行动不方便；放在旅馆，又不安全。所以提倡一包政策：只带一个大背囊。

三忌惹是生非。旅行的地点始终不是自己"地头"，蛮劲、霸气还是收敛点好。

四忌分散活动。如果是一伙人去旅游，最好不要各有各的节目，至少保持两三人一起活动。切忌单独外出！

五忌钱人分离。多个心眼，小心为上。

六忌带小孩。小孩时刻需要大人的关照，使大人不能全身心享受旅行所带来的乐趣。

七忌不明地理。每到一地先买份当地地图，一可作走失时应急之用，二可留为纪念。

一要带个小药包。外出旅游要带上一些常用药，因为旅行难免会碰上一些意外情况，如果随身带上个小药包，就可以做到有备无患。

二要注意旅途安全。旅游有时会经过一些危险区域，如陡坡密林、悬崖蹊径、急流深洞等，在这些危险区域，要尽量结伴而行，千万不要独自冒险前往。

三要讲文明礼貌。任何时候、任何场合，对人都要有礼貌，事事谦逊忍让，自觉遵守公共秩序。

四要爱护文物古迹。旅游者每到一地都应自觉爱护文物古迹和景区的花草树木，不任意在景区、古迹上乱刻乱涂。

五要尊重当地的习俗。中国是一个多民族的国家，许多少数民族有不同的宗教信仰和习俗忌讳。俗话说"入乡随俗"，在进入少数民族聚居区旅游时，要尊重他们的传统习俗和生活中的禁忌，切不可忽视礼俗或由于行动上的不慎而伤害他们的民族自尊心。

六要注意卫生与健康。旅游在外，品尝当地名菜、名点，无疑是一种"饮食文化"的享受，但一定要注意饮食饮水卫生，切忌暴饮暴食。

七要警惕上当受骗。社会上存在着一小部分偷、诈、抢的坏人，因此，"萍水相逢"时，切忌轻易深交，勿泄"机密"，以防上当受骗造成经济上的损失。

八要有周密的旅游计划。即事先要制订包括时间、路线、膳宿在内的具体计划并带好导游图（书）、有关地图及车船时间表及必需的行装（衣衫、卫生用品等）。一份规范的旅游保险也是出游的一个必备因素，尽量不要随便跟旅游团买保险。对于自助游可自行购买短期出游意外保险，可找保险公司或者网上购买。

## （二）药品携带

### 1. 抗感冒类药物

如复方氨酚烷胺胶囊、维 C 银翘片、热炎宁颗粒、羚翘解毒丸、银翘解毒颗粒、感冒软胶囊、感冒清热冲剂等。如去南方旅游，可以准备藿香正气类药品。

### 2. 止泻药

无论是去南方旅游，还是去北方旅游，止泻药都必不可少，主要有黄连素片、呋喃唑酮片、诺氟沙星胶囊等。此外，亦可备些增效联磺片，用于呼吸道、泌尿系统、肠道感染。如去热带及疟疾流行区旅游，备一些奎宁片、青蒿素片可以满足不时之需。

### 3. 止痛药

对乙酰氨基酚缓释片、布洛芬缓释胶囊等用于病因明确的临时疼痛。

### 4. 抗过敏药

有过敏体质的人到新的环境，可能接触到新的过敏原，易引起皮疹、哮喘、过敏性鼻炎等疾病，随身携带一些抗过敏药，可渡过难关。马来酸氯苯那敏片：镇静、止吐，可以消除各种过敏症状，如荨麻疹、过敏性鼻炎、虫咬皮炎等。氯雷他定片：用于缓解过敏性鼻炎有关症状，如喷嚏、流涕、鼻痒、鼻塞等。

### 5. 滴眼液

沙眼患者、隐形眼镜佩戴者以及其他一些容易发生眼睛疾患的人，带一小瓶洗眼液可以在旅途中减少不必要的麻烦，比如萘扑维滴眼液等。

### 6. 防晕车类药物

有晕车、晕船、晕机历史的游客必备茶苯海明片，可在动身前半小时先服用 50 毫克，途中必要时再加服 1 片。但高血压、甲亢、心悸、青光眼患者及新生儿、早产儿、哺乳期妇女等忌用。另外还可以带一些风油精备用。

## （三）疲劳解决方法

### 1. 调节心情

让旅游带来的愉快心情延续下去。可以闭目养神，什么也不想，静静地待会儿；也可以找一部哪怕是以前看过的轻松愉快的喜剧片或者言情片欣赏一下，或者听听熟悉的音乐，让自己亢奋的心情平缓下来；还可以与人轻松地聊聊天，给同事或朋友看看照片，讲讲趣事，分发带回来的小礼物。切不可被懒惰的心理和五光十色的度假记忆所迷惑，要暗示自己，回到原来的生活，把度假旅游的好处和心情同工作的劳动价值联系起来，找回原有的生活节奏。

### 2. 按摩除疲劳

过量的体力运动造成肌肉群产生乳酸堆积，按摩有助于乳酸尽快被血液吸收并代谢。方法是用手捏或用拳头轻轻敲打小腿、大腿及手臂、双肩，使肌肉得到放松。

## （四）调节饮食

### 1. 喝几杯热茶

茶中含有咖啡因，能增强呼吸的频率和深度，促进肾上腺素的分泌而达到抗疲劳的目的。咖啡、巧克力也有类似作用。

### 2. 摄取高蛋白

人体热量消耗太大也会感到疲劳，故应多吃富含蛋白质的豆腐、牛奶、猪牛肉、鱼、蛋等。

### 3. 补充维生素

维生素 $B_1$、$B_2$ 和 C 有助于把人体内积存的代谢产物尽快处理掉，故食用富含维生素 $B_1$、$B_2$ 和 C 的食物，能消除疲劳。

### 4. 吃碱性食物

多食碱性食物，如新鲜蔬菜、瓜果、豆制品、乳类，和含有丰富蛋白质与维生素的动物肝脏等。这些食物经过人体消化吸收后，可以迅速地使血液酸度降低，达到弱碱性平衡，使疲劳消除。

## （五）境外旅游

### 1. 出境旅游团人数多须配文明督导员

2015 年，国家旅游局下发了《游客不文明行为记录暂行办法》，六类不文明旅游行为可能会影响游客个人的征信以及相关活动。之后，国家旅游局下发了《关于进一步加强旅游行业文明旅游工作的指导意见》（以下简称《意见》），《意见》指出，各地要积极推动地方将文明旅游相关要求入法入规，推进文明旅游工作制度化。

### 2. 文明旅游督导员协助导游

《意见》指出，我国的港澳台地区，以及东南亚、日韩等周边国家是我国公民出境旅游的主

要目的地，广东、上海、北京、广西、山东、浙江、福建、内蒙古、云南、辽宁10个省区市出入境人员较多，这些都是文明旅游工作的重点区域。

### 3. 警惕节假日不文明行为高发

针对近年来发生的游客冲击民航飞机等公共交通工具的不文明行为，《意见》也明确指出，在元旦、春节、五一、寒暑假、十一等几个时段，这些不文明行为高发，各地要落实宣传引导游客、乘客文明理性维权。发挥文明督导员、志愿服务队的作用，积极开展文明告知、文明提醒、文明规劝，引导游客文明旅游、安全旅游。

## （六）相关常识

### 1. 港澳游需要的证件

其包括往来港澳通行证/卡及保证个人访港的签注类型，一般有个人访问签注（G签注）、探亲签注（T签注）或商务签注（S签注），香港自由行为G签注，跟团进出的为L签注，需要到户籍所在地的出入境管理处办理。如果需要同时进入香港和澳门，需要同时办理两地的签注。

### 2. 台湾游需要的证件

其包括往来台湾通行证及保证个人访台的签注类型。

### 3. 出境游护照

在出境之前必须办理好护照，护照在当地的出入境管理中心申请，中小城市居民可以在所在地的公安局出入境管理科申请。办理护照需提供户口本、身份证、4张标准的护照证件相片，填写两张护照申请表即可。

护照的办理时间一般为7~10个工作日，有效期为10年。具体情况可以咨询户口所在地的相关部门。在预订线路时，务必检查护照有效期，护照必须在回国当天还有至少半年的有效期，领馆才会签发签证。

### 4. 出境游签证

除了东南亚国家的签证，办理其他国家的签证都有领区划分，上海领区一般只能办理上海、浙江、江苏、安徽、江西等省市护照的签证，其他省市护照的签证办理方法，需咨询旅行社或相关专业人士或相对应的领事馆。

### 5. 中国旅游日

2011年4月12日上午，国家旅游局召开"中国旅游日"新闻发布会，确定自2011年起，每年5月19日为"中国旅游日"。

### 6. 旅游景区避"热"就"冷"

旅游旺季，外出旅游的人较多，而且人们都喜欢到热点景区去，从而使得这些旅游景区的旅游资源和各类服务因供不应求而价格上涨，特别是在节假日期间，情况更甚。如果这时到这些地方去旅游，无疑要增加很多费用。而有意识地避开旅游热点地区的游客高峰期，到相对较冷特别是那些新开发的景区去旅游，就能省下不少费用。

### 7. 交通工具避"天"就"地"

在国家延长节日假期后，不少人的旅游时间还是比较充足的，如果不是到较远的地方去旅游，非得坐价格较贵的飞机抢时间不可，就完全可以坐火车、乘汽车，这样，不但可以一路上领略窗外风景，而且花费也要少得多。

### 8. 入住旅社避"洋"就"土"

外出旅游是较累的，因此，有个安静、舒适的住宿环境很重要，但这并不意味着就要住星级宾馆。选择入住旅社完全不必贪"洋"追"星"，而应从实用、实惠出发，选择那些价格虽廉但条件也还可以且服务不错的招待所为好。

### 9. 一日三餐避"大"就"小"

旅游景点的饮食一般都比较贵，特别是在酒店点菜吃饭，价格更是不菲。而各个旅游点的地方风味小吃，反倒价廉物美，这样，不但可以省下不少钱来，而且也可通过品尝风味小吃，领略各地不同风格的食文化。

### 10. 景点门票避"通"就"分"

近几年，不少旅游区都出售"通票"，这种一票通的门票，虽然有节约旅游售票时间的好处，而且比分别单个买旅游景点的门票所花的钱加起来也要便宜一些，但是，大多数旅游者往往不可能将一个旅游区的所有景点都玩个遍。鉴于此，游客可不必买通票，而改为玩一个景点买一张单票，这样，反倒能省下些钱来。

### 11. 游山玩水避"懒"就"勤"

一些游客逛旅游景区，常常怕跑，往往进园坐游览车，上山坐缆车、坐轿子……这种懒惰式的游览，虽然少累些，却要多花好多钱，而且也不利于旅游健身。

### 12. 旅游购物避"景"就"市"

旅游景区的物价一般都较高，所以，无论是购旅游纪念品还是购旅游中的食物、饮料，抑或购买当地的土特产品和名牌产品，都不必在旅游景区买。可以花上一点时间跑跑市场，甚至可以逛夜市购买，如此，既可买到价廉物美的商品，又能看到不同地方的"市景"。

### 13. 旅游保险避"重"就"轻"

越来越多的人已不满足于在国内旅游，将旅游目的地延伸到国外，旅游保险成为旅途不得不考虑的部分，尤其对于出国旅游的朋友尤为重要。旅游险投保要遵循"避重就轻"的原则，也就是说，综合考虑旅游的地区、时间、行程安排等，挑选最有利于自己的保险和要投保的保险公司。

【拓展阅读】

#### 参团 22 招小常识

第 1 招：看旅行社资质。旅行社分为不同类型，有国际社或国内社，标明了经营的范围。如果是出境旅游，一定要注意旅行社是否有出境游经营权。截至目前，国家批准的中国公民出境旅游目的地有：中国香港、中国澳门、新加坡、泰国、马来西亚、菲律宾、韩国、澳大利亚、新西兰等。国家批准的具有出境旅游经营资格的主要旅行社有：中国国际旅行社总社、中国旅行社总社、中国康辉国际旅行社、武汉鹏远旅行社有限公司、中南国际旅游湖北有限责任公司及它们在北京、上海、广东、江苏、陕西、湖北、云南、福建、浙江等地的分支机构。

第 2 招：看旅行社行业背景，也就是旅行社所属公司是以经营旅游业为主，还是主营其他项目，旅游只是一个新拓展的领域。相比较而言，后者资历浅，投入精力不多，显然实力上稍逊一等。

第 3 招：看旅行社的广告。此招最容易也最有效。广告构成了旅行社信誉度的重要部分，可以肯定地说，一个不做广告的旅行社没有很好的实力。要仔细观察广告出现在什么等级的媒体上以及出现的频率、篇幅、位置或时段，这些都从一个侧面反映了旅行社的信誉和实力。

第 4 招：看推销人的气质。观察旅行社推销产品的员工是否训练有素，精明强干，即可对旅行社的情形推知一二。

第 5 招：看推销人的承诺。所有的推销人都会说自己的旅行产品如何出色。可一旦被质疑，来自不正规的旅行社的推销人常说"我们是朋友，我还能骗你吗"或是"我保证错不了"之类，听起来热乎乎可实际什么用都没有的个人保证。而正规公司的推销人会以自己旅行社以前的业绩来证明，例如说"我们于×年×月组织接待过×类的大团"等。让事实说话，听着让人放心。

第6招：看旅行社宣传材料。印刷精美、内容翔实的宣传册或产品说明是旅行产品品质的重要表现，而几张简单的打印文件很难让人相信旅行产品能有好品质。

第7招：记住各地旅游局的电话号码，对旅行社资质等问题不甚明了时，可以打电话咨询。

第8招：去旅行社的网站上查看相关信息，如果网站长期不更新的话，那大多是假的。

第9招：看旅行社是否提供行程表，及行程表内容是否详尽。行程表就是旅行的日程安排，应包括住宿、用餐及景点几个方面，越详尽越好。一份出色的行程表甚至包括下榻酒店及用餐餐馆的电话，万一客人走散，可凭此及时与团队取得联系。另外，提供日程表越详尽，旅行社中途随意改动安排的可能性越小。

第10招：看行程安排是否合理。有些旅行社的行程看似诱人：国家多、城市多、安排紧凑。可实际上在途中浪费很多时间，甚至走回头路。例如某旅行社组织的北京到以色列再到南非，再返回以色列又返回北京，共计14天行程的旅行，仅飞行和在机场候机安检的时间就近60个小时，这一趟旅行下来，不仅浮光掠影，而且人困马乏，更谈不上旅行观光的乐趣。

第11招：探讨景点细节。看行程表时不仅要注意节目和景点是否符合自己的兴趣，而且要看标注是否详细。如果行程上写"阿尔卑斯山滑雪一天"或"黄金海岸畅游半日"之类的话，可千万要小心。因为"阿尔卑斯山"和"黄金海岸"的范围很大，当地滑雪场或海滨浴场众多，它们的设施、管理、自然条件都相差颇多，享受的服务差别很大。遇到这种情况，一定要向旅行社询问滑雪场或浴场的具体名称及情况。虽然即使说了旅行者也未必知道，可如果旅行社说不出，这里面一定有问题。如果说出名字，请一定记下，日后看看是否相符。另外，在向别家旅行社咨询时，可以顺便问一问该场所如何，竞争对手常常会说出实情。

第12招：明确哪些游乐项目的费用已包含在团费之内，哪些需要自理。弄清门票是只包含第一道门票，还是全部。例如，到某海滨旅行，游泳是不收费的，而潜水、滑水、乘快艇出海等是需自理的，可旅行社行程上只写"下午1时至4时，在×浴场游泳、滑水、乘快艇"，这就很容易令人误解。因此，旅行前一定要问清，以免日后产生纠纷。

第13招：问清用餐标准。民以食为天，出门在外，吃的好坏关系重大。事先问清餐标，一是估摸一下吃的好坏，二是如果途中旅行社因故未能安排餐食，想退钱也有个标准。另外，还要问清几菜几汤，几荤几素。如果是出国旅行，最好问明是中餐还是当地餐。在国外，中餐通常较贵。

第14招：明确酒店的名称、地点及星级。通常来说像"入住北京王府饭店（五星级）或同级饭店"的写法比较规范。如果只写地点或星级都可能有问题。有的旅行社行程上写住"三关口"，到当地后发现，此处是深山，连人家都没有。显然这是旅行社没有事先踩线，而是按地图臆想出来的一家宾馆。

第15招：明确交通工具。不仅要明确是汽车、火车还是飞机，对汽车还要了解是进口车，还是国产车，什么车型，因为这直接关系到旅途的舒适程度。如果是自驾车旅行，就更要对车的情况以及自己的权利、义务了解清楚。

第16招：如果出国旅行，按规定可以凭办好签证的护照到当地中国银行兑换2 000美金（仅指当年第一次出国旅行）。如果旅行社绝口不提美金，出境前既不把护照给旅行者，也不提代旅行者换美金，那就要小心了，一定要在旅行前将此事弄清。如果旅行社说按规定只可换1 000美元，那肯定其中有诈。

第17招：看是否有全陪。通常旅行团人数超过15人，组团的旅行社就应派人全程陪同，以保证从一地至另一地的旅游可以顺利衔接，旅途中发生问题能得以及时解决。

第18招：在旅行中导游在原规定的行程之外临时增加节目时，旅行者首先要确定自己是否对此感兴趣，然后要问明此项安排是否要另付费用，最后还要了解清楚新的安排会不会影响下一个景点的参观。只要旅行者认为以上任何一项觉得不妥，就可以勇敢地说"不"，拒绝新的安排。

第19招：遇到导游减少景点的情况，旅行者要记住，每一个景点你都是付了费的，即使没有门票，你也付了交通费，付了费而没有得到相应的服务，理应要求退钱，甚至投诉赔偿。当然，因为自己不去和不可抗外力因素而取消景点不在其中。

第20招：对购物不感兴趣，导游却不断带团进商店，行之有效的对策就是坚决不买。如果所有团员都不感兴趣，可以向全陪和导游提出。

第21招：保留好出发前签订的协议书、行程表以及旅行中旅行社违约或导游不负责任的证据，向旅行社的质量管理部门投诉。

第22招：如果旅行社的质量管理部门不能妥善解决问题，就向各省、市旅游局质量管理处投诉。

## 三、旅游与休闲

### （一）旅游与休闲的目的

#### 1. 旅游的目的

旅游是人们的一种短期（一般认为时间应在一天以上、一年以内）异地休闲生活方式和跨文化交流以及高层次消费的活动。简单地说，旅游是人们利用余暇到日常生活与工作环境之外的地方的各种身心自由的体验。如果用最简略、最通俗但难免欠严谨的语言表述，旅游是"休闲型旅行"或"异地休闲性活动"。

#### 2. 休闲的目的

人们在闲暇时间以各种"消遣"或"娱乐"的方式求得身心的放松，培养与谋生无关的兴趣、自发地参加到社会活动。

马克思把休闲称为"可以自由支配的时间"。他在《剩余价值理论》的草稿中指出：对于人类发展来说，"休闲"是可以自由支配的时间，这种时间不被直接生产劳动所吸收，一是用于娱乐和休息的余暇时间，二是指发展智力，在精神上掌握自由的时间。

休闲之事古已有之，现代一般意义上的休闲是指两个方面：一是解除身心上的疲劳，恢复生理的平衡；二是获得精神上的慰藉，成为心灵的驿站。它是完成社会必要劳动之后的自由活动，是人的生命状态的一种形式。

#### 3. 目的的一致性

休闲与旅游追求愉悦体验、放松身心的目的是一致的，二者在行为（活动）上高度重叠。

旅游作为休闲方式的一种，即旅游是休闲的子集，是没有什么争议的，目前被学术界广泛接受的是将旅游看作休闲活动广谱上的一个区域。在社会高度发达的体验经济时代，休闲与旅游这一组关联紧密的概念之间的界限日益模糊，相互渗透之势日趋明显。

### （二）旅游与休闲本质相同

旅游与休闲的联系，除了休闲（可自由支配的时间）是旅游的前提和目的之一，更多的是本质的相同。

休闲是指在非劳动及非工作时间内以各种"消遣"或"娱乐"的方式求得身心的调节与放松，达到生命保健、体能恢复、身心愉悦等目的的一种业余生活。旅游的本质是以消遣、审美等为主要目的的异地身心自由的体验，它实质上是人们的一种异地休闲活动。A. J. Veal 在《休闲和旅游政策与规划》一文中曾经明确指出："休闲和旅游两种现象的重叠之处在于：旅游可以被看作是发生在离家较远地方的一种休闲形式。"休闲是旅游的主要目的与归宿。严格地讲，旅游是休闲活动的一种主要形式，休闲属性是旅游的最基本的属性。旅游所具有的休闲属性是由以下几个方面决定的：一是旅游的目的表现为借助各种可以娱心、怡情、悦性、释怀的活动达到愉悦体验，在旅游目的地的活动表现出与一切休闲行为相一致的品性；二是旅游是发生于自由时间的行为，与进行工作和职业性活动时间相区别，与其他休闲方式相比，旅游在使用自由时间上具有相对的完整性；三是从旅游的活动构成上看，旅游这种休闲行为实际上是众多休闲活动的再组合。休闲属性是旅游的"试金石"。

哲学研究旅游和休闲，从来都是与人的本质联系在一起的，只有这样，才能洞见其真谛。"自由"是人之为人最本质的特征。自在生命才是本真的生命，自由体验才是人的本真体验。人与动物的分野就在于是否拥有真正的自由。"自由"作为人的本质，在当代学界已达成基本共识（如以李泽厚等为代表的"实践美学"和以杨春时等为代表的"后实践美学"在人的本质上皆持此说）。旅游与休闲是人的一种自由生存的方式，是自在生命的自由体验，它使人进入自由生命的领域，使人赋予生命以"真善美"的价值。从本质上看，人们无论选择何种形式的休闲活动或旅游活动，都是为了寻求身心自由的愉悦体验或追求生命的自由。旅游是休闲体验的实现方式之一，表现出与诸多休闲行为一致的品性，在根本上是一种主要以获得心理快感或身心自由为目的的消遣过程和审美过程，是人类社会发展到一定阶段时人类最基本的活动之一。旅游的基本出发点、整个过程和最终效应都是以获取精神享受为指向，因而旅游是一种精神、审美活动，在经济外壳包裹之下的旅游的内核和灵魂是文化，身心自由的体验是旅游的硬核或本质。旅游是一种回应人类休闲本性的生存方式，旅游与休闲二者相辅相成，本质同一，共有身心自由的体验或追求生命自由这个硬核或本质。旅游与休闲是个体的，同时也是社会的，二者均表现出明显的社会属性和文化属性。

### （三）旅游与休闲的差异

作为两种相对独立的人的生活方式或文化形态，旅游与休闲在形影相随、水乳交融的同时，也具有诸多差异性。

#### 1. 空间与时间上的差异

休闲作为人固有的一种存在状态，个体几乎每天都离不开休闲活动。日常休闲活动对于活动地点、活动载体均没有严格的限制，只要在闲暇时间内便可随处展开休闲活动（如室内阅读、看电视、演奏乐器、体育锻炼等）。而旅游活动的发生以较远距离的空间移动为前提，必须是离开日常熟悉的生活环境前往异地。休闲跨越了地理空间就成为旅游。休闲与旅游的差别最主要体现在地理空间上。

现代社会休闲已不完全是工作的对立面，日常零散的闲暇时间，甚至是工作间隙都能展开休闲。休闲主要是一种日常性身心自由活动，它是日常生活的一部分，发生频率较高。这种类型的身心自由活动往往以居住地和工作地为核心，边界难以准确界定。休闲活动者对自己周围的休憩资源比较熟悉，难以在休憩中获得新奇感和新知识，而往往较多的是追求心理上放松的感觉，以消磨时间和恢复精力为主要目的。旅游在这些方面则与休闲恰恰相反。旅游行为的发生必须是在一段相对完整、独立的时间片段内，并且在旅游活动结束后又回到原来惯常的生活中去，它是一种短暂的特殊的生活方式。旅游的短暂体验性决定了其能给旅游者带来美好的回忆并产生深远的影响。旅游是一种非日常性游憩行为，它是对日常生活的背反，发生频率远较休闲活动低。这种类型的游憩活动必须离开居住地和工作地。游憩者对旅游目的地的游憩资源一般不熟悉甚至陌生，容易在游憩中获得新奇感和新知识以及丰富的审美感受。

### 2. 消费属性上的差异

由于游憩活动的时空差异，消费属性（或程度）上的差异是旅游和休闲的主要区别之一。消费属性作为旅游的基本属性之一，绝大多数的旅游活动与经济消费发生联系（消费支出为克服空间距离之必需），旅游是一种较高层次的消费行为。休闲是一种消遣、娱乐等业余活动，在多种情况下不必像旅游那样为克服空间距离而发生消费支出。休闲较之旅游来说涉及更多的社会公共福利部分，具有明显的消费选择性。个人可根据物质生活水平，选择经济分层不同的休闲方式，即便不消费也可广泛地进行阅读、散步、娱乐、体育锻炼等休闲活动。旅游则是处于经济分层中较高层的休闲实现方式，不具有明显的消费选择性。总之，旅游的消费属性较强，休闲的消费属性较弱。

### 3. 活动内容上的差异

旅游与休闲二者所包含的内容不一样，休闲的含义比旅游要宽泛得多，几乎包括了除社会或者政府、单位规定的劳作时间之外的全部人生内容，诸如阅读书报、自修学习、参观展览、看电视、听音乐、跳舞、逛街、玩电脑游戏、拉琴、下棋、打牌、养鸟、垂钓、品茗、练书法、绘画、打球、聊天、会友、静坐、发呆、闭目养神、睡懒觉、散步、远足、旅游，以及参加规定工作之外的某些社会活动，等等。这里面不仅仅有旅游活动以及各种消闲、娱乐活动，更有为追求人的价值和人的发展而产生的如教育、学习、科学探索、职业培训等与工作密切相关的活动，或者人与人之间的交往、群体与群体之间的聚会等社会活动，是人对自我价值进行精神的、文化的和经济的"重新定位"的过程。虽然旅游是一种异地休闲性活动，但含义与内容远比休闲狭小。休闲的绝大部分活动内容不属于旅游范畴。而许多旅游类型，如修学旅游、科考旅游、探险旅游、宗教旅游等用"休闲"来解释也有些欠贴切。

### 4. 活动复杂程度的差异

毋庸置疑，旅游是一种休闲方式，但它是一种"变形"的"组合"的休闲。这正是因为旅游较其他一般休闲实现方式而言是一种更加复杂的、积极的休闲现象，旅游活动中无处不包含着多种休闲活动（包括观光活动、与人交往、度假、娱乐等），旅游是发生在异地的休闲活动的再组合。旅游这种非日常性的游憩活动方式较为复杂，动静兼有但以动态活动居多，活动时空尺度相对较大，涉及的活动内容与社会关系复杂（如吃、住、行、游、购、娱等"异地关系的总和"）。而休闲这种休憩活动或游憩活动的内容与方式相对较为单一和简单，且活动时空尺度相对小（如闲谈、散步、逛街、体育锻炼、垂钓、品茗、抚琴、下棋、书法、绘画、听音乐、看电视等）。

### 5. 文化取向的差别

休闲通常具有较强的消闲和"人的哲学"的意味，雅俗兼有，但在文化取向上很大程度上是宁静、从容并且较多的是大众文化；而旅游在文化取向上则更多的具有自由、运动、审美、娱乐和追求新异和超脱有限空间或惯常环境的意味。如"游"字本作"遊"，该字除了旅行的内涵还包含有自由、消遣、娱乐的意思。《庄子·外物》注曰："游，不系也。"《广雅·释诂》："游，戏也。"这都说明旅游具有自由、超脱、运动、审美、娱乐的特点。

### 6. 活动层次上的差别

休闲有消磨时间或填充时间的、无所事事的"空闲"，或追求行为自由的"俗闲"（世俗的休闲，具有自发性、消遣性），追求精神自由的"雅闲"（信仰的休闲，具有自觉性、发展性），甚至有声色犬马、惹是生非的"恶闲"（愚昧的休闲，具有放纵性与毁坏性），层次差别很大；而旅游一般属于层次较高的休闲，积极的休闲，或多或少具有某种向往与追求。

### 7. 文化制度的差别

在社会文明空前进步的当今时代，休闲涉及基本人权等，为人人必需，是制度化、法律化的文化，这常常表现为政府行为和行政指令。对于个人来说，休闲是法定的人的权利；对于单位来说，休闲是不得不执行的制度。因此，休闲还具有严肃性、神圣性甚至法律性。旅游则显然不是。对于个人和单位来说，旅游则无政府权力和制度的制约，几乎没有"严肃性、神圣性、法律性"。旅游是"悉听尊便"的自由活动，是人们的自发行为，是非制度的文化。

综上所述，旅游与休闲关系密切，旅游与休闲的联系集中体现在本质上（身心自由的体验）的一致性，但二者在时间与空间、活动内容、消费属性、文化取向和文化制度等方面有着较大差异。休闲的外延大于旅游，休闲虽然包括旅游，但旅游不简单等同于休闲，二者在形式与内容上存在明显区别。

"休闲—旅游—（休闲旅游、旅游休闲）—休闲"是旅游与休闲发展的客观规律。在现实中，旅游与休闲相得益彰，休闲为旅游培根育本、注入精魂，旅游为休闲充实内涵、增辉添彩。发展旅游事业和休闲产业应将二者有机结合，大力发展旅游休闲与休闲旅游，共同促进人的自由全面发展和社会的文明进步。

# 第十一节 家庭急救技术

## 一、心肺复苏法

情景描述：李爷爷与王奶奶在家中发生争执，李爷爷突然情绪激动，心脏病发作晕倒在地。家政服务员发现该状，立即展开紧急救护。

### （一）工作任务

家政服务员为李爷爷进行心肺复苏。

### （二）任务目的

尽快恢复患者的意识、心跳和呼吸。

### （三）基本知识

（1）首先要判断患者是否有意识。大声地呼叫，或者摇摇他，看是否有反应。凑近他的鼻子、嘴边，看是否有呼吸。摸摸他的颈动脉，看是否有脉搏。

（2）胸外心脏按压。找到按压的部位，沿着最下缘的两侧肋骨从下往身体中间摸到交叉点，叫剑突，以剑突为点向上在胸骨上定出两横指的位置，也就是胸骨的中下三分之一交界线处，这里就是实施点。施救者以一手叠放于另一手手背，十指交叉，将掌根部置于刚才找到的位置，依靠上半身的力量垂直向下压，胸骨的下陷距离为4~5厘米，双手臂必须伸直，不能弯曲，压下后迅速抬起，频率控制在每分钟80~100次。

（3）开放气道。将患者置于平躺的仰卧位，昏迷的人常常会因舌后坠而造成气道堵塞，所以这时施救人员要跪在患者身体的一侧，一手按住其额头向下压，另一手托起其下巴向上抬。

（4）人工呼吸。一手捏住患者鼻子，大口吸气，屏住，迅速俯身，用嘴包住患者的嘴，快速将气体吹入，同时，观察患者的胸廓是否因气体的灌入而扩张，气吹完后，松开捏着鼻子的手，让气体呼出，这样就是完成了一次呼吸过程。

（5）心脏按压30次，人工呼吸2次，交替进行。

（6）在施救的同时也要时刻观察患者的生命体征。触摸患者的手足，若温度有所回升，则进一步触摸颈动脉，发现有搏动即可停止心肺复苏，尽快把患者送往医院进行进一步的治疗。

### （四）操作流程

心肺复苏抢救操作流程如表5-11-1和图5-11-1所示。

表5-11-1　心肺复苏抢救操作流程

| 操作流程 | | 操作说明 |
|---|---|---|
| 准备 | 跑至患者身旁，并判断环境 | 动作迅速，争分夺秒 |
| 判断病情 | 呼唤、拍肩 | |
| | 触摸颈动脉，判断循环 | 是否有脉搏 |
| | 在判断循环的同时判断呼吸 | |
| 安置 | 去枕平卧，解开衣领、腰带，暴露患者胸腹部 | |
| 心脏按压 | 立于患者右侧，确定按压部位，实施按压。按压方法：两手掌根部重叠，手指翘起不接触胸壁，上半身前倾，两臂伸直，垂直向下用力 | 沿着最下缘的两侧肋骨从下往身体中间摸到交叉点，叫剑突，以剑突为点向上在胸骨上定出两横指的位置，也就是胸骨的中下三分之一交界线处，这里就是实施点。胸骨的下陷距离为4~5厘米，双手臂必须伸直，不能弯曲，压下后迅速抬起，频率控制在每分钟80~100次 |
| 开放气道 | 检查口腔，清除口腔异物 | 一手按住其额头向下压，另一手托起其下巴向上抬 |
| 人工呼吸 | 在开放气道的基础上，一手捏紧患者鼻孔，另一抬下巴的手的拇指下拉口唇，使嘴张开，深吸一口气，操作者的嘴包紧患者的嘴用力吹气，直至患者胸廓抬起，吹气毕，观察胸廓情况，连续2次 | 心脏按压30次，人工呼吸2次，交替进行 |
| 判断 | 操作5个循环后触摸颈动脉，感受自主呼吸 | 颈动脉搏动恢复，自主呼吸恢复，复苏成功后送往医院进行后续治疗，并做好记录 |

## 二、海姆里克急救法

情景描述：王奶奶到餐厅抓了几颗花生米放进嘴里，一不小心，花生米卡到喉管。家政服务员发现，立即展开紧急救护。

# 心肺复苏抢救操作流程

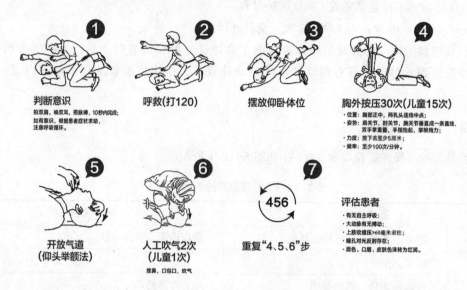

**① 判断意识**
拍双肩，咳双耳，摸脉搏，10秒内完成；
如有意识，根据患者症状求助，
注意呼吸循环。

**② 呼救(打120)**

**③ 摆放仰卧体位**

**④ 胸外按压30次(儿童15次)**
· 位置：胸部正中，两乳头连线中点；
· 姿势：肩关节，肘关节，腕关节垂直成一条直线，
  双手掌重叠，手指抬起，掌根用力；
· 力度：按下去至少5厘米；
· 频率：至少100次/分钟。

**⑤ 开放气道**
**(仰头举额法)**

**⑥ 人工吹气2次**
**(儿童1次)**
捏鼻，口包口，吹气

**⑦ 456 重复"4、5、6"步**

**评估患者**
· 有无自主呼吸；
· 大动脉有无搏动；
· 上肢收缩压>60毫米汞柱；
· 瞳孔对光反射存在；
· 面色、口唇、皮肤色泽转为红润。

图 5-11-1　心肺复苏抢救操作流程

## （一）工作任务

家政服务员立即实施海姆里克方法。

## （二）任务目的

将异物排出，恢复气道的通畅。

## （三）基本知识

（1）海姆里克腹部冲击法。急性呼吸道异物堵塞在生活中并不少见，由于气道堵塞后患者无法进行呼吸，故可能致人因缺氧而意外死亡。海姆里克腹部冲击法，是美国医生海姆里克先生发明的。

（2）急救者从背后环抱患者，双手一手握拳，另一手握紧握拳的手，从腰部向其上腹部施压，迫使其上腹部下陷，造成膈肌突然上升，这样就会使患者的胸腔压力骤然增加，由于胸腔是密闭的，只有气管一个开口，故胸腔（气管和肺）内的气体就会在压力的作用下自然地涌向气管。一次不行可反复多次，每次冲击将产生 450~500 毫升的气体，从而就有可能将异物排出，恢复气道的通畅。

## （四）操作流程

海姆里克急救法操作流程如表 5-11-2 所示和图 5-11-2 所示。

表 5-11-2　海姆里克急救法操作流程

| 操作流程 | | 操作说明 |
| --- | --- | --- |
| 操作准备 | 跑至患者身旁，并判断环境 | 动作迅速，争分夺秒 |

续表

| | 操作流程 | 操作说明 |
|---|---|---|
| 判断病情 | 能否说话和咳嗽、无法呼吸 | 询问是否被东西卡住了，如果是立即实施海姆里克急救法 |
| 步骤 | 背后环抱患者，双手一手握拳，另一手握紧握拳的手，从腰部向其上腹部施压，迫使其上腹部下陷 | 膈肌突然上升，就会使患者的胸腔压力骤然增加，由于胸腔是密闭的，只有气管一个开口，故胸腔内的气体就会在压力的作用下自然地涌向气管 |
| | 一次不行可反复多次 | 每次冲击将产生450~500毫升的气体 |
| | 有无异物排出、有无呼吸 | 异物排出，但无呼吸，立即实施心肺复苏法 |
| 安置 | 异物排出，复苏成功，安置患者合适的体位 | 送往医院进一步治疗，做好记录 |

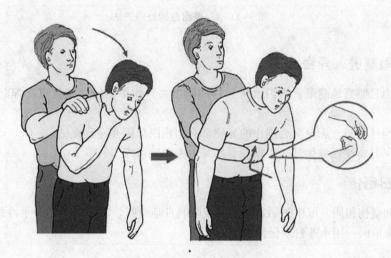

图 5-11-2　海姆里克急救法

## 三、日常急救知识

### （一）站立性眩晕

（1）晕倒后，要立即解开衣服，使呼吸道通畅，便于呼吸。

（2）采取侧卧位，头部要低，静卧。

（3）通常2~3分钟会有好转。如果时间拖长，或经常发生晕倒，应送医院诊治。

### （二）耳内进入异物时

（1）若是昆虫，用光照耳，即可飞出。

（2）若是豆类等物，不要强行取出，要到耳鼻喉科医生那里就诊。

### （三）鼻出血

不要仰头，鼻出血时仰头非但止不住鼻血，反而会导致鼻血被吸入口腔和呼吸道。因此，应用手指捏住两侧鼻翼数分钟，或用浸了凉水的棉球填塞鼻腔压迫止血。如图 5-11-3 所示。

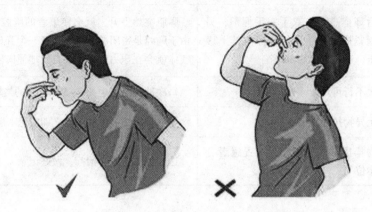

图 5-11-3　鼻出血的处理方法

### （四）眼睛进入异物

（1）用力且频繁地眨眼，用泪水将异物冲刷出去。如果不行，就将眼皮捏起，在水龙头下冲洗。

（2）不能揉眼睛，无论多么细小的异物都会划伤眼角膜并导致感染。

（3）如果是腐蚀性液体溅入眼中，必须马上去医院治疗。

### （五）日晒伤

日晒伤和烧伤相同。可用防晒霜预防，或限制日晒时间。晒伤时，用冷水冷却 30~40 分钟，涂冷霜。有水疱时，用小苏打水做湿敷。

### （六）腰扭伤

（1）需要静养。

（2）用宽幅棉纱布紧紧缠住腰部和臀部，静养一周。止痛，局部热敷。病程拖长时，要去伤骨科医生处治疗。

（3）急性腰扭伤可应用推拿、针灸或拔火罐等，有良好的效果。

### （七）打嗝不止

（1）用手轻轻按压胃部，让患者打哈欠。

（2）饮用点小苏打水。

（3）尽可能长时间憋气不呼吸或用手指紧压双侧眼球。

### （八）胸部受到强烈打击

被撞倒，或被重压在下面时，轻症也许只有肋骨骨折，而重症会伤及内脏，咳血痰、胸痛、呼吸困难。这时，应及早求诊于胸部外科医生、肺科医生和心血管科医生。

## （九）腹部受到强烈打击

（1）有持续腹痛、恶心、呕吐、休克、便血、排便频繁等症状，应疑及内脏受伤，立即找外科医生诊治。

（2）在这之前，要静卧，双膝下用椅垫垫起，使腹肌放松，暂时禁食。大小便和呕吐物，一定要留给医生检查。

## （十）鱼刺哽在咽喉部

（1）用手指压住舌头，连续反复地用力咳嗽。

（2）依然哽住不下者，要到耳鼻喉科医生处求治。

## （十一）烫烧伤

立即用凉水连续冲洗或湿敷受伤部位，避免受伤部位再损伤和污染，并尽快送医院治疗，如图 5-11-4 所示。

烫烧伤处理方法：
冷水冲15分钟左右

无菌纱布覆盖

图 5-11-4 烫烧伤处理方法

## （十二）服错药物

可用手指或木棍刺激咽喉进行催吐，或先喂大量清水再催吐，可服用牛奶、豆浆等缓解。作完上述措施后迅速将患者送医，并带上误服的药，为医生治疗提供帮助。

## （十三）燃气中毒

立即关闭燃气阀门，打开家中门窗，把中毒者送至空气新鲜的地方，让中毒者保持呼吸道通畅，并尽快送医治疗。

## （十四）蜂蜇

（1）蜜蜂蜇伤，应小心将残留毒刺拔出，轻轻挤捏伤口，挤出毒液，涂点苏打水。

（2）黄蜂蜇伤，应涂醋酸水以中和毒液，并局部冷敷来减轻肿痛。

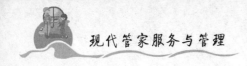

### （十五）中暑

高温环境持续一段时间后，会出现全身疲倦乏力、大汗、口干、注意力不集中、脉搏加快、血压下降、恶心、呕吐等症状，严重时出现高热、昏厥、痉挛。如果出现中暑症状，请迅速离开高温环境，移到阴凉通风处，安静休息，用凉水湿敷身体，喝些含盐清凉饮料，严重时马上就医治疗。

### （十六）骨折急救

（1）肢体骨折：用夹板和木棍、竹竿等将断骨上、下两个关节固定，避免骨折部位移动。

（2）开放性骨折：伴有大出血，先止血，再固定，并用干净布片覆盖伤口后送医。

（3）腰椎骨折：平卧在硬木板上，并将腰椎躯干及两下肢一同进行固定。

### （十七）中风急救

（1）及时拨打急救电话：发现家人出现脑中风信号后，身边的人应立即拨打急救电话求助。

（2）记住发病时间：中风的黄金治疗时间是发病后 4~5 小时，在此期间救治能将危险降到最低，不要等到患者半边身子不能动了，才急忙去医院，就失去最佳抢救时机了，这可能造成瘫痪，甚至危及生命。

（3）平稳放置患者：在等待急救人员到来时，要平稳放置患者，可以侧卧，若要平躺，头、肩部稍垫高，头偏向一侧，防止痰液或呕吐物回吸入气管造成窒息。若病人口鼻中有呕吐物，应设法抠出。

### （十八）心绞痛

首先要及时拨打 120 等急救电话。如果在外出时出现心绞痛症状，要及时休息、静卧，避免继续活动增加心肌的耗氧量。如果在家静卧，最好选择半坐卧位，然后心情要放松，避免过于紧张。一般家庭备用药物包括硝酸甘油、消心痛，中药成分类药物包括复方丹参滴丸、救心丹、麝香保心丸等。

### （十九）出血急救

（1）指压止血：压迫伤口的上方，即靠近心脏的那一端，压迫时最好能触及动脉搏动处，并将血管压迫到附近的骨骼上，从而阻断血流。注意：此方法仅适用于紧急情况下止血，止血时间短，不能长时间使用。

（2）包扎止血：把能够找到的布带（毛巾、围巾等）做成止血带。止血带必须扎在受伤肢体的近心端，将止血带紧紧绕两圈后打结。注意：每隔 30 分钟松开一次止血带，放松一下后再系紧。

## 四、儿童急救知识

### （一）小儿痉挛

（1）癫痫或小儿痉挛发作时，应注意不可让他撞伤头部。

（2）若牙关咬紧时，绝不可强硬撬开，以免造成伤害。

（3）不要企图强行停止抽搐，因为通常抽搐会在数分钟内自行停止。尽可能解松病人衣物，以保持呼吸道畅通。

（4）抽搐停止后，一般会进入昏睡状态，可趁机清除伤者口内的呕吐物，并将伤者半侧身伏卧，等稳定后尽快送医院诊治。

### （二）异物卡喉

由于食品或异物落进气管，会造成患儿窒息或严重呼吸困难，这时让患儿趴在救护者膝盖上，头朝下，托其胸，拍其背部，使患儿咳出异物，如图5-11-5所示。

图 5-11-5 异物卡喉处理方法

### （三）宠物咬伤或抓伤

用肥皂水冲洗伤口15分钟以上，然后用碘伏消毒，哪怕是很小的伤口，也需要去医院检查，并注射狂犬疫苗。

### （四）溺水

需要清除口腔内的泥沙污物，保证气道畅通。若还有呼吸，则让患儿侧躺，使嘴在脸部下端而方便水流出。如果出现呼吸心跳停止，即刻施行人工呼吸以及心外按摩。抢救的同时拨打120，尽快送往医院实施进一步治疗。

## 五、火灾急救知识

（1）安全使用，经常检查多警惕。

（2）如发生燃气泄漏，请立即关阀门并打开窗户。当燃气达到一定浓度的时候，不要拨打电话，因为会产生小电流，很容易发生火灾和爆炸，正确做法是跑到室外再拨打求救电话。

（3）家中不要存放危险品和易燃易爆品。

（4）家中最好准备一个灭火器。

（5）正确使用电器设备，不乱接电源线，不超负荷用电，及时更换老化电器设备和线路，外出时要关闭电源开关。

（6）儿童不玩火，将打火机和火柴放在儿童拿不到的地方。

（7）遇到火灾时沉着、冷静，迅速正确逃生，不贪恋财物，不乘坐电梯，不盲目跳楼。身上着火，可就地打滚或用厚重衣物覆盖，压灭火苗。

（8）大火封门无法逃生时，可用浸湿的毛巾、衣物等堵塞门缝，发出求救信号，等待救援。

（9）发生火灾时，用3到8层湿毛巾捂住口鼻（只能防3到5分钟），没有条件的可以在衣服上洒上小便进行防烟。

（10）必须穿过浓烟逃生时，尽量用浸湿的衣物保护头部和身体，捂住口鼻，弯腰低姿前行。

## 六、防疫措施

（1）疫情期间坚持戴口罩，对来访人员进行体温测量，做好登记和管理。

（2）配备消毒物品，如酒精、免洗洗手液、口罩、体温表等。

（3）对生活环境进行定期消杀，对日常用品进行消毒。

（4）每日开窗通风两次，一次15分钟。

（5）不聚集，保持1米安全距离。

（6）加强身体锻炼，饮食均衡，多吃水果、蔬菜，适量补充维生素。

（7）严格按照规定，做到早发现、早报告、早隔离、早治疗。

（8）急救电话要牢记。

   120：医院急救电话；

   110：治安报警电话；

   119：消防报警电话；

   122：交通事故报警电话；

   114：查询电话。

### 本章小结

1. 管家必备知识
2. 儿童教育技术 —— 管家知识类

3. 心理健康指导技术
4. 家庭防疫保健技术 —— 健康教育类

5. 营养烹饪的技术
6. 茶文化与茶艺技术 —— 营养文化类

—— 现代管家技术

7. 环境美化技术
8. 室内保洁技术 —— 环境美化类

9. 收纳管理的技术
10. 居家理财与保险
11. 旅游与休闲设计 —— 休闲理财类

12. 现代急救技术

# 第六章　现代管家智能管理

**【项目介绍】**

　　运用人工智能监管系统对服务人群实行特定内容的智能化监管，并提供真实、科学的大数据及分析，从而达到全方位、高效能、优质服务。现代管家职业标准化为管家服务内容、服务行为、服务语言、服务态度、服务流程、服务场景、服务产品等要素制定明确规范，同时，对现代管家素质、能力、效率与成长做出指标权重评价考核体系。

**【知识目标】**

　　了解现代服务智能监管及平台分类，通过管家服务质量标准化、数据化、智能化形成现代管家的服务质量标准数据化常识与基础应用技能的知识结构，掌握现代管家工作评价方法、评价数据化工具与平台、现代管家工作评价数据化应用者技能训练、现代管家工作评价数据化应用者素质训练，以及基础应用技能的知识。

**【技能目标】**

　　对智能监管平台类别、管家服务质量标准数据化、现代管家工作评价数据化要素的应用有思考力与实践力。

**【素质目标】**

　　培养现代管家对智能监管、服务质量标准数据化、管家工作评价数据化应用的学习力、思考力、创新思维与解决问题的能力。

## 第一节　现代管家服务智能监管机制

### 一、现代服务智能监管

　　（1）现代服务智能监管定义：通过智能监管系统对服务人群实行特定内容的智能化监管，并提供真实、科学的大数据及分析，从而达到全方位、高效能、优质服务。

（2）智能监管系统包括：定制开发的监管平台、控制中心、机器人、AI（人工智能）平台；科学优化的管理系统；大数据分析、服务过程的智能化、科技化。

监管平台包括为客户提供安全、放心、满意的高效优质现代管家式服务管理平台和为管家提供标准、合理、透明的高效公平现代管家式服务管理平台。

（3）实现现代智能监管，需要7个步骤：

① 将工作标准化。

② 薪资与标准等级匹配透明化。

③ 标准化工作机器化。

④ 非标准化工作场景智能监控化。

⑤ 设计开发解决客户管理的应用平台，并将智能化数据接口协议接通。

⑥ 培训现代应用智能化工具与操作平台。

⑦ 提供客户平台使用权限与评价反馈机制。

（4）检测与评价管家服务智能监管平台的价值，有5个要素：

① 操作简单化。

② 使用频次高频化。

③ 工作效果高效化。

④ 核算管理成本递减化。

⑤ 应用收益增长化。

## 二、现代管家服务智能监管平台类别

管家服务智能监管平台目前有4类：

（1）社区管家智能监管平台，是以社区为服务范围，社区居民为服务对象，将社区居民日常生活所需服务集中于服务智能监管平台，将服务管理标准化、智能化，提升管理效能，提高居民生活品质的平台系统。

（2）机构管家智能监管平台，是以机构职能管理与发展需求为宗旨，管辖范围为服务范围，管理对象为服务对象，将机构管理服务职能标准化、数据化、智能化集中于服务智能监管平台，提升管理效能，提高服务管理效率，改善服务对象的体验感，优化生态环境的平台系统。

（3）企业管家智能监管平台，是以企业经营管理与发展需求为宗旨，经营范围为服务范围，客户为服务对象，将企业经营管理、服务流程标准化、数据化、智能化集中于服务智能监管平台，提升管理效率，提高服务管理品质，改善服务对象的体验感，优化产业环境，提升企业效能的平台系统。

（4）家庭管家智能监管平台，是以家庭生活需求为目标，管理范围为家庭生活服务范围，服务对象为家庭成员与相关人员，将家庭服务管理标准化、数据化、智能化集中于服务智能监管平台，提高服务管理效率，改善服务对象的体验感，优化家庭环境的平台系统。

# 第二节 管家服务质量标准数据化

## 一、管家服务质量标准化

（1）管家服务质量标准定义：对管家服务内容、服务行为、服务语言、服务态度、服务流程、服务场景、服务产品等要素制定规范标准。

（2）管家服务质量标准化流程步骤：依照服务流程、服务场景、服务质量要求制定标准，建立企业经营管理的服务质量标准体系，形成企业核心优势。

（3）管家服务质量标准化优势：便于执行、便于考核、便于管理、便于奖惩。

## 二、管家服务质量数据化

（1）管家服务质量标准数据化定义：通过管家服务管理 IT 基础架构，使服务、管理、场景、流程等要素实现信息化、数字化，重建数字化商业生态，颠覆性优化服务者、被服务者、管理者、平台为共建共融共享的促进关系。

（2）管家服务质量标准数据化流程步骤：依照 IT 基础架构建设、基础设施云化、前端触点数字化、核心业务在线化、运营数据化依次推进，通过数字化赋能、数据驱动、全方位数据化，实现数字化创新，使企业在用户数字化体验和营收上获得显著提升，进一步巩固企业核心优势。

（3）管家服务质量标准数据化的优势：便于统计、便于分析、便于考核、便于奖惩、便于优化。

## 三、管家服务质量智能化

（1）管家服务质量智能化定义：对管家服务内容、服务行为、服务语言、服务流程、服务场景、服务产品等通过计算机网络、大数据、物联网和人工智能等技术的支持，建立服务标准管理智能化真实数据体系，实现高效能、高品质、高保真数据系统。

（2）管家服务质量智能化流程步骤：依照 AI 基础架构建设、基础设施云化、场景智能化设计、端到端智能化、智能材料、智能工具应用依次推进，通过全方位智能化，将传感器物联网、移动互联网、大数据分析等技术融为一体，形成智联网服务质量标准管理系统，实现综合业务场景的智能化创新，使企业在用户智能化体验和营收上获得显著提升，进一步提升企业核心优势。

（3）管家服务质量智能化优势：便于感知、便于记忆、便于思考、便于学习、便于升级、便于决策。

## 四、管家服务标准数据化应用者技能训练

（1）高效分类训练：管理的最高智慧是分类、分类、再分类。任何一个服务标准管理平台的启动使用，都需根据使用单位的职能和流程管理的标准化、数据化、智能化进行分类。

（2）高效掌握功能训练：掌握服务标准管理平台的功能是应用平台的核心价值，针对功能价值再分为核心功能、主要功能、次要功能、附加功能、关联功能等，便于记忆与应用。

（3）准确设计解决问题方案：设计解决方案分两种思维，常规的是平台系统思维，针对平台系统设计的功能匹配应用场景；客户思维是更人性化、精准化的思维，针对客户设计适合的客户服务标准管理的平台功能，形成解决方案。

## 五、管家服务标准数据化应用者素质训练

（1）准确高效的学习力：只有正确理解智能监管平台的功能、核心价值，才能正确应用，

解决客户需求。对事物的高效理解，能够提升工作效能与服务对象的生活品质。

① 准确学习能力训练：从逻辑思维学习力、结构思维学习力、场景应用学习力、客户需求学习力四个维度提升学习力。

② 对照学习与比较学习训练：对照服务标准管理平台不同的内容、不同的侧重点，学习不同的底层逻辑思维、场景应用思维、客户需求思维的优势与劣势。

（2）思考力与创新力：从客户思维、应用思维、功能思维、场景思维、关联思维、重构思维、颠覆思维七个维度提升思考力与创新力。

（3）应用力与解决能力：从提升效能、改善体验、解决痛点、创新需求四个维度提升应用力与解决能力。

# 第三节　现代管家工作评价数据化

## 一、现代管家工作评价

（1）现代管家工作评价定义：对现代管家素质、能力、效率与成长做出指标权重评价考核体系。

（2）现代管家工作评价 8 要素：

① 素养等级。

② 职业标准等级。

③ 技术等级。

④ 必备能力等级。

⑤ 客户反馈等级。

⑥ 敬业状态等级。

⑦ 成本高低等级。

⑧ 成长快慢等级。

现代管家胜任能力模型一级指标评价权重如表 6-3-1 所示。

表 6-3-1　现代管家胜任能力模型一级指标权重

| 一级指标 | 一级指标权重 |
| --- | --- |
| 1. 素养等级 | 15% |
| 2. 职业标准等级 | 15% |
| 3. 技术等级 | 20% |
| 4. 必备能力等级 | 15% |
| 5. 客户反馈等级 | 15% |
| 6. 敬业状态等级 | 10% |
| 7. 成本高低等级 | 5% |
| 8. 成长快慢等级 | 5% |

现代管家素养等级分值如表6-3-2所示。

表 6-3-2 现代管家素养等级分值

| 素养指标 | 素养等级分值 |
|---|---|
| 1. 素养 | 一级10分，二级8分，三级6分，四级4分，五级2分，六级0分 |
| 2. 道德素养 | 一级10分，二级8分，三级6分，四级4分，五级2分，六级0分 |
| 3. 法律素养 | 一级10分，二级8分，三级6分，四级4分，五级2分，六级0分 |
| 4. 自身修养 | 一级10分，二级8分，三级6分，四级4分，五级2分，六级0分 |
| 5. 社会知识修养 | 一级10分，二级8分，三级6分，四级4分，五级2分，六级0分 |
| 6. 心理素质修养 | 一级10分，二级8分，三级6分，四级4分，五级2分，六级0分 |
| 7. 忠心品格与诚信修为 | 一级10分，二级8分，三级6分，四级4分，五级2分，六级0分 |
| 8. 健康体魄修养 | 一级10分，二级8分，三级6分，四级4分，五级2分，六级0分 |

现代管家职业标准等级分值如表6-3-3所示。

表 6-3-3 现代管家职业标准等级分值

| 职业标准指标 | 职业标准等级分值 |
|---|---|
| 1. 职业形象标准 | 一级10分，二级8分，三级6分，四级4分，五级2分，六级0分 |
| 2. 销售服务标准 | 一级10分，二级8分，三级6分，四级4分，五级2分，六级0分 |
| 3. 专业服务标准 | 一级10分，二级8分，三级6分，四级4分，五级2分，六级0分 |

现代管家技术等级分值如表6-3-4所示。

表 6-3-4 现代管家技术等级分值

| 技术指标 | 技术等级分值 |
|---|---|
| 1. 人际沟通的技术 | 一级10分，二级8分，三级6分，四级4分，五级2分，六级0分 |
| 2. 管家方案策划 | 一级10分，二级8分，三级6分，四级4分，五级2分，六级0分 |
| 3. 档案管理的技术 | 一级10分，二级8分，三级6分，四级4分，五级2分，六级0分 |
| 4. 收纳管理的技术 | 一级10分，二级8分，三级6分，四级4分，五级2分，六级0分 |
| 5. 营养烹饪的技术 | 一级10分，二级8分，三级6分，四级4分，五级2分，六级0分 |
| 6. 室内保洁的技术 | 一级10分，二级8分，三级6分，四级4分，五级2分，六级0分 |
| 7. 环境美化技术 | 一级10分，二级8分，三级6分，四级4分，五级2分，六级0分 |
| 8. 茶文化与茶艺 | 一级10分，二级8分，三级6分，四级4分，五级2分，六级0分 |
| 9. 健康与防疫的技术 | 一级10分，二级8分，三级6分，四级4分，五级2分，六级0分 |
| 10. 心理健康指导 | 一级10分，二级8分，三级6分，四级4分，五级2分，六级0分 |
| 11. 儿童教育的技术 | 一级10分，二级8分，三级6分，四级4分，五级2分，六级0分 |

| 技术指标 | 技术等级分值 |
|---|---|
| 12. 理财与保险 | 一级 10 分，二级 8 分，三级 6 分，四级 4 分，五级 2 分，六级 0 分 |
| 13. 旅游与休闲设计 | 一级 10 分，二级 8 分，三级 6 分，四级 4 分，五级 2 分，六级 0 分 |
| 14. 生活百科知识 | 一级 10 分，二级 8 分，三级 6 分，四级 4 分，五级 2 分，六级 0 分 |
| 15. 急救技术 | 一级 10 分，二级 8 分，三级 6 分，四级 4 分，五级 2 分，六级 0 分 |
| 16. 管家其他必备技术 | 一级 10 分，二级 8 分，三级 6 分，四级 4 分，五级 2 分，六级 0 分 |

现代管家必备能力等级分值如表 6-3-5 所示。

表 6-3-5　现代管家必备能力等级分值

| 必备能力指标 | 必备能力等级分值 |
|---|---|
| 1. 职业培训能力 | 一级 10 分，二级 8 分，三级 6 分，四级 4 分，五级 2 分，六级 0 分 |
| 2. 组织协调能力 | 一级 10 分，二级 8 分，三级 6 分，四级 4 分，五级 2 分，六级 0 分 |
| 3. 计算机运用能力 | 一级 10 分，二级 8 分，三级 6 分，四级 4 分，五级 2 分，六级 0 分 |
| 4. 大数据分析能力 | 一级 10 分，二级 8 分，三级 6 分，四级 4 分，五级 2 分，六级 0 分 |
| 5. 智能设施管理运营 | 一级 10 分，二级 8 分，三级 6 分，四级 4 分，五级 2 分，六级 0 分 |
| 6. 金融运营管理能力 | 一级 10 分，二级 8 分，三级 6 分，四级 4 分，五级 2 分，六级 0 分 |
| 7. 数据化管理能力 | 一级 10 分，二级 8 分，三级 6 分，四级 4 分，五级 2 分，六级 0 分 |

客户反馈等级分值如表 6-3-6 所示。

表 6-3-6　客户反馈等级分值

| 客户反馈指标 | 客户反馈等级分值 |
|---|---|
| 1. 素养等级 | 一级 10 分，二级 8 分，三级 6 分，四级 4 分，五级 2 分，六级 0 分 |
| 2. 职业标准等级 | 一级 10 分，二级 8 分，三级 6 分，四级 4 分，五级 2 分，六级 0 分 |
| 3. 技术等级 | 一级 10 分，二级 8 分，三级 6 分，四级 4 分，五级 2 分，六级 0 分 |
| 4. 必备能力等级 | 一级 10 分，二级 8 分，三级 6 分，四级 4 分，五级 2 分，六级 0 分 |

现代管家敬业状态等级分值如表 6-3-7 所示。

表 6-3-7　现代管家敬业状态等级分值

| 敬业状态指标 | 敬业状态等级分值 |
|---|---|
| 1. 日常工作状态 | 一级 10 分，二级 8 分，三级 6 分，四级 4 分，五级 2 分，六级 0 分 |
| 2. 紧急状态责任 | 一级 10 分，二级 8 分，三级 6 分，四级 4 分，五级 2 分，六级 0 分 |
| 3. 特别突出状态 | 一级 10 分，二级 8 分，三级 6 分，四级 4 分，五级 2 分，六级 0 分 |

现代管家成本高低等级分值如表 6-3-8 所示。

表 6-3-8 现代管家成本高低等级分值

| 成本高低指标 | 成本等级分值 |
| --- | --- |
| 1. 创收利润等级 | 一级 10 分，二级 8 分，三级 6 分，四级 4 分，五级 2 分，六级 0 分 |
| 2. 成本核算等级 | 一级 10 分，二级 8 分，三级 6 分，四级 4 分，五级 2 分，六级 0 分 |
| 3. 日均效率等级 | 一级 10 分，二级 8 分，三级 6 分，四级 4 分，五级 2 分，六级 0 分 |

现代管家成长快慢等级分值如表 6-3-9 所示。

表 6-3-9 现代管家成长快慢等级分值

| 成长快慢指标 | 成长快慢等级分值 |
| --- | --- |
| 1. 素养修炼提升 | 一级 10 分，二级 8 分，三级 6 分，四级 4 分，五级 2 分，六级 0 分 |
| 2. 职业标准学习提升 | 一级 10 分，二级 8 分，三级 6 分，四级 4 分，五级 2 分，六级 0 分 |
| 3. 现代管家技术提升 | 一级 10 分，二级 8 分，三级 6 分，四级 4 分，五级 2 分，六级 0 分 |
| 4. 必备能力提升 | 一级 10 分，二级 8 分，三级 6 分，四级 4 分，五级 2 分，六级 0 分 |

## 二、现代管家工作评价方法

### （一）现代管家工作评价方法

（1）工作记录法。
（2）客户反馈法。
（3）职业考级法。
（4）学习记录法。
（5）智能管理法。
（6）平台管理法。

### （二）现代管家工作评价方法优劣

#### 1. 工作记录法

优势：日常管理、场景记录、工作信息记录。

不足：可操作可执行的场景局限性与客观性的矛盾、工作效率与记录时效的矛盾有待不断解决。

#### 2. 客户反馈法

优势：客户反馈较为综合，对工作成效直观反馈。

不足：主观性与变化波动性较大，评价的专业度不够。

#### 3. 职业考级法

优势：专业考核评价技能，等级明确，评价较公平。

不足：实战与应用存在差异，服务技能与应变能力存在差异，服务态度与服务能力存在差异。

### 4. 学习记录法

优势：学习能力、时间、成果记录成长经历，是成长提升的台阶。

不足：实践与学习存在差异，对客户需求的理解与服务能力提升存在差异。

### 5. 智能管理法

优势：日常管理工作标准化、数据化、智能化的成果采集真实高效。

不足：可标准化、数据化、智能化的工作存在局限性。

### 6. 平台管理法

优势：平台管理综合评价、高效专业化培训、培训记录、工作能力成长记录、及时记录、客户反馈评价等建立交互融合信息生态。

不足：使用者需要学习和培训，简单与便利是应用推广的关键。

## （三）现代管家工作评价方法应用案例

中国管理科学研究院商业模式研究所区块链应用研究中心主任、高级研究员陈琳2019年7月主导设计的区块链家政平台，将各类家政业态、各家政主体、场景系统化，将家政员按照能力水平、服务技能标准化分级，模块化培训、定制化培训、阶梯化培训、视频化教育结合，建立了学习、能力、工作标准化、数据化场景应用生态系统，如图6-3-1所示。

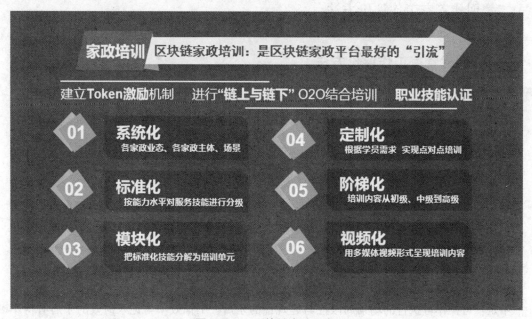

图 6-3-1　区块链家政平台

## 三、现代管家工作评价数据化工具与平台

现代管家工作评价数据化工具与平台是以区块链底层技术搭建的 DAPP 现代管家管理平台生态，由服务客户需求、现代管家、家政监督机构、社区服务机构、平台管理机构、平台学习机构等多角色多维度构建评价激励机制。

使用现代管家工作评价数据化工具与平台的价值与意义：

（1）提升管家工作管理效能。

（2）提高工作评价的公平性、真实性。

（3）提升现代管家的社会公信力。

（4）优化现代管家治理环境。

（5）由管家、客户、服务机构、社区、平台组成相互促进、共生共融、共建共发展的生态体系。

**本章小结**

通过管家服务管理 IT 基础架构，将服务、管理、场景、流程等要素标准实现信息化、数字化，重建数字化商业生态，颠覆性优化服务者、被服务者、管理者、平台为共建共融共享的促进关系。制定行业规范及执行准则，对现代管家素质、能力、效率与成长做出指标权重评价考核体系。

# 第七章　现代管家必备能力

**【项目介绍】**

一个优秀的现代管家，首先是一个好的培训师。现代家政管理提出了越来越高的要求。以移动互联网为主的大数据时代的教育，各领域数据量产生的"指数式"增长，使全球被纳入大数据体系中，多源异构的庞大数据流，因其包含的丰富的信息而成为新时代下重要的待挖掘资产，拥有大数据分析能力的高级管理人才成为大数据时代的宠儿。

**【知识目标】**

了解五种基本的职业培训方法，熟练掌握计算机基本功能并合理运用。学习大数据分析的能力，是时代发展的必然趋势，本章从大数据分析人才应该具备的能力出发，对培养学生大数据分析能力的方案进行了探讨，并列举了大数据分析运用案例。

**【技能目标】**

能熟练掌握两种以上的职业培训技能，了解计算机网络技术在家政行业的应用。以大数据分析为目标，重点培养基于 Hadoop 架构的大数据分析思想及架构设计，通过演示实际的大数据分析案例，使学生能在较短的时间，理解大数据分析的真实价值。

**【素质目标】**

现代管家必然渴望拥有一个实力坚强的工作团队，因此，要具备培养优秀人才的能力。对现代管家来说，组织协调能力是必需的，而且是能否顺利开展工作的前提条件。只有具备了较强的组织协调能力，才能有效地安排各项工作，使每个下级都承担相应的工作。现代管家不仅要具备专业的技能素质，还应当掌握现代信息技术的专业知识能力与信息技术能力。

## 第一节　人际沟通能力

人际沟通能力，是指通过人与人之间进行的情感、思想、观点的交流，来达到统一认识，建立协作关系的能力。在与同级人员沟通时，需要通过沟通思想、交换意见协调一致地完成工作；在与下属沟通时，需要表明意图、掌握情况、布置任务；在与上级沟通时，需要了解上级精神、反馈实际情况、争取领导支持。

　　管家与客户因为某种机缘而相遇，但也会因为一些事情而产生矛盾。管家不能抱怨客户，也不要训斥家政服务员。对此，我们可以借助有效的沟通，使双方相互理解，减少矛盾的发生。所以，作为管家一定要掌握人际沟通的技巧，以便更好更快地融入工作当中。

## 一、人际沟通的内涵

### （一）沟通必须有明确的目标

　　进行沟通之前，必须确定为什么要进行沟通，沟通之后会有什么样的结果。如果沟通没有目标，那么沟通结果将会无效。

### （二）沟通要传达的内容是信息、思想和情感

　　工作中信息是最好沟通的，不好沟通的是思想和情感。在沟通过程中，为了能够让对方理解并转变为行为，必须进行很好的设计，将符合信息传递的思想和情感紧密融合。

### （三）沟通要有结果

　　沟通结束后，双方必须就相关的信息、思想和情感达成协议。只有达成了协议，沟通才宣告结束；否则，各自按自己的理解去做，不仅效率低下，也会出现一些问题。

## 二、人际沟通的重要性

　　可以这样说，没有沟通就没有人际的互动关系，人与人之间就会陷入僵硬、隔阂、冷漠的状态，出现误解、扭曲的局面，给工作和生活带来极大的害处。信息时代的到来，使工作、生活节奏越来越快，人与人之间的思想需要加强交流，社会分工越来越细，信息层出不穷，现代行业之间迫切需要互通信息，这一切都离不开沟通。

　　沟通，是建立人际关系的桥梁，如果这个世界缺少了沟通，那将是一个不可想象的世界。

　　对个人而言，良好的沟通能够使我们坦诚地生活，有人情味地分享，以人为本位，在人际互动中充分享受自由、和谐、平等。不难想象，在一个家庭、一个单位，人与人之间，如果没有沟通，那是多么闭塞、无聊、枯燥、乏味，必然导致事情难以处理，工作难以展开。

## 三、人际沟通的特点

　　（1）人际沟通不同于两套设备间的简单的"信息传输"，其中每一个个体都是积极的主体。也就是说，人际沟通中的每一个参加者都要有积极性，不能把沟通伙伴看成某种客体。在沟通过程中，信息发出者必须判定对方的情况，分析他的动机、目的、态度等，并预期从对方的回答中得到新信息。因此人际沟通的过程不是简单的"信息传输"，而是一种信息的积极交流。

　　（2）人们之间的信息交流不同于设备之间的信息交流，沟通双方借助符号系统相互影响。人与人的交流产生的沟通影响是以改变对方行为为目的一个沟通者对另一个沟通者的心理作用。

　　（3）作为信息交流结果的沟通影响，只有在发送信息和接收信息的人掌握统一的编码译码系统的情况下才能实现。通俗地说，就是要使用双方都熟悉的同种语言说话。

　　（4）人际沟通可能产生特殊的沟通障碍。这些障碍与某些沟通渠道的弱点以及编码译码的

差错无关，而是社会性的和心理性的。

## 四、人际沟通的原则

### （一）强化原则

强化是学习论的一项基本原则，运用到人际吸引中，就是我们喜欢能给予我们奖励的人。

### （二）联结原则

联结是经典条件反射中的一个极其重要的学习原则。我们喜欢那些与美好经验联结在一起的人，而厌恶那些与不愉快经验联结在一起的人。

### （三）社会交换原则

这一观点认为，我们对于一个人喜欢与否，是基于成本与利益所做的评价。根据社会交换理论，当我们认识到从人际交往中得到的报酬超过成本时，便会喜欢和我们交往的人。

### （四）相似性原则

相似性原则认为，人们往往喜欢那些与自己相似的人。这里所说的相似性不是指客观上的相似性，而是人们感知到的相似性。实际的相似性与感知到的相似性是有联系的，而且前者往往决定后者，但二者不是完全对应的。感知到的相似性包括信念、价值观、态度和个性品质的相似性，外貌吸引力的相似性，年龄的相似性，以及社会地位的相似性等。许多研究表明，相似性与喜欢之间有直接联系。被试者认为，他人越是与自己相似，便越是喜欢这个人。T. M. 纽科姆的现场研究证明，在研究开始时那些在信念、价值观和个性品质上相似的人，在研究结束时成了好朋友。婚姻介绍所的工作人员往往以双方的相似性作为参考依据。

## 五、人际沟通的形式

沟通有四方面的技巧：听、说、读、写。每种技巧在日常沟通中的占比如图 7-1-1 所示。

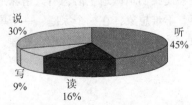

图 7-1-1　日常沟通形式占比图

（1）听：是首要的沟通技巧。上天赋予我们一根舌头，却给了我们一对耳朵，所以，我们听到的话可能比我们说的话多两倍。听的最大问题是能不能听懂对方的意思，能不能站在对方的立场上来理解对方。那么我们应该如何去聆听呢？有效的听者是主动的听者，能移情换位地听懂别人的信息。

（2）说：鸟不会被自己的双脚绊住，人则会被自己的舌头拖累。说的类型有以下几种：

① 社交谈话，指通过语言接触，分摊感觉。

② 感性谈话，指分摊内心感受，卸下心中重担。

③ 知性谈话，指传递资讯。

（3）读：读比听要容易，因为每个人可以按照自己的速度去阅读，遇到疑惑的地方，可以反复去读。

（4）写：写的好处是可以永久记录，可以很好地组织复杂的材料，易于理解，可以事后阅读。

## 六、沟通分类

### （一）正式沟通和非正式沟通

从组织系统区分，将沟通分为正式沟通和非正式沟通。信息通过组织明文规定的渠道进行的传递和交流是正式沟通。组织内部的文件传达、通知发布、工作布置、工作汇报、各种会议以及组织与其他组织之间的公函往来都属于正式沟通。其优点是信息通路规范、准确度较高。

在正式沟通渠道之外进行的信息传递和交流称为非正式沟通，如员工间的私人交谈及一般流传的"流言"等。因为非正式沟通不但表露或反映人们的真实动机，同时也常提供组织没有预料的内外信息，因此现在的管理者都很重视非正式沟通，常利用私人会餐及非正式团体的娱乐活动等，多与员工接触并从中获取各种资料，作为改善管理或拟订政策的参考。非正式沟通既具有沟通形式灵活、信息传播速度快等优点，又具有随意性和不可靠性等致命的弱点。

### （二）下行沟通、上行沟通和平行沟通

根据信息流动的方向，将沟通分为下行沟通、上行沟通和平行沟通。下行沟通是上级向下级传递信息，如企业的上级领导向下级发布命令和指示。这种沟通方式大体有五种目的：传达工作指示；促使员工了解本项工作与其他任务的关系；提供关于程序与任务的资料；向下级反馈其工作绩效；向员工阐明组织目标，使员工增强其"任务感"。这种自上而下的沟通能够协调组织内各层级之间的关系，增强各层级之间的联系，对下级具有督导、指挥、协调和帮助等作用。因此，这种沟通形式受到古典管理理论家的重视，今天仍为许多企业所沿用。但是，这种沟通易于形成一种"权力气氛"而影响士气，并且由于曲解、误解或搁置等因素，所传递的信息会逐步减少或歪曲。

上行沟通是指由下级向上级传递信息，如员工向上级报告工作情况、提出自己的建议和意见、表达自己的态度等。在组织中，不仅要求下行沟通迅速有效，而且还应保证上行沟通畅通无阻，因为只有这样，领导者才能及时掌握各种情况，从而做出符合实际的决策。但有关研究表明：有时自下而上的信息沟通即使到达了管理阶层，通常也不会被重视，或根本没被注意到，并且在逐层上报过程中内容会被逐层压缩，细节会被一一删去，造成严重失真。

平行沟通是指同级之间传递信息，如员工之间的交流、同一层级不同部门的沟通等。在企业中经常可以看到各部门之间发生矛盾和冲突，除其他因素以外，部门之间互不"通气"是重要原因之一。保证平行组织之间沟通渠道的畅通，是减少各部门之间冲突的一项重要措施。这种沟通一般具有业务协调性质，它有助于加强相互间的了解，增强团结，强化协调，减少矛盾和冲突，改善人与人之间的关系。

### （三）单向沟通和双向沟通

根据发信者与接信者的地位是否变换，可将沟通分为单向沟通和双向沟通。

单向沟通只是一方向另一方发出信息，发信者与接信者的方向位置不变，双方无论在语言上还是在表情、动作上都不存在反馈信息，发指示、下命令、演讲、报告等都带有单向沟通的性质。

双向沟通即指发信者和接信者的位置不断变化，发信者以协商、讨论或征求意见的方式面对接信者，信息发出后，又立即得到反馈。有时双方位置互换多次，直到双方共同明确为止。招聘会、座谈会等都属于双向沟通。

单向沟通和双向沟通究竟哪种方式效率更高呢？心理学家曾做过不少实验，实验结果表明：从速度看，单向沟通比双向沟通信息传递速度快；从内容正确性看，双向沟通比单向沟通信息内容传递准确、可靠；从沟通程序上看，单向沟通安静、规矩，双向沟通比较混乱、无秩序、易受干扰；双向沟通中，接信者对自己的判断有信心、有把握，但对发信者有较大的心理压力，因为随时会受到接信者的发问、批评与挑剔；单向沟通需要较多的计划性，双向沟通无法事先计划，需要具备当场判断与决策能力；双向沟通可以增进彼此了解，建立良好的人际关系。

由此可见，单向、双向沟通各有所长，究竟采用何种方式沟通，要视具体情况而定。如果需要迅速传达信息，应采取单向沟通方式；如果需要准确地传达信息，以采取双向沟通为宜。一般来说，如果工作急需完成，或者工作性质比较简单，或者发信者只需发布指示，无须反馈时，多采用单向沟通方式。

### （四）口头沟通和书面沟通

根据沟通形式区分，可将沟通分为口头沟通和书面沟通。

口头沟通是面对面的口头信息交流，如会谈、讨论、会议、演说以及电话联系等。其优点是有亲切感，可以用表情、语调等增加沟通的效果，而且能马上获得对方的反应，具有双向沟通的好处，且富有弹性，可以随机应变。但如果传达者口齿不清或不能掌握要点做简洁的意见表达，则无法使接收者了解其真意。沟通时如果接收者不专心、不注意或心里有困扰，则因口头沟通一过即逝，无法回头再追认。

书面沟通即指通过布告、通知、文件、刊物、书信、电报、调查报告等方式进行的信息交流。其优点是具有一定的严肃性、规范性、权威性，不容易在传达中被歪曲。它可以作为档案材料和参考资料，以及正式交换文件长期保存；它比口头表达更详细，可供接收者慢慢阅读，细细领会。其弱点是沟通不灵活，感情因素少，对文字能力要求较高。

传统的管理多偏重书面的沟通，现代管理中，口头沟通受到重视。书面沟通仍是一种重要方式，但采用书面沟通方式，应注意文字的可读性、规范性，做到：

（1）文字简练。

（2）使用规范与熟悉的文字。

（3）使用比喻、实例、图表等必须清晰易懂，便于理解。

（4）使用主动语态和陈述句。

（5）逻辑性强，有条理性。

## 七、与客户的沟通技巧

有一句是这样说的："人与人之间的误会与隔阂，百分之八十是沟通不良造成的。"所以，现代管家要学会主动与客户交流和沟通，这样既可以做好工作，又可以增进与客户的感情，何乐而不为呢？

### 1. 主动积极

很多现代管家觉得自己做这一行很自卑，对此，一定要破除自卑、怕羞、胆怯、多疑等心理，大胆同客户接近，寻找双方在利益兴趣、性格、为人等方面的共同点，并不断发展扩大这些共同点。如果总是索然无语、消极应付，有意无意地躲避与对方的交流，客户易在心理感情上对你产生距离，给发展良好的相互关系带来障碍。

 **案例 1**

客户经过试用期想要长期雇用张阿姨，于是与她进行了一次沟通。

客户："张阿姨，我们希望你对待我们的孩子就像对待自己的孩子一样!"

张阿姨一听，慌了，连忙说："那不行! 那哪行啊?!"

客户："……"

客户的内心是"崩溃"的。

客户的真实想法：希望张阿姨可以更用心，投入更多的爱照顾宝宝。

张阿姨的真实想法："我的孩子哪这样啊?! 我的孩子都是扔在一边，自己玩，给什么吃什么，不听话了? 打! 我怎么能这样对客户家的小孩?!"

 **案例 2**

客户："你能在我们家长期干吗?"

张阿姨低头不语，憋了半天蹦出几个字："我想试试，我可能还要回家的!"

客户："这……"

客户的内心再次崩溃了。

客户的真实想法：想要长期留张阿姨在宝宝身边陪伴他成长。

张阿姨的真实想法：她们一家人挺好的，就是太高级了，我不知道她满意不满意我，想不想用我，所以想试探一下，就说我要回家，看她留不留。

### 2. 坦诚相待

敞开心灵比闭锁心灵要好。理解和信任是友情的基础。适时适事地吐露自己的困惑、烦恼苦闷，合理合情地展示自己的喜怒哀乐，公开自己的观点看法，有助于增进对方对你的理解和信任。

### 3. 微笑值千金

如果你总是微笑着工作、生活，那你就会给这个家庭增添欢乐。你的微笑感染了对方，滋润了他们的心田，他们会对你表示亲近，并还以微笑。

沟通是双方而不是单方的事情。只要现代管家做到以上三点，一般会得到客户积极的回应。即使客户仍很冷漠，也不要着急，至少你们可以和平相处了。

此外，选择好的沟通话题也很重要。一个合适的话题，可以在客户与管家之间建立起沟通的桥梁。例如，可以向他们介绍家乡的风土人情、农村生活、礼俗风尚、奇闻趣事等。

# 第二节 档案管理技术

随着城市居民生活节奏的不断加快，家政服务行业的前景更加广阔，但不容忽视的是家政服务一定要具备规模化及规范化的管理。由于家政服务的种类繁多，人员较广，所以家政档案管理应尽快从纸质文档过渡到电子档案，运用电子档案管理可以更加方便快捷地服务于广大群众。

## 一、传统家政档案管理

传统的家政档案管理方法都是运用手工完成的，这种管理形式存在的问题表现在以下几个方面：

（1）档案管理人员的调配不合理，从时间和地点等方面都没有达到合理性的需求安排。

（2）传统家政档案中一些文件的收集和管理都是靠人工抄写的，保存方式是以纸质文件的形式来完成的，这样一来既浪费空间还不利于长期保存。

（3）档案中的文件提取多以手写或者复印完成，办事效率低，过程还比较烦琐，而且很容易出现人为过失。

（4）家政信息透明度低，档案管理工作人员为了查阅一份资料，需要耗费大量的时间和精力，而且工作量也会增加。另外，在查阅资料的过程中，很容易造成资料的破损，甚至丢失资料。

（5）近年来随着客户的需求和服务人员的不断增长，如果单靠人工手抄来填写服务人员档案，那么仅登记服务人员一项工作，每个服务人员每年按 10 次服务来算，工作人员的工作量之大就可想而知。

（6）数据不能够共享。由于家政服务公司部门分类较多，如月嫂、水电、财务等很多信息都不能共享，需要人工重复手抄，造成了很多重复性的工作，浪费了大量的人力和物力。

（7）传统的家政档案管理对于数据的分类、汇总方面很不方便，更加不利于对数据做科学的分析和研究。另外，工作人员把工作的重心全部放在抄写、记录和整理档案上，根本没有时间和精力培训和管理服务人员，更谈不上后期的追踪调查服务。

## 二、电子档案管理

### （一）利用计算机科学技术提高档案管理工作的效率

传统的档案管理工作需要消耗大量的人力和物力进行内容的填写、统计、存储。利用计算机网络来进行档案管理可以快速地实现档案的存储、分类、查阅和统计等工作，它和传统的纸质档案管理相比，既节省时间、人力和物力，又能减少信息的遗漏，使档案信息具有一定的正确性和可靠性。

### （二）通过计算机网络，实现信息共享与交流

从传统的纸质档案中查找资料，其过程既烦琐又麻烦，查起来比较困难，其信息共享效率低。而通过计算机网络，建立电子档案，不仅可以提高管理效率，搜索查询文件简单快捷，还可以实现项目分类管理，使文档的管理更加快捷。

### （三）电子档案安全性能高、传输速度快

电子档案传输信息的速度比较快，并且存储空间比较宽裕。利用电子档案可以实现资源共享，提高文档的安全性和有效性。而且电子档案在保存上的要求比纸质档案的条件要低，稳定性却更高。

## 三、加强家政档案中电子档案的应用

### （一）加强存储设备建设

在实际操作过程中，电子档案的传输过程具有一定的风险，必须要加强档案存档的安全性，

对相关设施进行定期定时的检查、更新、升级和维修，对网络维护服务期、电子档案的管理环境定期更新和检测。专门设立电子档案监督员，负责档案的备份、重要文件的存档、家政从业人员实名登记认证、网络建设的维护等方面，从而使计算机设备的安全性有效地提升，最大限度地保证电子档案的安全性及保密性。

### （二）完善相关规章制度，规范操作流程

电子档案管理要做到人性化的管理，应重视工作人员的职业素养和职业技能。由于家政服务公司不再是以前简单的保姆和用人的服务形式，如今已涉及 20 多个门类、200 多个服务项目，是一项复杂、综合的、高技能的服务工作。所以在完成存档时，必须对操作人员进行严格的上岗培训，使从业人员对家政服务项目有足够的了解，培养操作人员存档的安全意识，提高家政档案管理人员的管理能力和职业素养。档案管理人员要熟悉电子档案管理的应用技巧，能够在众多档案中快捷、准确地找到客户所需的服务项目。电子档案在具体的实施过程中，应科学合理地完善各项规章制度，与家政服务公司的实际经营理念相结合，档案管理人员要具有开拓和创新精神。

### （三）优化服务方式，拓宽电子档案管理功能

以往的家政档案管理工作，仅靠人工来完成，极大地浪费了人力、物力、财力，而且管理人员的工作既烦琐又没有效率。随着信息社会的到来，家政档案管理中充分应用电子档案已成为当今社会的必然趋势。电子档案应用于家政公司的档案管理中，大大提高了工作人员的工作效率，节约了大量资源。因此在电子家政档案管理中，档案管理人员应该注重档案收藏，充分运用电子技术，比如可以运用多媒体技术、刻制光盘等方式，使家政档案管理工作真正实现资源共享，档案管理更快捷、方便且具有个性化。电子家政管理信息一定要妥善保管，可以存储到光盘或者 U 盘中，争取实现计算机的具体操作规程。家政档案管理人员一定要坚持以人为本的服务理念，为客户提供高效的网上服务及网上咨询，使家政服务能够快捷地服务于民众，努力构建一条家政网络在线服务体系，从而促进家政档案管理更加科学、规范、统一，更好地服务于社会。

### （四）强化人才培养，优化家政档案信息化管理

档案以及档案管理部门应该结合本地的实际情况和需求，加强对家政服务人员信息化的宣传和培训，要在实际工作中，摸索如何培养家政档案信息化人才的方法，要定时定期地对档案管理人员进行档案信息化的业务和运用技能的培训和考核，使他们对电子档案管理信息化的水平不断地提高。另外，还应增强家政公司信息化的覆盖率，比如家政服务公司给一些下岗职工提供了再就业机会，这不仅关乎从业人员的切身利益，而且对社会的稳定也有很大的影响。因此，家政档案管理工作人员，在实地了解的基础上，应对从业人员进行总结、归类及整理，构建就业信息管理档案。这就要求家政档案管理人员熟练进行电子档案管理，及时就近地安排下岗职工从事家政服务，从而既满足了人们对家政服务的需求，又解决了下岗职工的就业问题。另外，为了实现家政档案的资源共享，应该对家政档案信息进行横向和纵向整合，加强与其他家政服务公司的交流与合作，实现真正意义上的电子档案共享。

### （五）家政服务管理信息系统的意义

家政服务管理系统加强客户资料的管理，对客户使用情况进行分析，准确掌握客户的喜好。家政服务管理利用工作系统化、规范化、自动化、简易化、智能化，加强家政服务管理的效率。家政档案管理设计思想是利用基础软硬件环境，用先进的管理系统开发方案并达到提高系统开

发水平和应用效果。系统应符合家政管理规定，满足相关人员日常使用需要，达到操作中的直观、方便、实用、安全等。系统要具备数据库维护功能，根据需求进行数据删除、备份的操作。

## 四、电子档案管理内容

### （一）客户的基础资料

公司掌握的原始资料，是档案管理的第一手资料，是客户档案管理的基础。客户基础资料主要包括客户的姓名、地址、工作单位、身份证原件及复印件、家庭成员、住宅面积、电话。客户档案应保持动态性，它不同于一般的档案管理，假如建立以后不去管理，就失去了建立客户档案的意义。需要根据客户的情况变化，不断调整，删除旧资料，及时添加新资料，对客户的变化进行跟踪，记录客户的更新信息。

（1）从时间序列来划分，包括老客户、新客户和未来客户。新客户和未来客户为重点管理对象。

（2）从交易过程来划分，包括曾经有过交易业务的客户、正在进行交易的客户和即将进行交易的客户。档案管理的重点是全面搜集和整理客户资料，为即将展开的业务准备资料。

（3）从客户性质来划分，包括政府机构、特殊公司、普通公司、顾客和交易伙伴等。根据客户的服务性质、需求特点、需求方式等不同，对其实施的档案管理也不尽相同。

（4）从市场地位来划分，包括优质客户、一般客户和零散客户。不言而喻，客户档案管理的重点应放在优质客户上。

### （二）家政服务员档案管理内容

掌握家政服务员基本的原始资料，方便公司了解家政服务员，包括街道的介绍信、身份证、电话信息等。家政服务员的手机号及住址有变更时，要通知公司。要保存家政服务员星级评定、投诉记录等，此外，工作地点、客户评价、工作经验等都需要记入档案。

（1）家政服务员按地域划分：现在很多家政服务公司都有按地域划分家政服务员的习惯，而且现在很多客户都要询问家政服务员的家乡，一般山东、四川等地的家政服务员比较受欢迎。

（2）按年龄划分：家政服务员可以分为青年、中年等。

（3）按服务内容划分：每个家政服务员的性格都不同，有的不愿意照看小孩，有的喜欢照看小孩，按照其服务内容进行划分，对公司服务质量的提高很有好处。

（4）按星级和服务质量划分：员工制家政服务公司多实行星级评定制度，可以根据星级来确定服务员的工资和奖励。

## 五、档案管理人员应具备的素质

随着社会的进步和科学的发展，全面提高档案管理人员的素质，不仅是新时期下档案工作开展的客观要求，也是档案管理队伍自身建设的内在表现。新时期信息技术在档案馆的广泛应用，使档案管理工作产生了巨大的变化，同时也对档案管理人员的素质提出了新的要求。

档案是一种非常珍贵的信息资源，档案管理人员肩负着管理、保护档案的职责，档案管理人员综合素质的高低直接影响着档案业务工作的效率、水平和质量，而档案工作者的工作质量和工作效率直接关系到档案的完整、齐全、安全和利用效果。只有不断提升档案人员的综合素质，才能适应新时期下档案管理工作的需求，才能加快档案事业的发展步伐。

## （一）政治素质

政治素质是指档案管理人员的政治理论水平、政治态度及职业道德等。由于档案工作是一项政治性、机密性很强的工作，档案管理人员直接管理着很多重要机密，因此要求档案管理人员必须有坚定的政治立场，开展档案工作要始终保持正确的政治方向，要有高度的组织性、纪律性，遵守规章制度，坚决杜绝失密、泄密现象的发生。必须坚持不懈地学习马克思列宁主义、毛泽东思想和邓小平理论，学习"三个代表"重要思想，树立科学发展观，坚持走群众路线，贯彻执行档案法，严守党和国家的机密，忠于和热爱档案事业，默默无闻、无私奉献，具有良好的为人民服务精神，恪守档案工作纪律，甘当无名英雄，更新观念，开拓进取。

## （二）敬业精神

作为档案管理人员，要有强烈的事业心和工作责任感，在工作中要做到爱岗敬业，求真务实，任劳任怨，一丝不苟，要以满腔热情投入工作中去，耐心细致地做好每一项工作。在工作中牢固树立主动服务意识和默默奉献精神，做档案工作要耐得住寂寞，甘于清苦，乐于奉献，兢兢业业的工作态度对于档案管理人员尤为重要。

## （三）业务素质

业务素质是指档案管理人员履行职责的知识水平和技术实践能力。它是档案管理工作者从事业务工作必须具备的基本素质，更是完成档案管理工作任务的重要保证。

作为档案管理人员，应该熟悉党和国家有关档案工作的各项法规和方针政策，熟悉上级档案行政管理部门的各种业务规定，熟悉自己所从事的业务工作，通晓档案各学科的理论和方法，掌握档案基础理论知识，例如档案管理理论、档案信息资源开发与利用、档案管理技术、档案编研等。不仅如此，档案管理人员还应掌握其他专业知识，比如文史知识、社会学、统计学等。特别是档案行政管理人员应该掌握一定的管理学、图书馆学等知识。要重视对档案人员加强业务培训，提高档案人员的素质和水平。培训内容要因需设计，将培训内容与实际工作相结合。除了加强专业理论知识学习，还要加大计算机知识的学习，重视网络知识教育，以适应新时期档案工作的需要。总之，丰富的知识来源于系统的学习和平时的积累，这就要求档案管理人员必须勤奋地学习，才能达到一定的知识水准，才能满足工作的需要。

## （四）服务意识

社会的进步和发展，对档案工作的要求在逐步提高，档案管理人员应该从单纯的收集整理、保存和管理的传统模式下解放出来，主动服务。档案工作本身就是一项默默无闻、无私奉献的工作，所以更要主动地为人民服务。在服务态度上，要做到主动、热情；在服务语言上，要做到谦逊、有礼。要耐心细致地去服务，主动去熟悉本部门、本单位的工作。档案管理人员要注意了解并关注党和国家的工作大局，善于根据党委、政府的中心工作需要积极主动地开展档案工作，变"被动等材料"为"主动收集材料"，"变给多少收多少"为"该收多少就收多少"，变"给什么就收什么"为"缺少什么就收什么"。档案是历史的见证、决策的依据、信息的来源，档案不仅为历史服务，又为现实服务，既为当前服务，又为长远服务。因此，档案管理人员还应该充分挖掘自身的潜力，利用档案，尤其要将杂乱无章的各种文件材料经过筛选，组成有机联系的信息资料系统，对档案进行二次文献加工，编写大事记，扩大档案的影响，有效地利用档案。

## （五）严守机密

档案工作是一项政治性工作，档案记录着党和国家的机密，因此，档案管理人员必须认真严格遵守档案法、保密法，按照国家的有关法律规定进行管理，严格执行保密纪律和档案借阅规定，维护档案的历史真实性，保证档案的安全，防止档案被窃用，养成严守机密、守口如瓶的工作作风。在日常的档案工作中，建立和健全各种规章制度是档案工作实行依法管理的基础。档案工作，应遵守档案法以及上级主管部门颁布的各种规章制度，结合本单位的特点和实际，制定本单位的档案收集归案补充、检查审核、交接转递、整理规划、保管保密、查阅借阅等制度，做到有法可依，依法管案。

### （六）勇于开拓创新

档案管理人员在日常的工作中要有创新，不断开拓进取，尤其应具备文字表达能力、现代化的管理能力、协调能力。档案工作是一种文字性较强的工作，工作中常常需要撰写工作总结、调查研究一类的文章，将零散的文件材料整理成汇编、史志、年鉴等编研材料，只有具备较强的文字表达能力，才能胜任档案工作。

科学技术的发展，要求档案管理人员掌握更多的科学技术知识，懂得计算机技术、数据库技术等，要掌握基本的信息管理知识及操作方法，能把馆藏信息资源、利用情况等进行档案编研。由于档案材料来源于各部门，在具体的工作中，许多有价值的档案材料不能及时收集和归档，这就需要档案管理人员培养和锻炼自己的协调能力，和有关部门、有关人员打好交道，及时、完整、全面地收集各部门档案。

### （七）终身学习

随着社会的进步，科技的迅猛发展，知识更新的周期越来越短，因此档案管理人员只有通过不断的学习，才能胜任档案管理这项工作。

# 第三节　职业培训能力

## 一、职业培训师常用的五大基本培训方法

一个好的培训师会让整个学习过程变得似乎很容易，无论是在真实环境还是在虚拟教室，他们完成各种任务时总是展现出一系列超乎常人的能力。以下各种能力是基于知识和技能构建出来的，每种能力都伴随着一组培训师所展现出的行为特征。通过了解成熟培训师所展现出来的特质，初学者可以找出自己的技能差距。然后，通过选择二至三个需要改善的方面，找到发展与提高自身能力水平的机会。

### （一）研讨法

#### 1. 任务描述

以讲座为教学方式的历史渊源已无从考查，但在今天，它作为一种企业培训员工的教育方法，以其显著的培训效果在实际应用中占有非常重要的地位，它与授课法并称职业培训两大培训法。须知，一个人的知识总是有限的，虽然今天提倡通才，但个人力量毕竟势单力薄，始终赶不上组织的群体力量。"集思广益"是讲座法的基础，只有收集众人的智慧，并相互激发，才可达到"1+1>2"的创造性效果。当然，在实际应用中，研讨法并不注重知识的传播，其重点目标为意识的培养，灵感的激发。若想达到理想的教育效果，研讨法还应与多种教学方式综合使用。

所谓研讨法是指由指导教师有效地组织研习人员以团体的方式对工作中的课题或问题举办讲座并得出共同的结论，由此让研习人员在讲座过程中互相交流、启发，以提高研习人员知识和能力的一种职外教育方法。

培训目标：提高能力，培养意识。

### 2. 相关知识

（1）培训对象：企业内所有成员。

（2）培训内容：视具体的培训目标而定。

（3）培训方式：课题讨论法；对立式讨论法；民主讨论法；讲演讨论法。

（4）准备阶段：

① 确定讨论的目标与内容。

② 指定讨论的指导教师或主席。

③ 指导教师制订讨论计划和准备讨论材料，并安排讨论时间、布置会场。

### 3. 任务实施

（1）讨论方式有很多种，最常用的有课题讨论法、对立式讨论法和民主讨论法三种，其余的方法也应根据实际合理选用。

（2）在选择讨论课题时应注意：

① 课题应与具体的研习人员所在岗位工作有关。

② 课题应是工作中亟待解决的或是普遍存在的工作问题。

③ 课题的讨论应有助于知识和能力的提高。

④ 鼓励每一个研习人员积极参与讨论。

⑤ 指导教师对研习人员的见解应采取肯定的态度。

⑥ 指导教师应支持个人的独特见解。

⑦ 讨论后应检测学习效果，并分析证结论的可行性。

## （二）头脑风暴法（**Brain Storming**）

### 1. 任务描述

头脑风暴法又称智力激励法、BS 法，是由美国创造学家 A. F. 奥斯本于 1939 年首次提出、1953 年正式发表的一种激发创造性思维的方法。此法经各国创造学研究者的实践和发展，至今已经形成了一个发明技法群，如奥斯本智力激励法、默写式智力激励法、卡片式智力激励法等。在此我们主要介绍第一种方法，它是后两种方法的基础。学习和掌握这一方法，不仅能培养员工的创造性，还能提高工作效率，塑造一个富有创造性的工作环境。

### 2. 相关知识

（1）培养对象：一般员工、管理者、监督人员、领导干部都可参与，并根据需要从各阶层人员中各抽几名。

（2）培养目标：培养参加人员的创造性能力，激发他们的创造性思维，以得到创造性的构想。

（3）培训内容：根据各企业需要确定，如给产品命名、创造新产品等需要大量构想的课题均可。

（4）培训方式：会议讨论方式。

（5）培训时间：会议时间一般为 30 分钟。

（6）具体操作：

① 选定基本议题。

② 选定参加者（一般不超过 10 名），并事先挑选 1 名记录员。

③ 确定会议时间和场所。

④ 准备好海报纸或大白纸、记录笔等用于记录的工具。

### 3. 任务准备

（1）布置场所。

（2）将海报纸（大白纸）贴于黑板上。

记录员应将点子记录于全体都能看见的黑板（贴上海报纸）上，故座位的安排以"凹"字形为佳。

（3）指导员（或会议主持人）应掌握智力激励法的一切细节问题，故指导员应熟读本方法，做到彻底了解本方法的五大原则、实施要点等。

### 4. 任务实施

（1）开始智力激励会议，指导员首先必须向参加者简介该方法大意及应注意的问题，如五大原则。

（2）让参加者畅所欲言。

（3）记录员记录参加者激发出的灵感。

### 5. 注意事项

（1）将会议记录整理分类后展示给参加者。

（2）从效果和可行性两个方面评价各点子。

（3）选择最合适的点子，应尽可能采用会议中激发出来的点子。

### 6. 任务原则

（1）禁止评论他人构想的好坏。

（2）最狂妄的想象是最受欢迎的。

（3）重量不重质，即为了探求最大量的灵感，任何一种构想都可被接纳。

（4）鼓励利用别人的灵感加以想象、变化、组合等以激发更多更新的灵感。

（5）不准参加者私下交流，以免打断别人的思维活动。

不断重复进行智力激励法的培训，可以使参加者渐渐养成弹性思维方式，涌现出更多全新的创意。

## （三）案例分析法

### 1. 任务描述

案例分析法又称个案研究法，由哈佛大学于 1880 年开发完成，后被哈佛商学院用于培养高级经理和管理精英的教育实践，逐渐发展成今天的"案例分析法"。通过使用这种方法对员工进行培训，能明显地增加员工对公司各项业务的了解，培养员工间良好的人际关系，提高员工解决问题的能力，增加公司的凝聚力。

### 2. 相关知识

（1）培训对象：新进员工、管理者、经营干部、后备人员等阶层员工均适用。

（2）培训目标：提高学员解决问题的综合能力，使他们在以后的工作中出色地解决各类问题。

（3）培训内容：案例分析法及学习事物能力、观察能力、适应新情况能力、执行业务操作能力的培训。

（4）培训方式：会议讨论方式。

（5）培训时间：220 分钟左右。

### 3. 任务准备

（1）负责人（一般由培训指导员、主持人担任）确定培训课程的具体目的、内容、范围及对象。

（2）从平常收集的资料中选择恰当的案例作为讨论的个案，个案的范围应视培训对象而定。

（3）确定会议室、会议时间，制订培训计划。

（4）指导员应做好以下准备：个案研究法的操作方法，在实际应用中应注意的问题，讨论前个案的选择标准，讨论后如何总结问题。

### 4. 任务实施

（1）指导员向参加者简单介绍下列知识：个案研究法的背景、方法大意、特色；个案研究法应用时注意的问题及应用后能达到的效果；计划安排。只有让参加者对本法有了大概的了解后，才能使他们顺利进入角色，使培训工作顺利完成。

（2）通过自我介绍，使参加者互相认识并熟悉，以培养一个友好、轻松的氛围。

（3）将参加者分成 3 到 4 个小组，每组成员 8 到 10 名，并决定每组的组长。

（4）分发个案材料。

（5）各组分别讨论研究个案，并找出问题的症结所在。

（6）各组找出解决问题的策略。

（7）挑选出最理想、最恰当的策略。

（8）全体讨论解决问题的策略。

（9）指导员进行整理总结。

特别提醒：指导员在开始培训前，应该先让学员了解培训的目的、实施方法、主题及计划安排，以使训练顺利完成。全体讨论解决问题的策略时，要注意控制时间，尤其注意能否进行更深入的讨论，以免草草收场使训练半途而废。在挑选最理想策略时，应依据现实状况进行选择。案例是由现场工作中收集而来的，因此应先说明训练目标、方法和主题，然后再提示个案，让学员了解其内容，最后再进行其他步骤。

## （四）解决问题讨论法

### 1. 任务描述

解决问题讨论法是第一次世界大战期间美军训练舰长认识军队船只关系及整体配合协调性的重要意义的一种教育训练技法。这种技法可以使面临共同问题的同事们，通过对问题进行讨论，互相激励、互相影响，以提高团体的凝聚力和思考能力，进而解决共同面临的问题。

### 2. 相关知识

（1）培训对象：一般员工或管理阶层。用于管理阶层的教育训练时，则必须严格要求正确地使用能力。

（2）培训目的：培养学员的团体意识，提高学员解决问题的能力。

（3）培训方式：会议讨论方式。

（4）培训时间：一般 15 个小时左右。

（5）准备阶段：确定会议室、会议时间和培训对象。

### 3. 任务实施

（1）实施阶段：

① 向学员简介培训目标和方法概要，发表个案，提出议题并接受相关内容的咨询。

② 学员了解问题点并说明自己准备采取何种对策。

③ 学员各自发表准备好的对策，并分组讨论。

④ 指导员听取讨论意见，点评各组提出的对策。

⑤ 指导员应从可行性、经济性各方面考虑各组提出的对策是否适当，并督促其进一步深入探讨或修改。

⑥ 全体商讨解决问题的策略。

（2）解决问题讨论法培训计划表范例如表 7-3-1 所示。

表 7-3-1　解决问题讨论法培训计划表范例

| 步骤及内容 | 所需时间 |
|---|---|
| 1. 指导员向学员简介培训目标、培训方法、应注意的问题；提出议题、发表个案并接受相关内容的咨询 | 1 小时 |
| 2. 休息 | 半小时 |
| 3. 集中学员，让学员各自了解和分析问题，并订立解决策略 | 2 小时 |
| 4. 休息 | 1 小时 |
| 5. 分组发表学员意见，并互相讨论，寻找本组共同提出的对策 | 2 小时 |
| 6. 休息，结束第一会议 | |
| 7. 全体讨论问题对策，制订实施计划 | 2 小时 |
| 8. 休息 | 半小时 |
| 9. 讲评培训报告，交流培训后感想 | 1 小时 |

特别提醒：讨论时应按步骤一步一步踏踏实实地执行，要着重把握问题的背景、经过、原因等重点，以避免影响对策的正确制定。因此应尤其注意事先对问题的有关材料的收集，通过咨询方式确认学员是否正确地理解问题。在讨论结束后，应注意交流各自的心得感想。

## （五）事件处理法

### 1. 任务描述

事件处理法又称事件处理讨论法，是由美国马萨诸塞州工业大学比克斯教授夫妇研究开发出来的个案研究方法。这种方法让学员从个案主角的角度研究问题，但重点却在于防微杜渐，使学员警惕日常工作中可能出现的问题，并学会如何妥当地处理。

### 2. 相关知识

（1）培训对象：各阶层员工均可。

（2）培训目的：提高员工对业务问题的分析判断能力和解决能力。

（3）培训方式：会议讨论方式。

（4）培训时间：约两小时。

（5）培训后效果：

① 能确实提高员工对业务问题的判断力和解决能力。

② 能让员工懂得解决问题时收集各类情报及分析具体情况的重要性。

③ 能让员工从复杂问题中找出有共同性的规律。

④ 能让员工感受到相互倾听、相互商量、不断思索的重要性。

⑤ 能培养员工之间亲密的人际关系。

⑥ 有助于达到公司内部情报及工作场所情报的共有化。

### 3. 任务准备

（1）指导员确定培训对象及人数。

（2）确定议题的大致范围，范围不宜过细，以免学员"无话可说"。

（3）每位学员根据议题制作个人亲历案例。

（4）将学员分组，每组 5 至 6 人。

（5）确定会议地点和会议时间。

### 4. 任务实施

（1）指导员向各小组成员介绍本法实施概要、背景特色及注意点。

（2）各小组简单介绍小组成员所提出的个案，包括问题名称及发生状况。

（3）从较容易讨论的内容开始，由指导员或组长排定讨论程序。

（4）各组开始进行讨论：

① 提出个案。

② 各组员收集实情。

③ 个案制作者在讨论到他制作的个案时，应作为这轮讨论的主持人，其他组员收集实情时可质询主持人。

④ 发现问题及决定对策，组员相互讨论，并阐述个人的解决方法。

⑤ 组长或指导员组织学员进行评价，讨论"学到些什么"。

记下个案发生的背景时应依据的"5W2H"原则是：何人（Who）、何事（What）、何时（When）何地（Where）、何物（Which）、如何做（How）、多少费用（How much）。

特别提醒：学员应依制作程序制作个人亲历案例表。指导员应在掌握了个案研究法后再用本方法，并注意"学到些什么"的讨论。

## （六）任务评价

职业培训能力综合评价如表 7-3-2 所示。

表 7-3-2　职业培训能力综合评价

| 项目 | 评价标准 | 评价分值 | | | 改进措施 |
| --- | --- | --- | --- | --- | --- |
| | | 个人 | 小组 | 教师 | |
| 知识掌握 | 1. 培训师的基本素质要求（10 分）；<br>2. 能说出三种以上的培训方法（15 分）；<br>3. 能自己根据培训对象做培训教案（15 分）；<br>4. 回答熟练、全面、正确 | | | | |
| 操作能力 | 1. 能根据培训对象选择合适的培训方法（15 分）；<br>2. 能正确掌握培训方法实施技巧三部曲（15 分）；<br>3. 操作娴熟、正确、到位 | | | | |

| 项目 | 评价标准 | 评价分值 | | | 改进措施 |
|------|---------|---------|---|---|---------|
| | | 个人 | 小组 | 教师 | |
| 人文素养 | 1. 培训前有调研，培训中有准备，培训后有总结（10分）；<br>2. 培训师的解释工作准确、到位（10分）；<br>3. 具备有效沟通的能力（10分） | | | | |
| 总分<br>（100分） | | | | | |

# 第四节　组织协调能力

组织协调能力是指根据工作任务，对资源进行分配，同时控制、激励和协调群体活动过程，使之相互融合，从而实现组织目标的能力。一般认为，组织协调能力包括组织能力、授权能力、冲突处理能力、激励团队能力。

## 一、组织能力

### （一）任务描述

组织能力是指组织人们去完成组织目标的能力。良好的组织能力是完成工作的保证。

### （二）相关知识

（1）培养坚强的意志力，不被困难吓倒，不让失败和挫折压垮。

（2）明确追求目标。目标明确，才能增强一个人的自信，并积极排除干扰。

（3）提高知觉的能力。这是提高人的观察能力，获取信息和加工信息的主要通道。

（4）积累丰富的经验。经验可有效地引导人们处理好日常工作，并提高人的决策判断能力。

（5）提高记忆能力。记忆力是提高领导者管理及提取必要的信息的基本能力。

（6）勇挑工作重担。重要的工作经验及疑难问题的处理，可以锻炼、检验和表现人的组织才能。

（7）提高交际及沟通技巧。这可以帮助一个人协调好各种人际关系，发挥团体组织功能，调动员工的积极性，形成良好的群众基础和干群关系。

（8）养成良好的工作习惯。良好的工作习惯可以提高工作效率，节省时间，分清主次。

（9）培养广泛的兴趣。广泛的兴趣可扩大知识面，提高综合能力和统揽全局的能力，克服保守思想和惰性心理，增强人的活力，培养创新的能力。

（10）学会宽容。宽容是获得友谊与支持，营造良好人际关系及工作管理环境的保障。

## 二、授权能力

### （一）任务描述

通过他人的努力来完成工作，是现代管理过程中常采用的基本做法。无疑，这就是授权的概念，授权并不意味着放弃自己的职责。有效的授权是领导者的一项基本职责，授权意味着准许并鼓励他人来完成工作，以达到预期的效果；同时，领导者也自始至终对工作的执行负有责任，有效的授权可以使领导者更好更及时地完成工作任务。

### （二）相关知识

（1）通过他人的努力来完成任务。

（2）与下属相处融洽，获得工作上的支持。有效的授权是一个双向的过程，包括准备授权的管理者和准备承担此项工作的下属，当双方能就下列方面达成一致意见时，有效的授权就实现了：任务所涉及的特性和范围；期望所达成的结果；用来评价工作执行的方法；时间方面的要求；工作执行所需要的相应权力。

### （三）任务实施

（1）寻找合适的人选，可根据潜能、态度、人格等方面来挑选下属。

（2）先与被授权者磋商。

（3）先行授权。不要等问题发生后再授权，而应先行授权。

（4）委派整个任务时，尽可能将整个任务委派给下属，而不是仅委派任务的一小部分，以表明你十分信任他。

（5）表明对结果的期望值。在授权时，应明确向下属讲清对该任务结果的期望是什么。

（6）授权后应对下属予以充分的信任，一旦已授权，就要充分信任下属能做好工作。

让下属自己开展工作，由他们自己决定是否需要接受你的帮助和指导。

## 三、冲突处理能力

### （一）任务描述

作为管理者，正确地处理与同事、上级以及下属之间的冲突是非常重要的。冲突处理能力主要涉及对冲突原因的理解，怎样避免冲突，以及如何妥善处理冲突等几个方面。

### （二）任务分析

冲突产生的原因通常是人们对于同一个问题有着不同的看法，以及人们在为实现自己的目标而奋斗时，往往会触犯他人的利益，包括以下几方面：

（1）误解。

（2）个性冲突。

（3）追求目标的差异。

（4）欠佳的绩效表现。

（5）工作方式、方法的差异。

（6）工作职责方面的问题：缺乏合作；有关管理权威方面的问题；工作中的失效；对有限资源的争夺；没有很好地执行有关的规章制度。

### （三）任务实施

#### 1. 工作冲突的避免

在日常生活中，许多冲突都是可以避免的。避免工作冲突的具体方法包括：

（1）承认这样一个事实：人们的价值观、需求期望以及对问题的看法往往存在差异。

（2）对他人和自己都要诚实。

（3）抽出足够时间和精力与你常打交道的人多进行一些交流，更好地了解他们的价值观、信仰等。

（4）不要以为你总是对的，要以为自己不对。

（5）不要对不同意自己看法的人怀恨在心。

（6）耐心倾听别人的谈话。

（7）为人们表达某个看法和意见提供适当的渠道。

（8）促使人们从以往的工作冲突处理中总结经验，吸取教训。

### 2. 工作冲突的处理

如果没能避免某种冲突的发生，那就要采取积极的、有建设性的措施来处理这些冲突。

成功的处理方法必须建立在对工作冲突本身正确而充分的了解基础之上。下面介绍 5 种工作冲突的处理方法。当然，在具体运用这些方法时，必须结合当时的实际情况。

（1）否认或隐瞒。这种方法是通过"否认"工作冲突的存在来处理冲突。当冲突不太严重或者冲突处于显露前后"平静期"时采用这种方法比较见效。

（2）压制或缓解。掩盖矛盾，使组织重新恢复"和谐"。同样，这种方法也是在冲突不太严重或者冲突双方都"不惜一切代价"保持克制时才能取得满意的效果。

（3）支配式处理方式。这种方法是冲突中的某一方利用自身的地位和权威来解决矛盾。冲突的旁观者也可利用自身的权威和影响，采用类似的方法来调解冲突双方的矛盾。

这种方法只有当凭借的"权威"确有影响力或冲突双方都同意这种方法时才能取得满意效果。

（4）妥协。这种办法要求冲突双方为达到和解的目的，都必须做出一定的让步。使用这种方法的前提是冲突双方都必须有足够的退让余地。

（5）合作。当承认人与人之间确实存在许多差别的事实之后，往往就可以通过和解的方式来处理冲突。通过这种方式处理冲突，冲突双方都会感到他们是受益者。不过要使这种方法行之有效，一方面要有足够的时间保证，另一方面还必须让冲突双方"信任"这种方式，而且冲突双方都必须具有较高的素质。

## 四、激励团队能力

### （一）任务描述

作为领导者，有责任去劝说和激励团队成员，使他们的工作更有效，因此作为领导者，就应该懂得如何去促进工作，了解激励团队成员的方式，并确认自己在激励团队成员过程中所扮演的角色。一个有效的领导者，应能创造促使团队成员达成各自目标的条件，最重要的是，针对不同的人应采取不同的激励方式，对激励问题提供一个通用答案是不可能的。因此必须了解和影响团队成员的动机。而动机是一种对人们认定自己达到满足需求目标程度的尺度。

马斯洛把人的需求分为五个层次，依次是生理需求、安全需求、社交与被接纳需求、尊重需求和自我实现需求。在一般情况下，当某个层次的需求获得满足后，就会产生更高层次的需求。通常需求不是静态的，它们根据经历和期望随时间和条件发生变化，因此作为领导者要发现和寻找那些能激励团队成员、改善他们工作绩效、提高他们的积极性的手段，才会使团队工作有效开展起来。

团队的积极性一般是由领导者激励功能的发挥和个体需要得到满足等因素产生的。

## （二）相关知识

团队成员的积极性包括：

（1）接受和执行组织及团体目标的自觉程度。

（2）为实现组织及团体目标的热情。

（3）在为实现组织及团体目标的活动过程中所产生的效率、聪明才智和责任心等。

因此，优秀的领导者，都善于将团体目标和个人目标统一起来，将团体目标的实现与满足团队成员的需要统一起来，提高团队成员对团体目标的感受性，让团队成员充分体验到团体目标中包含着个人的利益。只有将这两者有机地统一起来，团队成员才能产生积极性。

## （三）任务分析

究竟怎样才能调动团队成员的积极性呢？

要想充分调动团队成员的积极性，作为一名领导者还应掌握以下6个方面的艺术：

### 1. 高度信任

领导者对团队成员信任，团队成员才能与领导者真诚相处；领导者对团队成员放心，团队成员才会对其没有戒心。因此，领导者一定要善于用自己对团队成员的真诚信任来换取团队成员对自己的由衷敬重。其具体做法是：

（1）正确看待团队成员的能力和水平。

（2）勇于把重担子交给团队成员，从而使其鼓足干工作的勇气和干劲，在实践中得到更多的锻炼和提高。

（3）授予团队成员相应的权力，切忌大权独揽，小权也不分散。

### 2. 诚心尊重

诚心诚意地尊重团队成员，使他们时时、事事、处处都真正体验到自己的人格所在、价值所在，这是调动其工作积极性的重要一环。领导者要做到诚心尊重团队成员，除了在思想上要牢固树立起"政治上平等"的观念，在日常工作中还要特别注意以下两点：

（1）在自己分管的工作方面，在实施决策之前，要主动、认真地听取团队成员的意见。当团队成员的意见不完全正确时，也要注意耐心听完并认真加以分析，尽量吸收其合理成分；当团队成员的意见与自己的意见有明显分歧时，要冷静地思考孰是孰非，并坚持按正确的意见办；当团队成员的意见与自己的想法在本质上一致，只是在形式上有所不同时，就不要在细枝末节上强求他们按自己的意见办。

（2）对团队成员分管的工作不轻易干预，只要没有原则性的错误，就要大力支持，积极协助落实。当团队成员在决策前主动征询自己的意见时，也要注意先听取团队成员的想法和态度，切忌不加思考地随意表态，或轻易否定团队成员的意见。

### 3. 主动关心

主动关心团队是领导者的责任，也是领导艺术的具体体现。领导者对团队成员越关心，团队成员对管理者就会越尊重。当然，这里所说的关心不是简单的小恩小惠，而是从各个方面给予更多的体贴和关照。

（1）要关心团队成员的学习。

（2）要关心团队成员的思想。

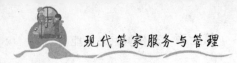
（3）要关心团队成员的工作，当团队成员在工作中取得成绩时，要及时鼓励，并注意适时提出新的目标。

（4）要关心团队成员的家庭生活，特别是对那些自身要求严格，不愿轻易麻烦组织、麻烦领导者，家庭又确实有困难的团队成员，更要注意真诚地帮助他们排忧解难。

### 4. 用其所长

作为领导者，必须克服私心杂念，不要害怕团队成员显露才能，多看团队成员的长处，注意用其所长，就会使其感到有用武之地，在本职岗位上能施展自己的才华，工作就安心，劲头就十足。

### 5. 热情帮助

作为领导者，不仅要有容人之过的宽阔胸怀，而且要有帮人之难的嘉言懿行，这对于处理好与团队成员的关系，调动其工作积极性至关重要。因此，领导者应注意做好以下 3 点：

（1）对团队成员的缺点要善意地批评，对团队成员批评帮助时要注意场合，尽量缩小范围，减轻影响，以维护团队成员的自尊。

（2）对团队成员工作上的失误要主动弥补。

（3）对团队成员的过错要主动承担责任，以减轻团队成员的心理压力，便于其轻装上阵，继续做好本职工作。

### 6. 不断激励

领导者只有坚持不断地对团队成员进行激励，才能使其保持长久的干劲。其基本方法是目标激励、任务激励、宣扬激励和褒奖激励。

## （四）任务评价

激励团队能力综合评价如表 7-4-1 所示。

表 7-4-1　激励团队能力综合评价

| 项目 | 评价标准 | 评价分值 | | | 改进措施 |
| --- | --- | --- | --- | --- | --- |
| | | 个人 | 小组 | 教师 | |
| 知识掌握 | 1. 尊重他人，善于倾听他人的意见（10分）；<br>2. 有很准确地分析处理事务的能力（15分）；<br>3. 掌握激励团队的多种方式方法（15分）；<br>4. 回答熟练、全面、正确 | | | | |
| 操作能力 | 1. 能从团队的利益出发思考和行动（15分）；<br>2. 能迅速融入团队中，同时组织讨论人有序发言（15分）；<br>3. 操作娴熟、正确、到位 | | | | |
| 人文素养 | 1. 有团队观念（10分）；<br>2. 对团队各部门能熟练衔接（10分）；<br>3. 具备有效沟通的能力（10分） | | | | |
| 总分<br>（100分） | | | | | |

# 第五节　计算机运用能力

当今社会，计算机网络信息技术的快速发展已经将人们带入了信息化时代，各行各业对计算机应用能力的要求也在逐渐提升，并对现代管家提出了越来越高的要求。现代管家不仅要具备专业的技能素质，还应当掌握现代信息技术的专业知识能力，具备信息技术能力。

## 一、计算机的基本功能

（1）数据处理功能：计算机数据处理的功能主要是完成数据的组织、加工、检索及其运算等任务。

（2）数据存储功能：将所有需要计算机加工的数据都保存在计算机的存储介质上，包括计算机运行所需的系统文件数据。

（3）数据传输功能：计算机必须能够在其内部和外部之间传输数据。

（4）控制功能：在计算机系统内部，由控制单元管理计算机的资源并协调其功能部分的运行以响应指令要求，其处理数据功能、数据存储功能、数据传输功能是由计算机指令提供控制的。

## 二、计算机的基本特征

### （一）快速的运算能力

计算机的工作基于电子脉冲电路原理，由电子线路构成各个功能部件，其中电场的传播扮演主要角色。我们知道电磁场传播的速度是很快的，如果一个人在一秒钟内能做一次运算，那么一般计算机一小时的工作量，一个人得做 100 多年。

### （二）足够高的计算精度

计算机的计算精度在理论上不受限制，一般来讲均能达到 15 位有效数字，通过一定的技术手段，可以实现任何精度的要求。

### （三）超强的记忆能力

计算机中有许多存储单元，用以记忆信息。内部记忆能力是计算机和其他计算工具的一个重要区别。计算机存储器的容量越大，它的记忆能力就越强。

### （四）复杂的逻辑判断能力

人是有思维能力的。思维能力本质上是一种逻辑判断能力，也可以说是因果关系的分析能力。借助于逻辑运算，可以让计算机做出逻辑判断，分析命题是否成立，并可根据命题成立与否提出相应的对策。

### （五）按程序自动工作的能力

一般的机器是由人控制的，人给机器一个指令，机器就完成一个操作。计算机的操作也是受人控制的，但由于计算机具有内部存储能力，可以将指令事先输入计算机并存储起来，在计算机开始工作以后，人可以不必干预，实现计算机的操作自动化。

### 三、"互联网+"模式的新型家政的特征

家政服务业是现代服务业不可或缺的重要组成部分，"互联网+家政服务业"更是发展大势所趋。计算机和网络时代的主要元素就是信息，通过计算机和互联网，信息技术的发展将会空前加快，人们了解信息、传递信息的渠道将增多，速度将变快，信息的及时性和有效性也将会变得更强。同时，信息技术的发展也将会推动与信息相关产业的进步与发展。信息是一个重要的社会资源，成为社会发展所要依赖的综合性要素，而借助于网络，信息资源的开发和利用将会变得更为简单。我们可以通过建立专门的社会、行业、企业和个人的信息网络和信息数据库，使社会经济的各个部门都能够把企业生产和经营决策建立在及时、准确和科学的信息基础上，从而推动整个国民经济的水平得到大幅度提高。现代家政服务行业也将在这一过程中获得巨大发展。

"互联网+"模式下的家政服务业其组织形式较传统家政服务业的组织形式上最大的不同，或者说是优势，就是它借助了互联网所具有的云计算和大数据，可以快捷便利地整合资源，信息透明易查，获取的渠道拓宽。网络平台的建设不仅仅是简单地给传统家政服务业披上互联网的外壳，重要的是通过这个平台对传统家政服务业升级改造。通过网络平台进行信息引流，推动和帮助传统家政服务业进行信息化建设，营造透明公正、安全的交易环境，保障供需双方的权益。

#### （一）专业标准化

"互联网+"模式下的家政企业通过统一招聘，再进行专业的培训后签订劳务合同，家政服务人员归平台直接管理，强调的是纪律性和统一性。通过对服装、清洁用具及操作流程的统一规定，有利于制定和推广家政服务的行业规范。同时，平台的透明性有利于规范家政市场的收费标准，使家政服务市场价格趋于稳定，给消费者带来便利和实惠，避免多花钱。平台企业为塑造良好的企业服务形象，对家政服务人员实施职业技能培训，极大地推动了家政服务业整体素质的提升。

#### （二）透明安全化

安全问题是家政服务业发展的一道难关，因为家政服务行业同其他行业不同，家政服务人员需要介入消费者的生活私密中，就不可避免地产生信任、安全问题的担忧。"互联网+"模式下的家政服务业通过信息的透明化，对家政服务人员进行实时监测，最大限度地保证了家政服务的全程动态掌握，有效地避免因为信任担忧而抑制对家政服务的消费。

#### （三）职业高效化

平台企业为增加平台的用户黏度，就必须保证家政服务人员身体健康，且对其进行专业的职业培训，塑造家政服务人员的职业化形象。平台对于家政服务人员的实时监测和平台提供给消费者的便捷及时评价途径，鞭策着家政服务人员高效细致地完成工作，这不仅是为了维护平台形象，最重要的是维护服务人员自身的职业前途。

#### （四）资源整合化

"互联网+"下的家政企业通过互联网的高效率、便捷性，极大地推动潜在消费者进行家政

服务消费，也有力地发掘了潜在的家政服务人员，增加了家政服务人员的基数，使闲暇的时间能够通过网络平台发挥最大的用处。这不仅服务了消费者，也创造了财富，达到便民利己的双向作用。

"互联网+"模式的家政服务业对传统家政服务业的技术革新、发展模式的创新、消费者的消费习惯的改变产生进步意义，极大地推动了家政服务业的快速发展，但对于传统家政服务业长期存在的问题依旧不能从根本上完全解决。家政服务业的根本问题还是服务行业的混乱和人员素质能力的不足，只有改变这两点，家政服务业才能有一个飞跃式的发展。"互联网+"推动下家政服务业的 O2O 模式的变革正是看准了传统家政服务业的弊端，通过资源整合、企业间的合作兼并来不断扩大影响力，加强对专业合格的家政服务人员的培训整合，以达到行业标准的早日确立，赢得消费者的信任与支持，激发家政服务消费的热情，推动家政服务业的发展。家政服务业发展前景广大，无疑将成为第三产业发展的一个重要支柱。

## （五）任务评价

计算机运用能力综合评价如表 7-5-1 所示。

表 7-5-1　计算机运用能力综合评价

| 项目 | 评价标准 | 评价分值 | | | 改进措施 |
| --- | --- | --- | --- | --- | --- |
| | | 个人 | 小组 | 教师 | |
| 知识掌握 | 1. 熟练操作 Window 操作系统（15 分）；<br>2. 熟练操作常用的办公软件（15 分）；<br>3. 具备网络信息浏览、查找能力（10 分） | | | | |
| 操作能力 | 1. 文件管理能力（10 分）；<br>2. 文字录入能力（10 分）；<br>3. 多媒体信息处理能力（10 分） | | | | |
| 人文素养 | 1. 查阅资料，自我学习能力（10 分）；<br>2. 良好的团队合作及助人精神（10 分）；<br>3. 具备拓展创新的能力（10 分） | | | | |
| 总分<br>（100 分） | | | | | |

# 第六节　数据分析能力

随着互联网、云计算、移动互联网和物联网的迅猛发展，世界正迈入一个全新的智能时代。决策的制定更需要基于真实的数据，利用大数据解决过去看来棘手的问题，培养更加精准的商业洞察力，取得更为优化的商业效率，并为客户创造新的价值，创新正在影响和改变着人们的生活。建设现代化经济体系，从高速增长转向高质量发展，离不开大数据的发展和应用，同时大数据必须回归、融合实体经济才能发展壮大，人类正从 IT 时代走向 DT 时代，数据已成为国家基础性战略资源和重要的生产要素。近年来，随着《促进大数据发展行动纲要》《大数据产业发展规

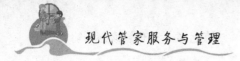

划（2016—2020 年）》等一系列支持政策的相继落地，我国大数据产业蓬勃发展，在各行各业的融合应用日益加深。

## 一、无处不在的"智能"应用

近年来，随着高新科技与创新浪潮的发展，"智能"二字在我们生活中出现的频次越来越高，智能化设备也越来越多，如智能冰箱（通过温度自动调节让食物保持最佳储存状态）、智能手表（除了指示时间，还能监测使用者的睡眠、健康状态、足迹等）、智能音箱（除了外音播放，还可以进行各类语音交互，如新闻播报、智能家电控制等）、智能扫地机器人（能够自动测量工作空间、规划合理路径、执行全屋清扫）、智能汽车（无人驾驶汽车，通过车载传感系统感知道路环境，自动规划行车路线并控制车辆到达预定目标）等。此外，全社会还在致力于构建智慧城市、智慧医疗、智慧能源、智能化民生等建设。

"智能"无处不在，归根结底是因为随着数据采集、数据传输与共享、数据处理与分析和人工智能技术的发展，我们有了从非智能向智能转变的基础和契机。站在智能制造的角度，围绕制造型企业的智能应用重点包括智能设计、智能研发、智能决策、智能车间、智能工厂、智能物流与供应链、智能服务、智能装备、智能产线、智能管理等。

## 二、实现智能化的关键：大数据处理与分析技术

众所周知，大数据是人工智能的基石，人工智能依赖于超强的计算能力和充分的大数据集。制造企业智能化应用的真正实现，必然也以围绕企业发展中产生的大量多源异构数据资产作支撑，比如：各类业务信息系统中的结构化数据；经营文件、作业指导书、质检报告等半结构化数据；生产管理监控视频、测试音频等非结构化数据；产品试验过程时序监测数据。为实现这些数据的充分利用与价值挖掘，大数据处理与分析技术就显得尤为重要。

大数据处理与分析技术支撑"数据资产价值化"这个核心目标的实现，重点是将采集存储的企业数据资产，通过业务分析、场景构建、分析处理、算法开发、模型构建、可视化和应用开发等步骤，实现数据价值变现，以达到智能决策与应用的目的。一句话概括，工业大数据分析主要是利用统计分析、机器学习、深度学习、信号处理等技术，结合业务知识，通过对工业过程中所产生的数据进行处理、计算、分析并提取其价值信息、规律，进而实现自感知、自决策、自执行的过程。

随着物联网、高性能计算、高维可视化、大数据基础平台等技术的发展与支撑，基于大数据处理与分析技术，开展制造企业各层次研发、生产、管理、服务等智能化决策应用模型的开发，解决企业生产及经营管理层面的业务难题，已成为现阶段制造企业智能化转型升级的核心工作之一。

## 三、典型的数据分析挖掘过程

典型的数据分析挖掘过程主要包括基于业务充分调研与理解后的数据接入、数据处理、特征工程、算法选择、模型训练、评估评测、模型洞察、模型部署及成果发布等过程，如图 7-6-1 所示。例如，美林数据完全基于此分析建模流程，研发打造的 Tempo 大数据分析平台，支持企业级用户快速实现数据资产的深度分析与应用建模。

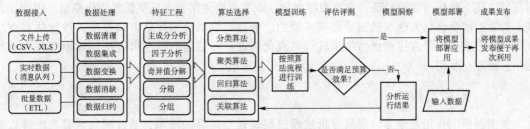

**图7-6-1 典型的数据分析挖掘过程**

### （一）数据接入

平台数据接入包含关系型数据库输入、MPP数据库输入、大数据分析引擎输入、文件上传、数据同步等不同输入节点，支持不同类型数据的快速导入，为挖掘分析与模型训练提供基础数据源。

### （二）数据处理

提供多种数据预处理方法及数据的高级转换操作，包括但不限于数据标准化、RFM分析、因子分析、角色定义等，实现数据清理、集成、变换、消缺、归约等预处理操作，为挖掘分析做好数据准备。

### （三）特征工程

要构建一个高效精准的机器学习模型在很大程度上取决于特征向量的选择与提取，构造好的特征向量，要选择合适的、表达能力强的特征。尤其是对于工业大数据来说，由于数据来源多、业务机理复杂、外界因素干扰、传感器异常等，企业原始数据包含较多的异常点、干扰点，多维度之间存在非线性关系等，这些都将直接影响后续模型构建的准确性以及模型复杂度，因此在算法选择与模型构建之前，需要数据分析人员对原始数据进行探索分析与特征提取，开展过滤、转化、降维、特征选择等特征分析工作，为算法选择与模型训练提供良好输入。

### （四）算法选择

基于业务问题剖析、数据基础探索与特征工程处理后，算法类型的确定与具体算法的选择将成为搭建分析模型的关键。平台提供丰富的分析挖掘算法库，包括分类、聚类、回归、关联分析、时间序列、综合评价及文本挖掘等多类别上百种机器学习算法，并支持集成学习、深度学习等框架与应用模型搭建，全面实现复杂场景下各业务数据的分析与建模诉求。与此同时，平台提供基于Python、Java、R、MATLAB等编程语言的扩展编程接口，支持特定场景下工业应用领域用户的业务型经验算法、细分专业特定算法的快速写入与固化应用。

### （五）模型训练

模型训练是以历史数据为样本，对模型进行评估，以保障模型的准确率。在样本选择的时候，需要满足数据样本多样化、数据样本尽可能大、数据样本的质量尽可能高等条件。平台提供对模型迭代训练过程的可视化洞察功能，实现模型训练过程的全透明管理监控，辅助数据分析人员构建高性能和高精准度的挖掘模型。

### （六）评估评测

精度准确、性能良好的机器学习模型不是一蹴而就的，过程中需要基于CRISP-DM流程进行反复迭代、优化与评测验证，根据数据变化及业务决策使用要求反复调整优化模型。因此，合理、有效的模型评估方法与机制是必不可少的。平台提供的模型评估方式支持离线评估和在线评估两种方式，并可直接对评估结果进行可视化展现；评估完的模型可直接在建模工程中进行输出、读取与复用。

### （七）模型洞察

模型洞察的作用是全方位观察分析建模过程及模型运算的结果，通过洞察能够为改进数据分析挖掘流程和模型调优提供支撑，从而提升模型的有效性和精度。

### （八）模型部署

模型部署重点是将设计、验证后的模型与调用流程投入生产使用，通过发布挖掘流程，并利用调度任务或接口服务等方式将设计好的流程接入生产环境，形成最终的决策应用系统，指导实际业务的开展。

### （九）成果发布

整个数据分析及建模工程完成后，可以快速将分析挖掘模型等成果进行发布与共享，支持外部链接、数据展示门户及外部调用接口等多种分享方式。成果发布后形成数据挖掘模型库，后续类似应用构建时可从模型库中选择已有模型进行快速调整，提升建模效率。支持将发布后的成果嵌入第三方平台或与已有信息业务系统集成，并支持将关键信息实时发送到移动端、PC 端、大屏等，满足企业多层级多场景下决策应用的需求。

## 四、典型应用场景：预测与健康管理

智能化应用的一个典型场景便是预测与健康管理（Prognostics and Health Management，PHM），尤其是设备状态的准确分析与预测性维护。一直以来传统企业在典型或核心设备层面的维护主要是参照设备的标准参数及人工经验进行设备维护保养，维护人员经常不得不选择提前更换正常部件以最大限度保障设备正常运行，或冒着发生故障停机的风险使其尽可能久地运行，存在着过度维护、成本浪费或潜在风险增大等现象，比如机器突发性故障会造成时间、生产和利润的严重损失。

如何实时准确地判断设备的健康状态，并提前预测设备或典型部件的失效时间是困扰企业的一大问题。我们知道，一台设备是否会提前或者延后失效与设备的使用过程有很大的关系，通过采集设备运行状态信息及设备维修保养记录信息，根据设备失效的影响因素构建设备预测性维护模型。通过历史数据进行学习模型构建与知识获取，在应用过程中以实时的设备运行状态数据为输入，并基于预测出的设备健康状态与失效时间提前进行设备维护，可极大程度避免设备的各类突发故障。基于"数据驱动+机理模型"的设备状态评估与预测性分析，帮助企业回答了"是否有故障""哪一类故障""何时维修、如何维修"等问题，既能高效准确找出需关注的部件或子系统，前瞻性地开展维修计划及工具、库存备件的准备等相关工作，还可以在设备脱机或生产间隙安排并启动维修保养计划，为车间和工厂节省时间、金钱和空间，也可避免不正确的维护计划带来的设备利用率低及突发故障，进而保障生产安全并提高生产效率。图 7-6-2 为电池产品远程监控平台。

简单来说，基于设备全要素的数据采集、存储、共享与分析的设备预测性维护可实现如下效果：

（1）较高的运维效率。显著降低设备的故障率及停机时间，提高设备利用率，保证设备持续使用，避免非计划性停工，提高企业生产效率。全面降低由设备的故障或突发故障所带来的难

图 7-6-2 电池产品远程监控平台

以估算的安全隐患，提升企业设备运维效率与质量。

（2）较好的设备性能。一体化设备健康管理平台，可有效积累设备典型故障模式及知识库，结合设备全寿期数据连接，可实现设备研制信息闭环反馈，全面提升设备研制与维护水平。

（3）较低的服务成本。减少设备整个生命周期维修费用及成本，消除过度维护所花费的时间和资源，设备维修总体原则可改变为"适时小修、避免大修，预防性、计划性维护"。

对于智能制造的发展来说，数字化制造、网络化制造和新一代智能制造并不是相互分离的，而是相互交织、迭代升级。在数字技术、网络技术充分发展的今天，智能制造推进过程中都可以按照需要融入各种先进技术，进而推进制造业转型升级。

随着物联网、大数据和云计算等技术的高速发展，基于多信息采集与融合分析的智能化应用能力逐步落地并发挥出较大价值，使得企业生产能力和经营效益均达到了一个全新高度。对于期待智能化转型的制造企业，务必在开展智能制造应用规划与建设的过程中要利用好此类技术，为数据采集、数据共享应用提供支撑。图 7-6-3 为 Tempodata 一体化大数据运营平台。

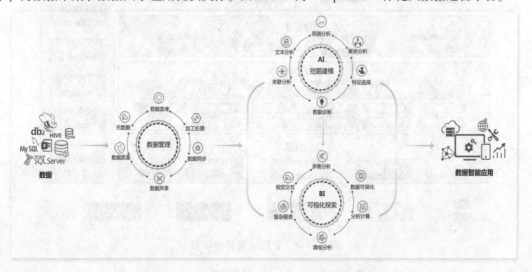

图 7-6-3 Tempodata 一体化大数据运营平台

只要全面把握企业智能制造发展的方向与目标，围绕具体目标确定相关数据范围，并采用合适的数据采集技术获取数据，并将数据进行标准化、规范化管理，就能实现高质量的数据融合与共享；结合具体业务问题的智能模型构建与利用，实现基于数据驱动的生产管理过程的诊断与优化，实现生产业务、经营管理活动的自感知、自决策与自执行，逐步实现企业的智能化转型目标。

## 五、行业应用案例

 案例 1

### 政务热线数据分析应用解决方案

#### 1. 项目背景

当前，我国各个地市已基本建设完成 12345 政务服务热线，该热线主要整合了全市各非紧急类热线电话，并以电话受理为主，网站、微信、微博、短信、邮件及 APP 手机客户端等多媒体为辅的多渠道诉求受理综合服务热线，为市民提供全方位、全天候的热线高效服务。

市民通过 12345 热线所反馈的数据，一般都是文本类型的话务数据。这些数据具有话务量大，数据沉积丰富，信息来源渠道多，数据复杂，数据维度多等特点，但同时这些数据也具有价值高的特点。因为该热线是全市人民反馈日常问题的最直接窗口，其收集到的问题也是市民日常最关心的事件，因此其数据所包含的价值非常高，是各级领导有效了解市民心声的重要途径。因此急需采用大数据手段对工单数据进行深度分析挖掘，以便及时准确地向市领导及各部门提供分析结果，为城市管理决策提供辅助支撑。

#### 2. 解决方案

基于 Tempo 大数据分析平台构建 12345 智能决策分析平台（如图 7-6-4 所示），通过数据管理与政务服务热线一体化平台进行数据对接，同时利用挖掘分析（AI）模块建模生成适应于政务服务热线数据特点的算法模型，并利用可视化分析（BI）模块生成各类数据分析应用，包括主题分析、热点分析、预警分析及综合呈现等，达到如下的目标。

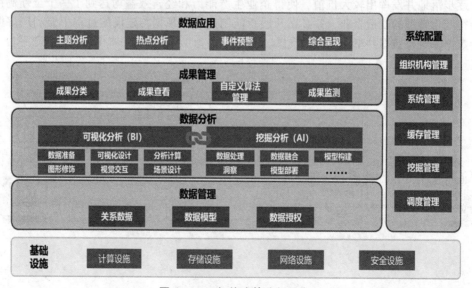

图 7-6-4　智能决策分析平台

（1）多维分析挖掘，辅助管理决策。对 12345 热线的工单数据进行分析，为各级领导及相关业务部门提供统一直观的分析结果，并通过集成各类算法进行数据挖掘，发掘 12345 热线数据的深度价值，为相关决策提供有效辅助支撑。

（2）成果动态展现，快速调取查看。对 12345 热线工单数据的分析成果需要做到动态展现、随查随看，使得领导可以在需要时及时获取到相关分析结果，为管理决策提供动态实时支持。

（3）分析快速生成，紧随业务发展。随着业务的推进与发展，为用户提供简单便捷的数据分析及可视化展现功能，使得系统可与时俱进，分析维度及可视化呈现效果可随着业务的变化而及时更新。

### 3. 项目成效

（1）社会治理方面：提高社会治理中所遇到的堵点和难点的发现效率，其实呈现民意聚集，提升社会治理效果。

（2）民生方面：贯彻以民为本的治理理念，切实发现人民群众生活中所遇到的难题，提升市民生活水平。

（3）政府内部：及时考核责任部门的民生问题整改情况，可作为内部绩效评价依据，助力治理水平提升。

（4）决策领导：及时获取民生问题反馈，通过准确、翔实、细致的数据，辅助其进行决策。

（5）业务人员：提升数据分析工作效率，减轻工作量，可以及时向决策领导反馈所需内容。

 **案例 2**

## 教育集团运营可视化解决方案

### 1. 项目背景

为更好地契合教育集团及集团下辖九年一贯制园、校的智慧校园建设发展，大部分教育集团及下辖园、校基本已实现行政、财务、教学、招生、后勤、采购管理等业务管理的信息化，并累积了海量数据资产。如何有效利用产生的数据资产，充分发挥数据价值，并将先进的信息技术、智能技术进行深度融合和综合展示，不仅是智慧校园、智慧教育建设、教育大数据发展的要求，也是众多教育集团及下辖园、校亟须解决的问题。构建运营可视化，为集团和园、校运营管控提供有效的支撑，成为现在众多教育集团及下辖园、校在智慧校园、智慧教育条件下的必然路径。

### 2. 问题与挑战

教育集团在日常对外宣传和对内管控过程中，集团董事会需对接多个集团业务中心，同时集团各业务中心也需对接下辖各个园、校的多个业务部门、业务数据分散、难以及时获取经营管理中的财务数据、人事数据、教务数据、教学数据、资产数据等。同时，数据收集和审批流程复杂、时效性差，数据存在偏差。

（1）集团董事会和下辖园、校领导关注的数据无法确定唯一性和及时获取。运营管理部门不能直观掌握集团和各园、校运营状态，特别是核心业务的运行状态，无法确定领导关注内容；各部门运营数据多以单业务领域为主，数据不全面，获取不及时。

（2）跨校区管理中，各个校区运行管理模式、评价标准等不一致，导致集团管理部门掌握的数据部分无法进行横向对比。

（3）集团及下辖园、校的各部门和跨部门、跨校区业务流程不够清晰，在一定程度上影响了各项工作的日常运营及领导对重要事项的进度掌握。

（4）行政管理督办无法有效落地。在运营管理过程中发现的问题，无法通过有效的支撑平台进行跟踪督办管理。

（5）缺少一体化的数字化展示窗口。缺少统一的、全局的展示平台，无法及时、高效地进行全域信息的数字化展示。

### 3. 解决方案

为集团董事会和下辖各园、校领导提供对内运营管控的统一视图，通过集团和下辖各园、校运营状况的实时、全域、立体展示，实现各园、校运营的穿透管理，有效解决领导"看得见、看得清、看得远"的问题，为集团资产经营管理、教学运营管理、集团发展转型等重大决策提供支持。

以集团和下辖各园、校领导视角为切入点，立足集团及各学校现状，整合跨校区资源，统筹集团发展全局，构建以集团发展战略目标为导向，以各园、校的招生、教学、后勤服务为主线，以管理支持为依托的穿透管理机制，促进各园、校核心竞争力及集团品牌效应的提升。

**4. 项目成果**

（1）推动集团和各园、校经营管控机制变革。建立集团及各园、校预警及问题闭环管理机制，通过各园、校核心业务的多维度、多粒度穿透管理，推动各园、校和集团经营风险管控关口前移。

（2）构建园、校级和集团级的统一的数据信息展示平台，如图7-6-5所示。面向集团和园、校的管理层构建标准的展示规范，建立统一的业务数据展示平台，促进其他业务系统"表达层"建设。

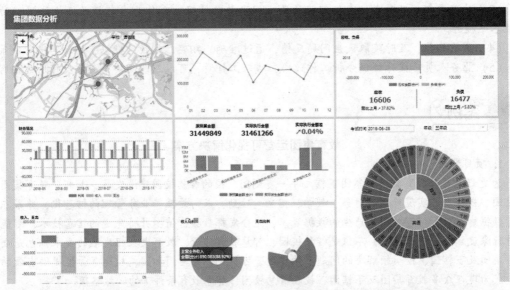

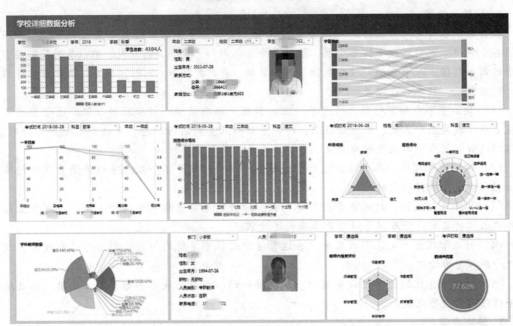

图7-6-5 统一的数据信息展示平台

（3）推进集团和各园、校行政管理方式转变。改变运营管理部门当前"一对多"的被动工作模式，有效推动集团和各园、校运营管控统一化、标准化。

 **案例3**

非结构化数据一站式搜索解决方案

### 1. 项目背景

国家电网公司通过多年信息化建设，已经建立九大业务体系，四大数据集中管理平台，其中非结构化数据平台数据总条数达到 5.4 亿，存储总量 410T，数据存储增长 7.9 T/月。非结构化数据平台中的数据仍然按业务条线进行存储、管理和利用，导致跨业务、跨系统的数据难以获取。非结构化数据一站式搜索旨在以业务需求及用户体验为驱动，提供跨业务、跨系统、强关联的各类非结构化数据一站式搜索公共服务。

### 2. 问题与挑战

（1）搜索深度不同：项目管理系统无搜索功能；知识管理系统仅提供标题搜索；协同办公系统支持全文搜索，但无法实现关联检索。

（2）技术不同：现有系统搜索功能采用技术路线不统一，有 Domino、Autonomy 等商业软件，也有自主研发的检索功能，不能实现统一的集成与检索。

（3）无跨系统检索：目前信息化系统产生的数据分散于多个系统中，如果查找资料需到每个系统分别检索。

（4）与业界差距较大：谷歌、百度等互联网搜索引擎提供了自动推荐、智能检索等智能化应用，而企业内部的搜索没有实现智能化，用户体验不佳。

### 3. 解决方案

（1）采用分布式搜索引擎技术对全业务系统的非结构化数据构建索引，实现对数据的全文检索，如图 7-6-6 所示。

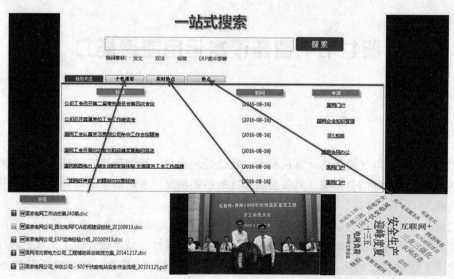

图 7-6-6　分布式搜索引擎技术

（2）采用自然语言技术对文档相似度、文档特征、关联词进行分析，实现同义近义检索、关联检索、检索词联想等功能，如图 7-6-7 所示。

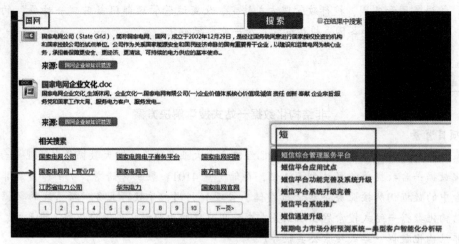

图 7-6-7  自然语言技术

（3）采用用户画像、文档画像、推荐技术等，对用户浏览历史等进行分析，实现基于文档相似度的推荐、基于用户兴趣度的推荐、基于协同过滤的推荐，为用户主动推送可能关注的文档资料。

**4. 应用创新**

（1）构建专业词库，该词库从非结构化平台中的文档提取，对于特定业务文档的分析建模起到关键作用。

（2）采用词向量构建电力关联词库，为扩展搜索结果和个性化推荐提供依据。

（3）采用兴趣模型对用户进行画像，并根据兴趣模型提供个性化推荐。

（4）在搜索展示结果上引入业务关系图谱和时间脉络图谱，提供更适用于业务需求的展示方式。

（以上案例均来源于网络）

# 第七节　智能设备运用管理能力

## 一、智能设备

智能设备由传统电气设备与计算机技术、数据处理技术、控制理论、传感器技术、网络通信技术、电力电子技术等结合而成，具备灵敏准确的感知功能、正确的思维与判断功能和行之有效的执行功能。

智能设备是一种高度自动化的机电一体化设备，由于其结构复杂，在系统中的作用十分重要，因此对智能设备的可靠性有很高的要求。元器件的可靠性、技术设计、工艺水平和技术管理等共同决定了智能设备的可靠性指标。自我检测是智能设备的基础，自我诊断是智能设备的核心。

当计算机技术变得越来越先进，越来越廉价时，就能够构筑各种类型的设备，除了个人和掌上电脑，还有许多智能设备，包括医学器械、地质设备、家用设备等。

智能设备应用平台的智能性就体现在异构的设备构成的系统具有情境感知、任务迁移、智能协作和多通道交互的特点。

情境感知应用可捕获、分析多个对象之间的关系并做出响应。设备协作是指通过协调不同设备提供的服务，整合已有的可用服务的功能，构造功能更为丰富的新的组合服务。多通道交互是指使用多种通道与计算机通信的一种人机交互方式，其中"通道"指用户表达意图、执行动作或感知反馈信息的通信方法。

## 二、电子文身

电子文身是一个可以像贴纸一样贴在皮肤上的电子设备，内置了电路板、芯片和传感器，可以监测运动时的健康状况。它很轻薄，可以贴到身体的任何部位。

## 三、无人机产品

无人驾驶飞机简称"无人机"，英文缩写为"UAV"，是利用无线电遥控设备和自备的程序控制装置操纵的不载人飞机，或者由车载计算机完全地或间歇地自主地操作。

与有人驾驶飞机相比，无人机往往更适合那些太"愚钝，肮脏或危险"的任务。无人机按应用领域，可分为军用与民用。军用方面，无人机分为侦察机和靶机。民用方面，无人机+行业应用，是无人机真正的刚需。在航拍、农业、植保、微型自拍、快递运输、灾难救援、观察野生动物、监控传染病、测绘、新闻报道、电力巡检、救灾、影视拍摄、制造浪漫等领域的应用，大大地拓展了无人机本身的用途，发达国家也在积极扩展行业应用与发展无人机技术。

大疆公司推出的新款无人机产品——Phantom 4，该产品具备强大的避障能力，并依靠计算机视觉来实现自主飞行，可以实现像飞鹰一样观察地形，避开一切障碍，稳定安全飞翔。

## 四、智能家居

目前我国已从物联网 1.0 时代迈入 2.0 时代，智能制造、公共事业/智慧城市、车联网/交通物流、智能家居和可穿戴五大领域将成为物联网发展热点，其中智能制造和公共事业/智慧城市将成为万亿市场。

物联网发展趋势是智联网，连接所有智能设备，包括日常生活设备——汽车、冰箱、洗衣机、电表、健康设备等。面对联网的泛在性，提供能面向每一个联网端点/智能设备，加强端点抗攻击能力，实现安全保护的泛在化，成为智慧控制系统发展方向。

### （一）智联网安全保障基础

（1）端：基于芯片级的保护方案、白盒保护、源码保护、强认证机制、多重校验等。

（2）管：通信协议保护、通信授权认证、流量安全过滤等。

（3）云：移动应用安全/行为防火墙、安全存储、端点威胁感知、风险大数据分析等。以云服务的方式提供安全保护。

① 安全保护：白盒密码服务、源码保护、漏洞检测、安全测评、渠道监测。

② 管理与响应：端点威胁感知、流量行为审计、风险统计分析、OTA 升级。

在智联网上安全是非常重要的一个环节，安全需泛在化于每个微边界点上，使每个微点都具备安全防护及抗攻击能力。

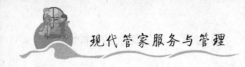

## （二）智能家居控制系统

智能家居控制系统有小米智能家居、Zigbee智能家居、上海智能家居、重庆智能家居、智能家居控制系统、全屋智能家居、智能家居系统、深圳智能家居、控制面板、别墅智能家居、住宅智能家居系统、智慧酒店、北京智能家居、客房控制系统、智慧社区解决方案、成都智能家居、智能网关、液晶面板智能家居温控系统、智能家居情景面板等。

## （三）智能照明

智能照明有感应灯、定时插座、照明模块、感应开关、防水插座、人体感应开关、LED灯具、插座面板、Wi-Fi灯泡、智能照明控制系统、智能照明控制器、Wi-Fi智能插座、智能灯光控制器、智能灯光、人体感应灯、彩色灯泡、接近感应开关、红外感应开关、照明灯具、智能遥控开关等。

## （四）智能安防

智能安防有智能猫眼、可视猫眼、视频监控系统、气体报警器、温度传感器、烟雾报警器、无线门铃、小区安防系统、人体感应器、门窗防盗报警器、可燃气体报警器、一氧化碳报警器、移康智能猫眼、红外线感应器、家用防盗报警器、家用防盗报警系统等。

## （五）智能机器人

智能机器人有一米智能机器人、学习智能机器人、特智慧机器人、酒店智能机器人、大能扫地机器人、小鱼在家智能机器人、科沃斯扫地机器人、自动清洁机器人、巴巴腾机器人、小船智能机器人、irobot扫地机器人、ROOBO机器人、勇艺达机器人、嘉世达机器人、人工智能机器人、塔米机器人、穿山甲机器人、派宝机器人、深净尔扫地机器人等。

## （六）智能单品

智能单品有智能试衣镜、网络音箱、智能浴室镜、浴室智能魔镜、小度音箱、天猫精灵智能音箱、智能魔镜、充电器、浴室镜、小孩防丢器、小度在家、若琪智能音箱、电子防丢器、小爱同学音箱、小米小爱音箱、智能充电器、蓝牙智能音箱、智能垃圾桶、感应垃圾桶、伸缩晾衣架、自动晾衣架、智能扫地机、智能晾衣架、智能净水器、自动洗碗机、扫地机、智能家用电器、扬子净水器、室内晾衣架、4k智能电视等。

## （七）智能家具

智能家具有多功能鞋柜、智能餐桌、智能按摩床垫、智能沙发、智能茶几、多功能家具、智能按摩椅、多功能沙发、多功能餐桌、多功能茶几、智能床垫、智能衣柜、智能鞋柜、音乐床垫、家用升降床、按摩床垫、触摸茶几、电动升降床、取暖茶几等。

## （八）智能影音

智能影音有多媒体设备、背景音乐主机、私人家庭影院、小度智能音箱、多媒体中控系统、家庭背景音乐系统、小型投影仪、智能音乐控制器、家用投影仪、背景音乐系统、泊声家庭背景音乐、酒店背景音乐系统、家庭影院系统、家庭影院功放、天籁家庭背景音乐、上海智能影音、高清投影机、智能背景音乐、多媒体音响等。

### （九）智能穿戴

智能穿戴有智能穿戴设备、科睿思智能手环、儿童智能手表、多功能智能手环、老人智能手环、cerohs智能手环、智能手表手环、多功能智能手表、小天才电话手表、阿玛丁智能手表、小寻电话手表、儿童电话手表、防丢失手环、电子手环、智能电话手表、老人智能手表、定位手环、运动智能手表等。

### （十）智能门窗

智能门窗有智能窗帘控制系统、电动开窗器、自动开窗器、电动智能窗帘、杜亚电动窗帘、小米电动窗帘、电动窗帘遥控器、电动开合帘、奥科电动窗帘、自动窗帘电机、电动窗帘控制系统、智能电动窗帘、智能窗帘电机、智能窗帘控制器、创明电动窗帘、电动窗帘配件、智能卷帘电机、窗帘电机、电动窗帘电机、开合帘电机、智能家居门窗控制系统、无线全屋智能家居系统等。

## 五、现代管家必须具备的智能家居设备运用管理能力

### （一）智能通信设备运用管理能力

目前许多智能家居产品都不仅仅是一个孤立的产品，而是相互连通、相互依存的。而连接这些家居系统的方式，便是家庭物联网。有线布置的智能家居由于具有布线过于烦琐、成本过高等缺点，因此并不常用，现在最为常用的智能家居物联方式，均采用无线传输技术。同时，物联网也是一切智能家居系统的基础。当用户需要操作智能家居产品时，便可以通过手机完成管理与控制。

### （二）智能照明系统控制运用管理能力

通过无线传输系统、计算芯片等多种技术，用户可以通过无线遥控或者其他通信设备对家中的照明设备进行调控。对灯光的控制不仅限于关停，还可以进行亮度的调整、照明设备的定时遥控、不同场景的设置等。

### （三）智能遥感设备运用管理能力

智能家居与普通家庭使用的传统产品的不同之处在于，智能家居更"懂你"。在许多智能家居产品中，都配备有相应的传感器，无论是亮度、湿度、温度还是人的语音、人体红外等，都可作为信息传递给智能家居。也就是说，当人走进家中，室内的空气净化器将根据空气质量决定风量大小并进行自动调节，窗帘在检测到外界亮度后将会遮盖住过亮的阳光。

### （四）智能家居管理中枢运用管理能力

在拥有了智能家居硬件产品后，如何将它们整合在一起，是智能家居的一大发展方向，也是许多厂商的争抢之地。一款Amazon Echo语音助理设备，可在家庭的任意环境中被唤醒，并完成语音的识别功能。一款Google Home智能家居管理处理系统，可以完成对电视、音响、插座、家电等设备的互联。通过这些设备，可以做到对家庭内众多硬件的控制，通过声音让家电开闭，或者进行远程控制等。

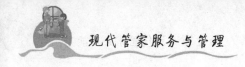

（五）智能安防监控系统运用管理能力

智能化让家庭十分便利，智能家居最重要的应用是在家庭安防系统上。通过连通摄像头、智能门锁等设备，用户可以通过手机实时查看家中情况，让家庭安全性能再次提升。

# 第八节  金融资本运营管理能力

## 一、金融资本运营管理

金融资本运营管理是指机构、企业、家庭以金融资本为对象而进行的一系列营运活动。

金融资本以有价证券为表现方式，包括股票、债券、商品交易合约、期货合约等，不包括实业资本和企业的厂房、原料、设备等具体实物运作。

（1）从事金融资本运营活动范围界定：自身不直接参加企业生产经营活动，是通过买卖有价证券或者期货合约等进行资本运作。因此，企业金融资本营运活动的收益来自有价证券的价格波动以及其本身的固定报酬，如股息、红利等所形成的收益，并非依靠企业自身的产品生产、销售行为来获利。

从事金融资本运营，以金融资本的买卖活动为手段和途径，力图通过一定的运作方法和技巧，使自身所持有的各种类型的金融资本升值，从而达到资本增值的目的，并非控制自己所投资企业的生产经营权。

（2）从事金融资本运营条件：企业参与金融资本比经营所需资本额相对少一些，金融资本运营无苛刻要求，只要企业缴纳一定数量的保证金或购买一定数量的有价证券（这一数量往往都是很低的，大多数企业都能承受），企业就可以从事金融资本运营活动。资金流动性较强，企业的变现能力较大。一旦企业觉察形势有变或者有了新的经营意图，就可以比较方便地将资产变现或者转移出来，以及时满足企业的需要。

（3）金融资本运营收益特征：经营效果不稳定，收益波动性大。金融资本运营活动容易受到不确定因素的干扰，导致收益呈现出波动性；而且，金融资本运营的收益主要是依靠有价证券价格的变动来获取的，由于证券交易市场上价格的频繁变化，企业收益发生波动也就是必然的了。

## 二、金融资本运营的原则与能力

### （一）实行组合经营，分散投资风险

在金融资本运营过程中，收益和风险是紧密相关的。在风险已定的情况下使投资报酬最高，或在报酬已定的情况下使风险最小，是金融资本运营的基本原则。根据这一原则，在金融资本运营过程中，企业要尽力保护本金，增加收益，减少损失。

### （二）明确经营目标，完善投资计划

要使企业的金融资本运营取得成效，首先应该确定一个清晰而明确的目标，以避免投资经

营的盲目性。同时，还应制订一项完善的投资计划，以指导整个金融资本运营活动的顺利开展。

### （三）勿存任何侥幸心理

企业在实施金融资本运营过程中，一定要力求稳妥、可靠、合理，绝对不能像赌徒在赌桌上那样孤注一掷。一名成功的投资者，必须具有丰富的知识、长期的经验、熟练的技巧、高度的智慧和当机立断的决心，存有任何侥幸心理所做的决定都是危险的。投资者千万不能在没有明确投资经营的前途之前就慌忙采取行动，仓促的行动往往会导致投资活动的失败。

### （四）依据自己的判断，理智地进行投资

在金融资本运营的交易市场上，谣言常常是最多的。如果投资者缺乏准确的判断能力，人云亦云，受谣言所干扰，那就必定会失去方向。因此，进行金融资本运营活动时，投资者一定要冷静、慎重、理智，善于控制自己的情绪，对各种类型的经营方式要做认真的比较，最后再选择最适合的运作对象和方式。

### （五）把握时机，当机立断

金融资本运营的机会是稍纵即逝的，如果投资者经过详细的研究分析，认为这时是购入或者卖出有价证券的有利时机，那么就应该把握住机会，及时地下单买入或者卖出。如果一直犹豫不决，希望等到更好的机会出现时再采取行动，那么很可能就会错过经营交易的最佳时机。因此，当投资者做出成熟的决策时就应该及时加以贯彻，迟疑不决只会贻误时机，失去已到手的利益。

### （六）投资者要有一定的能力

金融资本运营管理是一项需要高度智慧型劳动的复杂工作，因而投资者必须具有坚实的相关理论知识以及一定的经营能力。而理论知识的积累和能力的培养，又要求投资者必须不断地学习，以及更多地参与金融资本运营活动的实践，以提高自身的理论水平和实际经营能力。

# 第九节 数据化管理能力

## 一、数据化管理

（1）数据化管理定义：是将数据作为组织资产并对其管理的一系列具体化价值行为。

（2）数据化管理内容：是将业务工作通过完善的基础统计报表体系、数据分析体系进行明确计量，科学分析，精准定性，以数据报表的形式进行记录、查询、汇报、公示及存储的过程。

（3）数据化治理：是从组织架构、管理制度、操作规范、信息技术应用、绩效考核等多个维度对企业的数据进行全方位整理、建设及持续改进。

（4）数据化管理目标：为管理者提供真实有效的科学决策依据，倡导与时俱进地充分利用信息技术资源，促进企业管理可持续发展。

（5）数据化管理背景：数据化管理是继中国改革开放以来，国内企业在对精细化管理、丰田生产方式、JIT、质量体系认证、绩效管理等先进的管理方式进行广泛学习并运用过程中，逐渐形成的一种新的管理模式，同时，也是在行业间频繁的信息交流、人才流动过程中，普通企业充分利用了现代金融企业一切立足于数据信息所进行的管理方法的广泛传递而形成的一种管理模式。数据化

管理的模式体系正在探索形成的过程中，值得广泛地深入研究和推广普及。随着计算机技术的发展及普及，财务、金融等以数据作为操作基准，大量应用数据化管理。在健康管理、家政管理、社区管理等领域，很多企业都开始运用数据对业务发展状况进行监控，并指导管理工作的开展。

## 二、数据化管理分类

一切人类活动皆可数据化管理，通过转化为单位数量进行计量，以体现活动的有效程度。数据化管理适用于任何经济组织的任何领域、任何流程。

### （一）行业分类

根据业务类型可以分为数据化财务管理、数据化成本控制、数据化生产管理、数据化销售管理、数据化人力资源管理、数据化质量管理、数据化行政管理、数据化研发管理、数据化工艺管理、数据化服务质量管理、数据化健康管理、数据化家政管理、数据化社区管理、数据化养老管理等，行业属性不同，数据化应用价值不同。

### （二）层级分类

根据管理层级区别，可以分为数据化经营策略管理（高层管理）、数据化运营分析管理（中层管理）、数据化业务指导管理（基层管理）。数据对于不同层级的管理者应以不同的形式区别呈现，数据管理权限不同，应用能力不同。

## 三、数据化管理能力

数据化管理能力是个人、企业收集数据、分析数据、应用数据，实现数据价值最大化的能力。

### （一）收集数据

收集数据是指将业务领域的一切活动进行计量，由专人进行管理。

（1）计量前提：要设计与业务活动实际相符合的表格单据（文件记录）。

（2）数据记录流程：由一线业务操作人员填写完成，上传平台系统，或上交管理人员上传系统，最佳数据来源为人工智能采集数据。

（3）收集数据关键要素：数据的真实性、准确性、时效性。人工智能数据与区块链底层数据结构结合的数据，才具备关键三要素。

### （二）整理数据

整理数据是指将收集完毕的数据进行归类，对有效的数据进行统计，剔除无效数据。整理数据的关键要素为数据的真实性、准确性、时效性。

### （三）记录数据

记录数据是指将一切有效的数据记录在特定形式的数据文档中。

（1）记录数据方法：设计一套适合业务实际的数据统计表格，命名为"业务名称+基础数据库.xls"的形式，存储在固定的硬盘存储区域。

（2）记录数据注意事项：注意数据保存，切忌因重装系统、电脑损坏等造成基础数据遗失，因此，需要操作者进行必要的数据备份。

### （四）分析数据

分析数据是指根据管理需要，从基础数据库中选取有关联的数据，通过常规的数据统计分析方法形成特定报表、思维导图、数据模型等方式予以呈现数据规律与价值。

常规数据分析方法包括：

（1）数据展示（数据表格、数据图表），即充分利用计算机操作软件，将数据进行直观地展示。

（2）数据分析。数据分析的常规方法是对比分析（包括同比、环比、定基比）、趋势分析（时间段趋势分析）、结构分析、异常分析等。数据分析过程中，需要大量运用常规的统计分析软件进行，包括一般人熟练使用的 Office Excel 和专业统计分析软件 SPSS、EViews Minitab 等。

（3）在管理者统计专业知识丰富的情况下，还有必要对数据进行检验分析，以呈现数据的准确性。数据分析载体为报表，报表设计应简洁、明确，适合管理层的接受能力，且必须注意时效性。

### （五）数据化管理

数据化管理是指通过真实性、准确性、时效性数据采集而建立的数据报表、思维导图、数据模型的分析，明确指出业务工作中存在的问题与基本状况，并根据企业自身能力提出合理化的管理建议，以供管理者决策使用。

## 四、数据化管理的价值与意义

### （一）数据化管理是科学管理的基础

科学管理的目标是目标明确、决策准确、措施有效、执行有力。数据化管理是将业务工作中的基本状况，通过真实性、准确性、时效性数据直观地展现，并通过科学的分析，明确经营基本状况，发现业务工作中的存在问题，为管理者提供准确的决策依据，促进管理层进行有针对性的改进和有效的决策。

### （二）数据化管理是科学领导决策的重要依据

数据化管理是管理者助手必须具备的核心能力，是卓越管理者所采用的基本管理技术之一。完善的数据化管理能够明确指出下属业务工作中存在的各类问题，以实事求是的方法并辅以其他的管理手段，有效地指导下属开展工作，能够根据问题的严重性与重要性进行有针对性的改善，促进团队的整体进步，从而实现领导效能。数据化管理是优秀的管理方法之一，是科学领导的有效参考。

### （三）数据化管理是企业管理改进的关键

优秀的企业管理应该具备完善的运营数据分析体系。一切企业活动，最终都以数据为参考，达成一定的数据指标，循环改进，持续发展。数据化管理存在于企业的每个环节，参考经营数据管理的企业体制是确保企业良性发展的关键。

数据化管理是一种全新的管理方法，其推广和运用可以促进民族企业的发展，增强国际竞争力。

 **本章小结**

1. 人际沟通能力，是指通过人与人之间进行的情感、思想、观点的交流，来达到统一认识，建立协作关系的能力。

2. 档案管理技术：由于家政服务的种类繁多，人员较广，所以家政档案管理应尽快从纸质文档过渡到电子档案中，运用电子档案管理可以更加方便快捷地服务于广大客户。

3. 职业培训能力：职业培训是指对准备就业和已经就业的人员，以开发其职业技能为目的而进行的技术业务知识和实际操作能力的教育和训练。

4. 组织协调能力：指根据工作任务，对资源进行分配，同时控制、激励和协调群体活动过程，使之相互融合，从而实现组织目标的能力。

5. 计算机运用能力：计算机网络信息技术的快速发展已经将人们带入了信息化时代，各行各业对计算机应用能力的要求也在逐渐提升，并对现代家政管理提出了越来越高的要求。

6. 数据分析能力：决策的制定更需要基于真实的数据，利用大数据解决过去看来棘手的问题，培养更加精准的商业洞察力，取得更为优化的商业效率，并为客户创造新的价值。

7. 智能设备运用能力：智能设备由传统电气设备与计算机技术、数据处理技术、控制理论、传感器技术、网络通信技术、电力电子技术等相结合而成。

8. 金融资本运营管理能力：金融资本运营是一项需要高度智慧型劳动的复杂工作，因而投资者必须具有坚实的相关理论知识以及一定的经营能力。

9. 数据化管理能力：是个人、企业收集数据、分析数据、应用数据，实现数据价值最大化的能力。

# 第八章　国际管家

【项目介绍】

通过学习国际管家的起源、素养及服务，了解国际管家个人的职业素质、知识与管理服务能力，了解有关英式管家及国际管家服务的故事，深入学习国际管家的实际操作训练，形成国际管家基础知识及应用技能的知识结构。

【知识目标】

学习国际管家的专业基础知识与管理服务内容。

【技能目标】

掌握国际管家管理服务内容，培养实际操作能力和思考力。

【素质目标】

培养国际管家需具备的专业管理服务的学习力、思考力、创新思维，以及解决问题的能力。

## 第一节　国际管家概述

### 一、国际管家起源论

#### 1. 国际管家起源法国论

国际管家起源于中世纪的法国，只是老派的英国宫廷更加讲究礼仪、细节和虚荣，将管家的职业理念和职责范围按照宫廷礼仪进行了严格的规范，成为行业标准，所以在各方面的传统也烙有明显的英国印记，因此才被冠以"贴心"二字。贴心管家也成为管家服务的经典。在贴心管家享誉世界的最初——大约是700多年前——只有世袭贵族和有爵位的名门才能享受这种服务，原因无他，出自宫廷血统尊贵而已。

#### 2. 国际管家起源英国论

国际管家起源于英国，Butler起初源自英国上层社会红酒庄园，其愿意为"斟酒者"，当时

英国的中上层家庭都有一个高级管家帮助打理家事（详见第一章第二节管家的起源与发展）。

## 二、国际管家素养

### （一）国际管家素养

**1. 个人素养**

（1）品德素质：热爱管家事业，积极投入管家事业大平台，有正确的世界观、人生观、价值观，具有良好的道德品质和文明行为习惯。

（2）职业素质和人文素质：立足管理，服务第一线，脚踏实地，爱岗敬业，诚信明礼；注重与人合作，有团队协作及管理意识；具有健康的审美情趣和文化素养，好恶分明，有较强的表现力；具有创新意识与创业精神。

（3）身心素质：具有良好的生活习惯，爱好运动，拥有健康的体魄；具有良好的个性品质、抗挫能力和较强的心理调适能力，懂得自我保护。

**2. 知识及能力要求**

（1）具有较扎实的国际管家基本理论和专业基础知识，了解国际管家的服务流程及前沿知识和发展动态。

（2）掌握各种礼仪规范、国际法律法规以及国际管家业务的流程与运作，在礼仪接待服务、安全与突发事件的处理、商务休闲及娱乐活动的安排等方面具备实践操作性。

（3）具有较强的人际交往、组织、协调和沟通能力，具备领导管理一定规模团队的能力。能够独立地安排、组织各种常见的宴会、舞会、欢迎欢送活动、纪念仪式、观光旅游、参观访问、婚礼以及其他社交活动，同时具有灵活、妥善应付和处理突发事件的能力。

（4）掌握英语听说能力，培养外文的自学能力，以适应工作岗位上的外文听说读写需要。

（5）拥有一定的财务商贸知识，了解基本的财务商贸事务，能结合自身岗位实际对工作有整体把握。

（6）掌握计算机基础、办公自动化等知识，能熟练运用计算机处理相关事务，具备现代化办公技能。

（7）有一定社交活动能力，能处理较为复杂的人际关系，规范得体、有礼有节地处理相关事务。

（8）掌握医疗急救与护理的基本知识，对突发的身体疾病能够进行初步处理，并可以护理照顾老人和儿童等。

（9）懂得天文地理、美食营养，精通理财等。

**3. 国际管家形象**

深色的燕尾管家服，雪白的衬衫和手套，举止优雅，有礼有节，严谨干练，亲切友好……为主人开门的时候要一手前一手后，微微弓腰；摆餐台时要用尺子去量座椅、盘子、酒杯之间的距离；主人用早餐时要把熨过的报纸折成方块放在盛有餐点的盘下……

### （二）国际管家服务内容

国际管家的正式职称——首席仆役长。

豪宅里，小型军队般的仆人们分工明确，每个人都有自己的职责范围，而管家统领众仆，给每一个人分派工作，并监督和验收他们的工作成果。他清楚哪怕是最不常用的礼仪，知道1831

年和 1832 年波尔多葡萄酒的细微差别，了解世界各国的佳肴名馔，让每一件名贵摆设都适得其所。购物、家庭理财、洗熨衣物、接待客人、准备晚宴、房屋维修、整理园艺、与外界商家联系等，事无巨细都需要管家来安排，以保证整个宅子运转良好。他甚至比主人更清楚贵族们的游戏规则，刻板地按照传统礼仪要求自己的言谈举止，一切以宅子、以主人为重。

管家最大的作用是规划和监督主人家的人事，最见功力的则是举办大型聚会。以花钱为人生最大目的的贵族们都是火眼金睛的挑剔者，不带贴身仆人出门的贵族肯定会受人轻视（居然沦落到没有仆人带出门的境地），经验欠缺的新人也会受到老仆人的轻视排挤（这一行也讲究资历）。不过，傲慢的贵族们对管家（不管是自家的还是别人家的）都很客气，毕竟以花钱为己任的人不会有太多的生活能力，说白了，没有管家和仆人，他们寸步难行。

### 三、涉外管家的要求

#### （一）涉外管家定义

涉外管家是为外籍客户提供家政服务，并展现国民素质能力的职业。

#### （二）涉外管家的职业能力要求

高素质、高学历、高能力；受过严格专业家政培训，包括职业道德、英语口语、摄影录像、国外生活习俗、宗教知识、法律常识、中餐西餐、家庭理财、计算机、人工智能及办公设备应用、宠物饲养、病人护理、孕产妇护理、家庭教育、防身术等方面；具备一专多能；学习和适应能力都非常强。

#### （三）涉外管家的工作内容

文秘、护理、家教、管家多方面工作，要求能娴熟使用电脑，协助客户完成收发传真、电子邮件，接听电话，处理日常事务，独立当家理财、预算开支、管理家庭账目，科学进行老人、病人、孕产妇、婴幼儿护理，进行宠物养护，对儿童进行早期教育，有协助客户安排日常生活及管家的能力，具有应变能力，能准确及时地处理意外事件。

# 第二节　如何成为现代国际管家

### 一、现代管家介绍

随着时间的推移，现代管家已进入高档社区、高级家庭别墅、高级酒店、高级单位及会所俱乐部等。一些现代管家被注入了全新的理念——"现代贴心管家"，他们不是普通意义上那种打理一个小家庭的生活琐事的管家，绝大多数会为那些大家族服务，不仅要安排整个家庭的日常事务，更兼具主人私人秘书的多重身份，也是主人的亲信。

现代贴心管家对业主的服务是全天候的，其职能范围非常广，我们可以从衣、食、住、行四方面来进行区分。

衣：接受过正规的制衣训练、制帽训练和制鞋训练。在衣服保养和皮鞋保养方面有独到的方法。此外，在主人外出或参加宴会，需要进行衣着搭配时，能够给出中肯实用的建议。

食：接受过正规的餐饮培训、酒类培训，对雪茄烟的鉴赏和保养很有经验。此外，为主人筹备餐会是贴心管家的拿手好戏。而在主人用餐时，现代贴心管家对餐具的摆放、上菜的顺序和礼仪等都有一套详细而完善的做法。

住：贴心管家可以负责家居的各个方面，从装修房间、整理公文到洒扫厅堂、整理卧具无一不精。每位管家都接受过收藏品、古董鉴赏与收藏的培训课程和花卉培训课程。此外，还有一项必不可少的培训项目——求生，一旦发生危险，管家可以在第一时间保护主人安全。

行：需要出游，只需将大致要求告诉管家，出游的一切细节，包括机票的预订、酒店床位预订甚至行程都会被安排得妥妥当当。此外，贴心管家都学习过儿童心理学课程，具备照顾孩子的经验。夫妇出游，可以放心地把孩子交给他们。

除以上提到的内容外，现代贴心管家还必须接受物业管理培训课程、保安培训课程、西方礼貌礼仪培训课程、物品管理培训课程等。

## 二、现代物业（家政）管家服务

现代高级社区的物业（家政）管家，相对于一般意义上的物业（家政）管理服务人员，除了提供一般社会化服务的保安、清洁、绿化、工程、家政等专项服务，还参照现代贴心管家的个性化服务内涵，充分利用社会的综合资源，为住户所提供的服务面更宽，在服务层次上也更深入一些。

举例来说，为住户订机票、安排度假旅游、策划酒会、购物、照顾老人孩子等也属于管家的职责。住户在享受高素质硬件设施的同时，也理应享受到高素质的软件服务。管家的主要任务就是针对不同的业主提供不同的个性化服务，为住户带来极致的高级生活享受。

住户只需向他们的管家提出服务要求，许多难题即可迎刃而解，如同拥有了一位私人秘书般的特别贴心管家，而每位为住户服务的管家上面都有实力雄厚的物业管理公司（或家政管家公司）作为诚信担保，严格遵守职业操守；背后则有一支训练有素、经验丰富的物业（或家政管家公司）管理队伍，具备保洁、保安、维修、绿化、家政员等专业人员，随时为住户提供各种尊贵的服务，并由物业（家政）管家监督验工，确保按时、保质完成。

高级社区的"贴心管家服务"为高素质的住户——生活主人——配备专职的"贴心管家"，实行24小时值班制，每位管家负责照顾一定数量的住户。如需服务，只需一个电话即可，让生活轻轻松松，自然自我，务求提供尽善尽美的管家服务。

为每住户配置特定专职"管家"，"管家"定期向住户通报社区最新讯息，向住户讲解物业相关法规政策，企业新闻及相关政策、制度改革最新动态，社区生活诸如天气预报、健康信息和安全常识等最新服务信息。"管家"提供一对一服务，直接倾听住户意见和建议，解决相应问题，保证住户需求在24小时内获得反馈。

### （一）高级社区拥有的配套设施与服务

为迎合高级社区尊贵的品位，应注重社区的配套服务和管理，以真正满足人们居住的需要，让每一个居住在高级社区的住户真正可以享受生活。

（1）设立俱乐部，配有游泳池、桑拿及健身室、游戏室、健美操/瑜伽室、桌球室、乒乓球室、会所大堂及多用途宴会厅、迷你影院、社区卫生院等，提供多项服务，供住户使用。

（2）设立商业街，以满足住户日常生活所需为主，如设置洗衣店、药店、超市、美发美容、银行提款处等服务场景，在高级社区设立国际学校的接送点，设住户社区穿梭巴士、公交线路服务。

（3）建设智能化管理系统，如远程可视对讲系统、闭路电视监控系统、家居安防报警系统、红外线周界防越系统、一卡通门禁智能安防系统、24小时保安巡更管理系统、24小时入口大门可视对讲门禁、智能车辆出入系统、光纤通信网络、双向光纤有线电视信息网、先进的物业管理电脑系统。设立社区网络，使住户通过网络可实现费用查询、投诉及报修登记、信息查询及咨询等功能。

## （二）现代物业（家政）管家服务内容

24小时智能化严密保安系统，除了拥有一支训练有素的管家及保安队伍，还设置了一体化智能安全监控中心，安设监控探头，24小时进行安全监控、红外线安防，让住户居住、工作环境更加安全和舒适。24小时客户服务（设立24小时服务专线），只要住户想办理的事情（注：物管服务范围内的事项），管家都乐于为住户代劳，只因一切以住户为尊。

（1）微笑服务：凡是住户的提问或咨询，管家都会乐于提供令住户满意的答案，对于周边的购物、饮食、娱乐、医疗、交通等生活信息更是了如指掌，管家就是住户的生活指南。

（2）护送服务：深夜，如有需要，管家在小区范围内将为迟归的单身女士提供护送服务，亲自护送其至家中。

（3）医疗服务：当住户需要医疗服务时，只需拨打管家及客户服务热线，便可根据住户的要求，联系附近的医疗服务机构提供医疗服务。同时，管家也会定期举办各类医疗讲座及医疗咨询活动，让工作忙碌的住户清楚地了解自己的健康情况。

（4）商务秘书服务：在商务活动中只要住户需要，管家会像秘书一样，尽力为住户提供协助，使住户在商海高效发展。商务服务包括为住户提供优质的打字、打印、复印、传真、翻译、收发电邮、收发快件及包裹等服务。

（5）临时私人秘书及外语翻译服务：在住户频繁的商务活动中，当住户需要临时私人秘书或提供外语翻译服务时，管家很乐于为住户效劳。

（6）宽带网接入：先进的电子商务服务更可向住户提供宽带接入平台，让住户可以方便快捷地享受到各项网上服务。

（7）私人酒会或商务会议策划：无论是商务会议还是私人酒会、朋友聚会，管家都可为住户联系专业策划机构，每一个细节都准备妥当，使住户能省心省力轻松应对，愉悦地享受会议过程。

（8）报章杂志送递：最新的资讯对每一位住户都十分重要，管家的报章杂志送递服务让住户可以于每天早上足不出户，便能一边阅读第一手新闻、财经、地产等消息，一边享受至爱为你准备的丰富早餐。

（9）周全的贴心服务：

① 租车服务：管家可根据住户的需求，联系提供住户出席各种场合所需的座驾，以体现住户尊贵的身份和地位。

② 接送购物服务：社区配备了开往各大购物中心的穿梭巴士，让住户尽享外出购物的乐趣与方便，管家可以陪同指导购物。

③ 订票服务：管家将为住户提供代订各地酒店、飞机票、火车票、船票及其他文艺演出活动门票等服务，住户只需一个电话，就会替住户安排妥当。

④ 订餐服务：管家会根据住户的需求，为住户预订合适的餐单和餐厅，让住户和亲人或朋友能度过一段愉快的时光。

⑤ 订花服务：住户只需一个简短的预先通知，管家就可以将美丽的鲜花送到住户及其亲人或朋友手中。

## （三）酒店式的管理服务

（1）清洁服务：无论是日常的家务保洁还是室内外的大清洁，只要是住户需要，管家都能根据客户不同的服务要求、时间，向住户提供相应的家政服务，使住户在忙碌的工作之外，多一份舒适，少一份操心。

（2）代买服务：为了让住户节省宝贵的每一分钟，管家已经为住户专门设立了代买服务，为住户代买各种物品，使住户在休闲度假时可以更加轻松惬意。

（3）衣物洗熨服务：社区提供的全面衣物洗熨服务，使住户不用再长途跋涉携带衣物往来于洗衣店与住所之间。住户只需要一个电话，便会由专人收集处理。管家更会与住户预约衣物送递时间，并由专人亲自将衣物送回府上。

（4）温情陪伴：当住户全身心投入工作时，住户不必担心家里的老人和小孩，只需拨通管家的服务热线，管家便会替住户陪伴在他们身边。在住户的亲人朋友有喜事发生时，只要住户需要，管家会替住户送上祝福。

## （四）物业代理服务

（1）提供房屋代租代售服务，同时还为住户提供专业的置业咨询服务，给住户提供投资置业的专业性建议和指导。

（2）维修保养服务，包括住户室内家电及家居设施的维修保养，只要住户通知管家，管家定以专业的服务态度回报住户给予的信赖。

（3）无偿服务：在社区尊贵服务中心，每天 8:30—19:30 有一至两名专职管家（服务中心管家/主任）接待住户，且 24 小时开通服务热线，为住户排忧解难，为住户联系各类型中高档消费场所，住户在消费时出示业主卡便可享受折扣等优惠，使住户真正感受专贵身份；为住户联系一级医院，若住户急需进院，只要出示业主卡，不需缴付按金，优先接受治疗；为住户联系重点学校，凭业主卡优先录取入校。提供雨伞、手推车借用服务；提供尊贵服务中心报刊借阅服务；提供住客或访客留言服务；提供住客家居钥匙托管及非贵重物品临时寄存服务；代订报刊、牛奶、瓶装水，并为住户将各类邮寄包裹、物品、专业刊物派送到户；联络优质免费刊物派送给住户；代订飞机票、火车票、船票服务；代订酒店服务；区内行李及大件生活物品的搬运（酒店门童服务）；代叫出租车及代客联系租车服务；代预约酒楼订房服务；为住户查询网址服务；代住户查询天气预报，每天在住宅大堂公示天气预报及空气指数；代住户预订鲜花、礼品、生日蛋糕服务；为住户联络家电维修商，每年提供一次免费检修；为住户提供家庭财产保险及人寿保险有关资料；为住户联系及推荐各类型培训班以及网上教育课程；为住户更换灯泡、光管、门锁等，不收取人工费；深夜区内护送服务；其他无偿服务。以上服务，可免费代办，其所需消费均由住户自行负担。

（4）有偿服务：

① 家政服务：定期为住户进行房屋内外大扫除，地毯清洗；布面沙发或皮沙发清洁；云石地板或木地板打蜡抛光；大量垃圾清理；灯具清洁；洗手间器具清洁；天花板清洁；玻璃窗

（室内）清洁；特殊污物清洁；家居废品统一收购服务；其他清洁项目。

② 家务服务：干湿洗衣、熨衣服务；接送小孩；照顾小孩、老人；买菜做饭、订餐、送餐服务；根据住户要求推荐合适的私人管家；搬家、搬运大件物品。

③ 家教服务：中文补习；英文补习；乐器学习；网上学习指导；指导和帮助住户室内插花及花卉养护；按住户要求推荐合适的家庭教师。

④ 社区康乐教练服务：舞蹈、瑜伽、网球、高尔夫球、壁球、健身、游泳等服务。

⑤ 维修保养服务：空调安装、维修；抽油烟机安装、清洗、维修；洗衣机安装、维修；热水器安装、维修；给排水设施维修（其中包括坐便器、水喉维修等）；其他家居设施、设备以及家用电器的维修服务；提供室内装饰顾问服务。

⑥ 公关、礼仪服务：礼品及信件递送；鲜花订购送递；节假日为住户进行家庭装饰；筹办家庭喜庆聚会活动；代住户摄影、录制及制作光盘等；其他礼仪服务。

⑦ 家庭保健服务：提供私人医生上门服务；提供营养咨询服务；提供心理咨询服务；每年组织住户进行体检；为住户量身订造健康饮食等疗法，缔造健康生活。

⑧ 高端商务服务：提供临时私人秘书服务；提供外语翻译服务；为住户推荐其企业所需之专业人才；提供私人律师和企业法律顾问；提供个人理财及投资咨询服务。

⑨ 车辆服务：提供租车服务；为住户定期擦洗机动车和非机动车辆，并进行小型维修；为住户代办车辆保险。

⑩ 其他服务：灭白蚁服务、室内灭虫、消杀、灭鼠服务，代缴各种费用，物业代理服务等。

以上服务方案，公司需根据住户实际需求及成本控制等情况有选择地提供。在住户要求提供服务时应向其出示特约服务价目表，并签订特约服务合同。

 **本章小结**

管家服务是管家协调所达成的无缝隙的服务，是实现客人高度满意的途径。酒店的管家服务是建立在诚信基础上的对客服务，"以人为本，待客为尊"是管家服务的出发点；"精细和周到"是管家服务的基本目标；"圆满和美好"是管家服务的最终诉求。对客服务应做到"事先预料、事中控制、事后补位"，不断完善服务并将管家服务推向极致。

# 参考文献

［1］ 冯觉新. 家政学 ［M］. 北京：北京科学技术出版社，1994.

［2］ 冯觉新. 家政管理 ［M］. 北京：中国环境科学出版社，1996.

［3］ 汪大海，魏娜，郇建立. 社区管理 ［M］. 3 版. 北京：中国人民大学出版社，2012.

［4］ 切斯特·巴纳德. 经理人员的职能 ［M］. 王永贵，译. 北京：机械工业出版社，2007.

［5］ 魏娟，仲英涛. 浅析电子档案在高校人事档案管理工作中的应用 ［DB/OL］. https：//wenku. baidu. com/view/d46f39e6864769eae009581b6bd97f192379bff6. html.

［6］ 韩成春，蔡惠玲. 高校档案管理中电子档案的应用 ［DB/OL］. https：//wenku. baidu. com/view/5ab0f0d7cdc789eb172ded630b1c59eef9c79aff. html.

［7］ 张玉兰，王玉香. 儿科护理学 ［M］. 北京：人民卫生出版社，2018.

［8］ 姜安丽，钱晓路. 新编护理学基础 ［M］. 北京：人民卫生出版社 2018.

［9］ 陈珺芳，朱晓霞. 预防医学基本实践操作技能 ［M］. 杭州：浙江大学出版社，2020.

［10］ 黄金. 老年护理学 ［M］. 3 版：北京：高等教育出版社，2020.

［11］ 李春玉，姜丽萍. 社区护理学 ［M］. 北京：人民卫生出版社，2017.

［12］ 安力彬，陆虹. 妇产科护理学 ［M］. 北京：人民卫生出版社，2017.

［13］ 井底望天，武源文，赵国栋，刘文献. 区块链与大数据 ［M］. 北京：人民邮电出版社，2017.

［14］ 麦德林·斯柯内德，乔吉娜·塔克，玛莉·斯科维雅克. 专业管家 ［M］. 4 版. 大连：大连理工大学出版社，2002.

［15］ 百度百科 https：//baike. baidu. com/.

［16］ 百度文库 https：//wenku. baidu. com/.

［17］ 道客巴巴 https：//www. doc88. com/.

［18］ 360 文库 https：//wenku. so. com/.